對本書的讚譽

這本珍貴的資料視覺化專書，可以幫助你擺脫制式的標準線圖、長條圖和圓餅圖。本書介紹了視覺化的概念基礎，以及人人都能輕易上手運用的各種圖表。本書勢必會成為處理資料與資料視覺化的絕佳參考書。

—強納生·史瓦畢許（Jonathan Schwabish），
城市研究院（Urban Institute）高級研究員

在清楚示範何為「清楚地將資料視覺化」的這本書中，克勞斯·威爾克在他的見解下，解釋了造成圖表有效或無效的理由。這本書提供了清楚範例讓初學者模仿，並解釋了樣式選擇上的原因，讓專家也能從中學習改進。

—史帝夫·哈洛斯（Steve Haroz），
法國國家資訊暨自動化研究院（Inria）研究科學家

對任何具有科學性格的人來說，威爾克的書是從事視覺化的最佳實用指南。這本清晰易讀的書將遍布各地的實驗室桌上。

—史考特·莫雷（Scott Murray），
歐萊禮媒體（O'Reilly Media）首席計畫經理

資料視覺化
製作充滿說服力的資訊圖表

A Primer on Making Informative
and Compelling Figures

Claus O. Wilke 著

張雅芳 譯

目錄

第三部分　其他主題

前言

假如你是位科學家、分析師、顧問，或任何必須準備技術文件或報告的人，那麼你的必備技能之一，就是製作具有說服力、通常以圖表形式呈現的資料視覺化。圖表必須清晰、美觀且令人信服，才能讓你的論點具有說服力。圖表的好壞，可能決定了論文的影響力、能否拿到補助金或合約，甚至是工作面試的成敗。然而令人驚訝的是，能教你如何製作引人注目的資料視覺化的資源很少。鮮少有大學提供這類主題的課程，坊間相關的書籍也不是很多（當然還是有一些）。圖表軟體的教學通常將重點放在如何做出特定的視覺效果，而非解釋為什麼某些選擇是首選而其他不是。在日常工作中，你被期待應該知道如何做出好的圖表，而且如果在撰寫第一篇科學論文時，能遇到一位耐心的指導者告訴你一些技巧的話，你就算是走運了。

以寫作領域來說，經驗豐富的編輯會提到「耳朵」——能夠聽出一篇文章好不好的能力（閱讀一篇文章時的內在聲音）。而在談到圖表和其他視覺化時，我認為也需要「眼睛」，以便在看到一張圖表時，有能力檢查它是否平衡、清晰、吸睛。就像寫作一樣，判斷圖表好壞的能力是可以學習的。擁有「眼睛」主要指的是你了解簡單規則和良好視覺化的原則，並注意到其他人可能忽略的細節。

以我的經驗來說（請容我再次用寫作來比喻），你不會在週末看書時突然長出「眼睛」。這是一個終生的過程，此時對你來說過於複雜難解的概念，也許在五年之後會變得理所當然。以筆者來說，我持續在拓展自己對圖表製作的理解；我經常接觸新的方法，而且注意別人在圖表中做出的視覺和設計選擇；我也很願意改變想法，也許當下覺得很棒的某張圖表，在下個月就會找到不足之處。所以，請不要把我說的任何事情當作不變的準則，仔細思考我做出選擇的理由，再決定是否要採用。

雖然本書中的內容是依序安排的，但大多數章節都可以獨立存在，無需從頭讀起。你可以隨意瀏覽，選擇目前感興趣的部分，或是當下可以解答你的問題的那個部分。我認為，你能從本書中獲得最大幫助的方法，並不是一口氣將這本書讀完，而是花更久的時間逐字閱讀，試著將書中的一些概念運用在你的圖表中，然後回過頭來閱讀其他概念，或重讀先前所學到的概念的章節。在幾個月後再度閱讀同一個章節，你可能會有不同的體悟。

儘管本書中幾乎所有的圖表都是用 R 和 ggplot2 製作的，但這並不是一本 R 語言的專書，本書的重點是圖表製作的一般原則。可用來製作圖表的軟體很多，你可以使用任何繪圖軟體來產生本書展示的各種圖表。不過，ggplot2 之類的軟體套件，讓我使用的技巧比其他繪圖庫簡單得多。重要的是，因為這不是 R 的專書，所以我不會在本書的任何一處討論程式碼或程式設計技巧。我希望你專注於概念和圖表，而不是程式碼。如果你對如何製作某一張圖表感到好奇，可以到 GitHub（*https://github.com/clauswilke/dataviz*）查看本書的原始碼。

關於圖表軟體和圖表準備流程的想法

我為科學出版物準備圖表的經驗已經超過二十年，製作過成千上萬的圖表。如果在這二十年間有一件恆常不變的事，那就是圖表準備準則的變化。每隔幾年就會出現一個新的圖表資料庫（plotting library），或出現一個新的典範，使大批科學家轉向熱門的新工具。我用過 gnuplot、Xfig、Mathematica、Matlab、Python 中的 matplotlib、baseR、R 的 ggplot2，可能還有其他記不得的。我目前的首選是 R 的 ggplot2，但我不認為我會一直用到退休。

軟體平台的不斷變化，正是本書並非程式設計手冊、以及為什麼我將所有程式碼範例排除在外的主要原因。無論你使用哪種軟體，我都希望這本書對你有用，而且我希望即使每個人都從 ggplot2 換到下一個更新的工具了，這本書仍然有價值。我明白這個選擇對於一些想知道我如何製作某張圖表的 ggplot2 使用者來說，可能令人沮喪，但是任何對我的程式設計技巧感到好奇的讀者，都可以閱讀本書的原始碼，它是開放的。此外，將來我可能會發布一份關於程式碼的補充文件。

多年來我學到了一件事：自動化是你的好朋友，而圖表既然身為（應該自動化的）資料分析工作流程（pipeline）的一部分，也應該自動產生並直接傳送到列印機，無需手動處理。我看到很多學員透過自動化產生粗略的圖表草稿，然後再以 Illustrator 做修飾，這不是好主意，原因如下。首先在你動手編輯圖表的那一刻，你的最終圖表就無法重製

了，第三方將無法產生和你完全相同的圖表。假如你所做的只是更改軸標籤的字體，那麼可能影響不大，不過這條界線是模糊的，很容易就跨越到灰色地帶。舉個例子，假設你想把難懂的標籤換成更易讀的標籤。第三方可能無法驗證標籤的更換是否恰當。其次，如果你在圖表準備工作流程中加入了大量手動後處理，那麼你就會抗拒再做任何更動或重做圖表。因此，你可能會忽略協作者或同事提出的合理更改請求；即使你重跑了所有資料，也可能會傾向沿用舊圖表。第三，你可能會忘記你做了哪些事來完成某張圖，或可能無法用新的資料來產生一張視覺上和原圖表相符的新圖表。這些都不是杜撰的例子。以上所有狀況，我在真人和真實出版刊物上都見過。

基於上述所有原因，互動式圖表軟體是個壞主意。它們本質上會迫使你手動製作圖表。事實上，自動產生一張圖表草稿然後在 Illustrator 中做修飾，可能還比使用一些互動式圖表軟體來手動製作整張圖表更好。請注意，Excel 也是互動式圖表軟體，不建議用於圖表製作（或資料分析）。

一本關於資料視覺化的書會有一個關鍵點，那就是它所提出的視覺化的可行性。發明一些優美的新型視覺化效果固然很好，但如果沒有人能使用這種視覺化來輕鬆產生圖表，那它就沒有多大用處。舉例來說，當 Tufte 首次推出 Sparkline 迷你圖時，沒有人能夠輕鬆製作出來。雖然我們需要有遠見的人來測試可能性的極限，以便推動世界前進，不過我希望這本書是實用的，能夠被正在為出版物準備圖表的資料科學家直接拿來運用。因此，我在後續章節中提出的視覺化，都可以使用 ggplot2 的幾行 R 原始碼及隨時可用的擴展套件來產生。事實上，除了第 26 章、第 27 章和第 28 章中的部分圖表之外，本書的所有圖表幾乎都是完全自動生成的。

本書使用的慣例

本書使用以下排版慣例：

斜體字（*Italic*）

　　表示新術語、URL、電子郵件地址、檔案名和副檔名。中文以楷體表示。

定寬字（`Constant width`）

　　用來引用程式元素，如變數或函式、陳述句和關鍵字。

此元素表示提示或建議。

　該元素表示一般性說明。

　此元素表示警告或注意。

使用程式碼範例

請至 *https://github.com/clauswilke/dataviz* 下載補充資料。

這本書是為了幫助你完成工作而寫的。在一般情況下,如果本書提供了範例程式碼,你可以在程式和文件中使用它。除非你複製了大部分程式碼,否則你無需與我們聯繫以取得許可。舉例來說,在編寫程式時使用了本書中的幾段原始碼,並不需要取得許可;出售或發送 O'Reilly 書籍中的範例光碟,就需要取得許可。在回答問題時引用本書及範例程式碼,並不需要許可;將本書中的大量範例原始碼放到你的產品文件中,則需要取得許可。

感謝

若沒有 RStudio 團隊的出色工作,將 R 語言的世界變成一流的出版平台,這本書是不可能實現的。我要特別感謝 Hadley Wickham 製作了 ggplot2,我使用此圖表軟體來製作了本書所有的圖表。我還要感謝 Yihui Xie 製作 R Markdown,以及編寫 knitr 和 bookdown 套件。如果沒有這些工具,我可能不會啟動這本書的撰寫。編寫 R Markdown 檔案很有趣,因為它簡化了收集材料的過程。特別感謝 Achim Zeileis 和 Reto Stauffer 的 colorspace、Thomas Lin Pedersen 的 ggforce 和 gganimate、Kamil Slowikowski 的 ggrepel、Edzer Pebesma 的 sf,以及感謝 Claire Mc White 在 colorspace 和 colorblindr 中模擬出 R 圖表中的色彩視覺缺陷。

有幾位專家對本書的初稿提供了寶貴的建議。最重要的是，O'Reilly 的編輯 Mike Loukides 和 Steve Haroz 都閱讀並評論了每一章。我還收到了 Carl Bergstrom、Jessica Hullman、Matthew Kay、Tristan Mahr、Edzer Pebesma、Jon Schwabish 和 Hadley Wickham 的有用評論。Len Kiefer 的部落格和 Kieran Healy 的書和部落格文章為圖表製作和資料集提供了許多靈感。許多人指出了小問題或錯別字，包括 Thiago Arrais、Malcolm Barrett、Jessica Burnett、Jon Calder、Antônio Pedro Camargo、Daren Card、Kim Cressman、Akos Hajdu、Thomas Jochmann、Andrew Kinsman、Will Koehrsen、Alex Lalejini、John Leadley、Katrin Leinweber、Mikel Madina、Claire McWhite、S'busiso Mkhondwane、Jose Nazario、Steve Putman、Maëlle Salmon、Christian Schudoma、James Scott-Brown、Enrico Spinielli、Woutervander Bijl 和 Ron Yurko。

我還要感謝所有 tidyverse 和 R 社群的貢獻者。任何一個你可能遇到的視覺化挑戰，都有一個 R 軟體套件可以解決。這些軟體套件是由數千名資料科學家和統計學家組成的廣泛社群開發的，其中許多人都以某種形式為本書的製作做出了貢獻。

最後，我要感謝妻子 Stefania 的包容，她容忍我在許多夜晚與週末，花大把時間在電腦前寫 ggplot2 程式碼，仔細研究某些圖表的細節，並充實章節的內容。

## 第一章

簡介

資料視覺化這件事，一部分是美學，一部分是科學。它的挑戰是在符合美學要求的同時，科學上不能出錯。反之亦然。首先，資料視覺化必須準確地傳達資料。它絕不能誤導或扭曲。如果某個數字是另一個數字的兩倍，但在視覺化之後它們看起來大致相同，那麼這個視覺化就是錯誤的。同時，資料視覺化應該是在美學上令人愉悅的。良好的視覺呈現應該增強視覺化的資訊。如果圖表包含不和諧的顏色、不平衡的視覺元素，或其他分散注意力的特徵，那麼觀眾將難以檢視圖表並正確做解讀。

在我的經驗中，科學家通常（雖然未必如此！）知道如何將資料視覺化而不會造成嚴重的誤導。然而，他們可能沒有經過良好訓練的視覺美感，可能在無意中做出的視覺選擇，會偏離想要傳達的訊息。反之，設計師可能會做出看起來美觀、但資料不夠嚴謹的視覺化圖表。我的目標是為這兩個群體提供有用的資訊。

本書期許能涵蓋出版物、報告或簡報中，資料視覺化所需的關鍵原則、方法和概念。但因為資料視覺化是個廣泛的領域，而且在最廣泛的定義中可能包括各種主題，如簡化的技術製圖、3D動畫，以及使用者介面，因此我必須限制本書的範圍。我針對的是在印刷品、線上，或投影片中呈現的靜態視覺化的範例。除了第 16 章的一個簡短單元之外，本書不包括互動式視覺效果或影片。因此在本書中，「視覺化」和「圖表」這兩個詞可以互換。本書並不提供如何使用現有視覺化軟體或程式設計庫來製作圖表的任何說明。書末附錄註釋的參考書目，則有包含這些主題的適當資訊。

本書分為三個部分。第一部分「從資料到視覺化」，描述了不同類型的圖形和圖表，例如長條圖、分佈圖和圓餅圖。它的主要重點是視覺化的科學。在這一部分中，我並不打算提供所有你能想像到的視覺化方法百科全書，而是討論一組你可能會在出版物或你工作中會遇到的主要視覺效果。在規劃這一部時，我嘗試依據「圖表要傳達的訊息類型」

來進行分類，而非依據「即將被製成圖表的資訊類型」。統計教科書通常會依照資料類型來描述資料分析和視覺化，依據數量和變數的類型（一個連續變數、一個離散變數、兩個連續變數、一個連續變數和一個離散變數等）來整理材料。我相信只有統計學家才會覺得這種歸納方式很有幫助。大多數人都會依據訊息來做思考，比如某項事物有多大、它是如何由那些部分組成的、它與其他事物的關係等等。

第二部分「圖表設計原理」，討論了建構資料視覺化時出現的各種設計問題。它主要（但非唯一）的重點是資料視覺化的美學部分。當我們為資料集選擇了適當類型的繪圖或圖表後，就必須對視覺元素做出美學選擇，例如顏色、符號和字體大小。這些選擇會影響視覺化的清晰程度和外觀的優美程度。第二部分的章節討論了我在實際應用中反覆出現的最常見問題。

第三部分「其他主題」，涵蓋了一些無法納入前兩部分的問題。它討論了常用於儲存圖像和圖表的檔案格式，提供有關視覺化軟體選擇的想法，並解釋如何依照上下文關係，將獨立圖表放到較大的文件中。

不美觀、不良和錯誤的圖表

在本書中，我經常展示相同圖形的不同版本，一些是良好視覺化的範例，一些是不良的範例。

為了提供一個簡單的視覺指南，說明哪些例子應該被模仿，哪些應該被避免，我將有問題的圖表標記為「不美觀」、「不良」或「錯誤」（圖 1-1）：

不美觀

　　有視覺呈現方面的問題，但除此之外，圖表清晰且富有資訊

不良

　　有感知上的問題；可能不清楚、混亂、過於複雜或有錯覺

錯誤

　　有數學上的問題；客觀上不正確

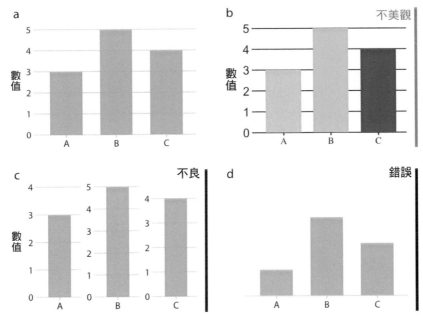

圖 1-1　不美觀，不良和錯誤圖表的例子。(a) 呈現了三個數值（A = 3、B = 5 和 C = 4）的長條圖。這是一個合理的視覺化，沒有重大缺陷。(b) 是 (a) 的不美觀版。雖然圖表在技術上是正確的，但美學上並不令人愉悅。顏色太亮而且沒有用途，背景網格太突出了，而且使用了三種不同大小、不同字體來呈現文字。(c) 是 (a) 的不良版。每個長條都有自己的 y 軸刻度。由於刻度不對齊，因此此圖形會誤導，觀眾很容易誤以為三個值比實際值更接近。(d) 是 (a) 的錯誤版。它沒有明確的 y 軸刻度，因此長條代表的數值無法確定。長條看起來長度為 1、3 和 2，然而它們應該呈現的數值是 3、5 和 4。

我不會特別標出好的圖表。任何未標記為有缺陷的圖表，都應該被認為至少可接受。代表資訊豐富、美觀，而且可以直接列印出來。請注意，在好的圖表之間，品質好壞仍然有差異，有些好的圖表會優於其他圖表。

我通常會提供我評價的理由，但有些是品味問題。一般來說，「不美觀」的評價會比「不良」或「錯誤」評價更主觀。而且「不美觀」和「不良」之間的界限有點模糊。有時不良的設計選擇會干擾人類的感知，以至於「不良」還比「不美觀」適當。無論如何，我鼓勵你發展自己的「眼睛」，批判性地評估我的選擇。

## 第一部分

從資料到視覺化

## 第二章

視覺化資料：
將資料對應到視覺

在進行資料視覺化時，我們是將資料值以系統和邏輯的方式，轉換成構成最終圖形的視覺元素。儘管資料視覺化有許多不同類型，而且乍看之下，散佈圖、圓餅圖和熱圖之間似乎沒有太多共同點，但這些圖表全都可以用一種通用語言來描述資料值是如何轉變成紙上的墨水或螢幕上的彩色像素。關鍵的秘密如下：所有資料視覺化都是將資料值對應到結果圖形的可量化特徵上。我們將這些特徵稱為*視覺呈現*（*aesthetics*）。

視覺呈現和資料類型

視覺呈現描述了特定圖形元素的每個面向。圖 2-1 中提供了一些範例。當然，每個圖形元素的關鍵組成部分是**位置**，它描述了元素的位置。在標準 2D 圖形中，我們透過 x 和 y 值來描述位置，但是其他坐標系與 1D 或 3D 的視覺化也都是可能的。接下來，所有圖形元素都具有**形狀**、**大小**和**顏色**。即使我們正在製作黑白圖，圖形元素也需要有可見的顏色：例如，如果背景是白色，則用黑色；如果背景是黑色，就用白色。最後，在我們使用線條來將資料視覺化時，這些線條可能有不同的寬度或虛線樣式。除了圖 2-1 中呈現的範例之外，我們可能還會在資料視覺化中遇到許多其他視覺呈現。例如在呈現文字時，我們可能必須指定字型家族、字體和字體大小，如果圖形物件重疊，我們也可能要指定它們是否要部分透明。

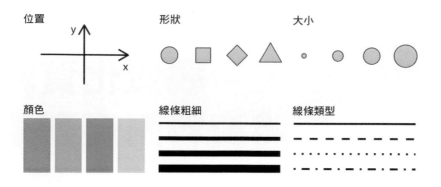

圖 2-1　資料視覺化中常用的視覺呈現：位置、形狀、大小、顏色、線條粗細、線條類型。其中有些可以表示連續和離散資料（位置、大小、線條粗細、顏色），而其他通常只能表示離散資料（形狀、線條類型）。

所有視覺呈現都屬於這兩類之一：可以代表連續資料的，和不能代表連續資料的。連續資料值指的是數值之間存在任意的精細中間值。例如，持續時間是一個連續值。在任何兩個持續時間（例如，50 秒和 51 秒）之間都存在任意數量的中間值，比如 50.5 秒、50.51 秒、50.50001 秒等。相較之下，房間中的人數是離散值。一個房間可以容納 5 人或 6 人，但不能容納 5.5 人。以圖 2-1 中的範例來說，位置、大小、顏色和線條粗細可以表示連續資料，但形狀和線條類型通常只能表示離散資料。

接下來，讓我們來看看可能會透過視覺化來表示的資料類型。你可能會將資料（data）想成數字，但數值只是我們可能遇到的幾種資料類型中的兩種。除連續和離散數值外，資料也會以離散類別的形式、以日期或時間的形式，或者以文字的形式出現（表 2-1）。當資料是數值時，我們也稱它為 **定量**（*quantitative*）；當它是類別型的資料時，我們稱之為 **定性**（*qualitative*）。裝載定性資料的變數是 **因子**（*factors*），不同的類別稱為 **水準**（*levels*）。一個因子的水準最常見的是無順序的（如表 2-1 中的狗、貓、魚的例子），但當因子水準之間有本質上的順序時，也可以對因子進行排序（如表 2-1 中的良好、尚可、差的例子）。

表 2-1　典型資料視覺化情況中遇到的變數類型。

變數類型	範例	適當的尺度	說明
定量／ 連續數值	1.3、5.7、83、 1.5×10^{-2}	連續	任意數值。可以是整數、有理數或實數。
定量／ 離散數值	1、2、3、4	離散	離散單位中的數。這些最常見但不一定是整數。例如，如果特定資料集當中不存在中間值，則數字 0.5、1.0、1.5 也被視為離散。
定性／ 無順序類型	狗、貓、魚	離散	類型無順序。這些類型離散且獨特，沒有固有的順序。這些變數也稱為因子。
定性／ 有順序類型	良好、尚可、差	離散	類型有順序。這些類型離散且獨特，有順序。例如，「尚可」總是介於「良好」和「差」之間。這些變數也稱為有序因子。
日期或時間	2018 年 1 月 5 日， 上午 8:03	連續或離散	特定日期和／或時間。也是通用日期，例如 10 月 10 日或 12 月 25 日（沒有年份）。
文字	敏捷的棕色狐狸跳過懶狗。	無，或離散的	自由格式文字。如果需要，可以視為類型。

要查看這些不同類型資料的具體範例，請見表 2-2。它呈現了美國四個地點的日平均氣溫（30 年間的平均每日溫度）資料集的前幾行。此表包含五個變數：月、日、位置、氣象站 ID 和溫度（以華氏度為單位）。月是有序因子，日是離散數值，位置是無序因子，氣象站 ID 也是無序因子，溫度是連續數值。

表 2-2　資料集的前 8 行列出了四個氣象站的日平均氣溫。資料來源：國家海洋和大氣管理局（NOAA）。

月	日	位置	氣象站 ID	溫度（℉）
1 月	1	芝加哥	USW00014819	25.6
1 月	1	聖地牙哥	USW00093107	55.2
1 月	1	休士頓	USW00012918	53.9
1 月	1	死亡谷	USC00042319	51.0
1 月	2	芝加哥	USW00014819	25.5
1 月	2	聖地牙哥	USW00093107	55.3
1 月	2	休士頓	USW00012918	53.8
1 月	2	死亡谷	USC00042319	51.2

尺度將資料值對應到視覺呈現上

為了將資料值對應到視覺呈現上，我們需要指定哪些資料值是對應到哪些特定的視覺呈現值。例如，如果圖形有 x 軸，那就必須指定哪些資料值要沿著該軸落在特定位置上。同樣，我們可能需要指定哪些資料值由特定形狀或顏色表示。資料值和視覺呈現值之間的對應是透過*尺度*（*scales*）來進行的。尺度定義了資料和視覺呈現之間的獨特對應（圖 2-2）。重要的是，尺度必須是一對一的，使每個特定的資料值只有一個視覺呈現值，反之亦然。如果尺度不是一對一，那麼資料視覺化將會模棱兩可。

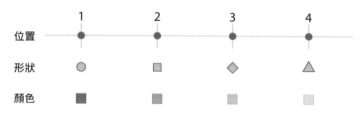

圖 2-2　將資料值連接到視覺呈現上。在這裡，數字 1 到 4 已被對應到定位尺度、形狀尺度和顏色尺度。在每種尺度上，每個數字對應到唯一的位置、形狀或顏色，反之亦然。

讓我們來練習看看。我們可以用表 2-2 中所示的資料集，將溫度對應到 y 軸，將日期對應到 x 軸，將位置對應到顏色，並用實線呈現這些視覺呈現。結果會是一張標準線圖，呈現了四個位置的日平均氣溫，以及一年當中的變化（圖 2-3）。

圖 2-3 是一張相當標準的溫度曲線圖，也可能是大多數資料科學家首先直覺選擇的視覺化方式。但是，要將哪些變數對應到哪個刻度是由我們決定的。例如，不要將溫度對應到 y 軸上、位置對應到顏色上，我們反過來做。因為受關注的關鍵變數（溫度）是以顏色呈現，所以需要呈現夠大的彩色區域以傳達有用資訊 [Stone, Albers Szafir, and Setlur 2014]。因此，針對這個視覺化我選擇了正方形而不是線條，每個月份和位置都有一個方形，然後依照月均溫上色（圖 2-4）。

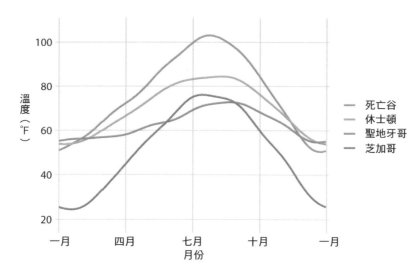

圖 2-3　美國四個地點的日平均氣溫。溫度對應到 y 軸，日期對應到 x 軸，位置對應到線條顏色。資料來源：NOAA。

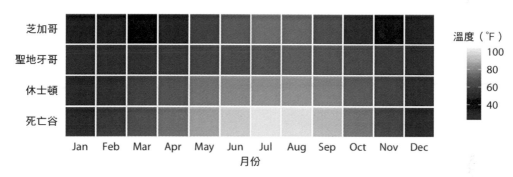

圖 2-4　美國四個地點的月均溫。資料來源：NOAA。

我想強調的是，圖 2-4 使用了兩個定位尺度（沿 x 軸的月份和沿 y 軸的地點），但兩者都不是連續性尺度。月份是 12 個水準的有序因子，地點是 4 個水準的無序因子。因此，兩個定位尺度都是離散的。對於離散定位尺度，我們通常會將因子的各水準沿軸線以相等的間距排列。如果因子是有序的（範例中的月份），則需要將水準依適當的順序放置。如果因子是無序的（範例中的位置），則順序是任意的，我們可以選擇任何想要的順序。我將這些地點從整體最冷（芝加哥）到整體最熱（死亡谷）排序，形成了美觀的色彩。但我也可以選擇任何其他順序，這張圖表都同樣有效。

圖 2-3 和 2-4 都使用了三個尺度：兩個定位尺度和一個顏色尺度。這是基本的視覺化尺度數量，但我們也可以使用三個以上的尺度。圖 2-5 使用了五個尺度：兩個定位尺度、一個顏色尺度、一個大小尺度，和一個形狀尺度。每個尺度代表資料集中的不同變數。

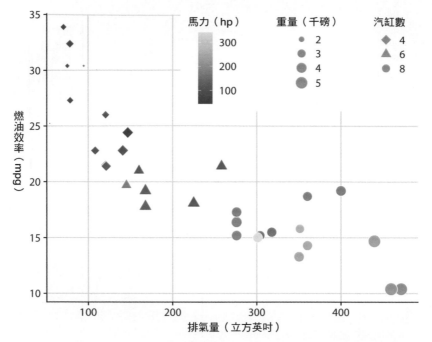

圖 2-5　32 輛汽車（1973-74 年車款）的燃油效率 vs. 排氣量。此圖使用五個個別的尺度來呈現資料：（1）x 軸（排氣量）；（2）y 軸（燃油效率）；（3）資料點的顏色（馬力）；（4）資料點的大小（重量）；（5）資料點的形狀（汽缸數）。其中五個變數中的四個（排氣量、燃料效率、馬力和重量）是連續性數字。剩下那一個（汽缸數）可以被視為數字上離散的，或定性有序的。資料來源：Motor Trend，1974 年。

## 第三章

坐標系統和軸

要進行任何類型的資料視覺化時，我們需要定義定位尺度，以確定圖形中不同資料值的位置。我們必須將不同的資料點放在不同位置才能將資料視覺化，即使只是將它們沿著一條線相鄰排列也算。在一般的 2D 視覺化中，需要兩個數字才能定義一個點，因此我們需要兩個定位尺度。這兩個尺度通常是（但不一定是）圖中的 x 和 y 軸。我們還需要指定這些尺度的相對幾何排列。在慣例下，x 軸水平延伸，y 軸垂直延伸，但我們也可以選擇其他排列。例如我們可以使 y 軸相對於 x 軸以銳角為走向，或者我們可以使一個軸以圓形運行，而另一個軸以對角線延伸。一組定位尺度及它相對的幾何排列的組合，稱為坐標系統（*coordinate systems*）。

笛卡爾坐標（Cartesian Coordinates）

2D 笛卡爾坐標系（直角坐標系）是最為廣泛使用的資料視覺化坐標系統，其上的每個位置都由唯一的 x 和 y 值指定。x 軸和 y 軸相互正交，資料值沿兩軸平均間隔放置（圖 3-1）。兩個軸是連續的定位尺度，可以表示正實數和負實數。為了完整定義坐標系，我們需要指定每個軸涵蓋的數字範圍。在圖 3-1 中，x 軸從 -2.2 到 3.2，y 軸從 -2.2 到 2.2。這些軸範圍之間的任何資料值，都放置在圖中相應的位置。軸範圍之外的所有資料值都棄之不用。

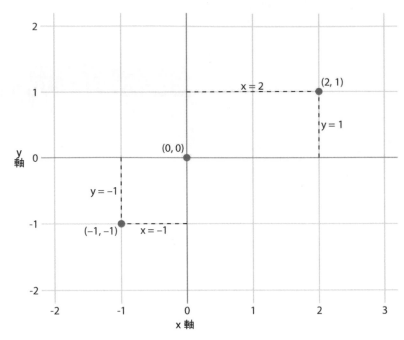

圖 3-1 標準笛卡爾坐標系。在慣例上，水平軸是 x，垂直軸是 y。兩個軸組成等距的網格。在這裡，x 和 y 網格線都以 1 單位相隔。點（2，1）位於原點（0，0）右側兩個 x 單位，上方一個 y 單位。點（-1,-1）位於原點左側一個 x 單位，下方一個 y 單位。

但是資料值通常不只有數字，還有單位。以溫度為例，數值可能以攝氏度或華氏度為單位；如果是距離，則可能以公里或英里為測量單位；如果是持續時間，則可能以分鐘、小時或天來測量。在笛卡爾坐標系中，沿軸的網格線之間的間距，對應到這些資料單位的離散間隔。例如在溫度範圍內，可能每 10 華氏度有一條網格線，若為距離範圍內，可能每 5 公里有一條網格線。

笛卡爾坐標系可以具有代表兩個不同單位的兩個軸。每當我們將兩種不同類型的變數對應到 x 和 y 時，就會出現這種情況。例如在圖 2-3 中，我們繪製了氣溫 vs. 一年當中的日期。圖 2-3 的 y 軸以華氏度為單位，網格線間距為 20 度；x 軸以月為單位，網格線落在每三個月的第一個月。每次以不同的單位來測量兩個軸時，我們都可以相對拉伸或壓縮其中一軸，同時維持資料的有效視覺化（圖 3-2）。要用哪個版本，可能取決於我們想傳達的故事。高而窄的圖表強調的是沿 y 軸的變化，而短而寬的圖表則相反。理想情況下，我們要選擇一個能確保位置上的重要差異顯而易見的尺度。

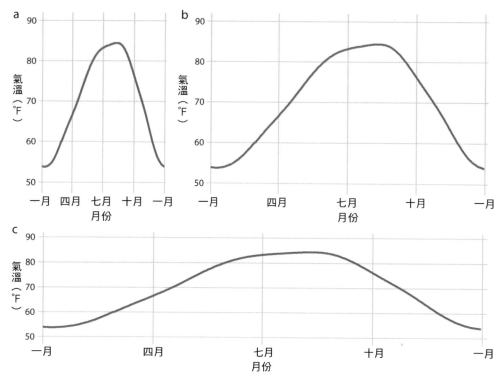

圖 3-2　德州休斯頓的日平均氣溫。氣溫對應到 y 軸，日期對應到 x 軸。圖 (a)、(b) 和 (c) 以不同的水平垂直比例來呈現相同的圖。三張圖都是有效的氣溫資料視覺化。資料來源：NOAA。

在另一方面，如果 x 和 y 軸是以相同的單位測量的，則兩個軸的網格間距應該相等，使沿 x 或 y 軸的相同距離對應到等量的單位。例如，我們可以製作一張圖表來比對德州休斯頓和加州聖地亞哥在一年當中的氣溫（圖 3-3a）。由於兩個軸的量是相同的，因此需要確認網格線形成完美的正方形，如圖 3-3a 所示。

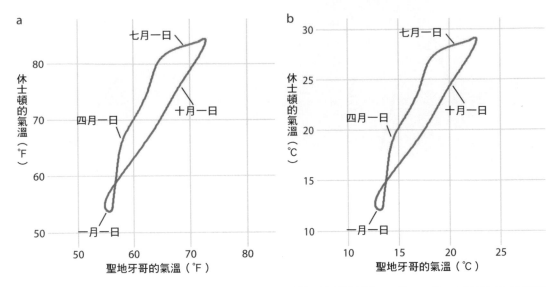

圖 3-3　德州休斯頓的日平均氣溫 vs. 加州聖地亞哥的日平均氣溫。1 月、4 月、7 月和 10 月的第一天被標出，以提供時間上的參考點。(a) 氣溫以華氏度表示。(b) 氣溫以攝氏度表示。資料來源：NOAA。

你可能會想知道，如果更改了資料單位會怎麼樣。畢竟單位是人為的，你的偏好可能與別人不同。單位的更改是線性的轉變，我們要從資料值中加上或減去一個數字，並／或將所有資料值與另一個數字相乘。幸運的是，笛卡爾坐標系在這種線性變換下是不變的。因此只要依次更改兩軸，在資料的單位變更後，結果的圖形並不會改變。例如，比較一下圖 3-3a 和 3-3b，兩者都呈現了相同的資料，但 (a) 的氣溫單位是華氏度，而 (b) 是攝氏度。即使網格線位於不同的位置，而且沿軸的數字並不同，兩張資料視覺化看起來完全相同。

非線性軸

在笛卡爾坐標系中，沿軸的網格線在資料單位和結果圖表中均勻分佈。我們將這些坐標系中的定位尺度稱為線性。雖然線性尺度通常能精確呈現資料，但也有些情況更適合使用非線性尺度。在非線性尺度中，資料單位中的均勻間距會對應到圖表中的不均勻間距，或者相反地，圖表中均勻的間距會對應到資料單位中的不均勻間距。

最常用的非線性尺度是**對數尺度**（*logarithmic scale*），或簡稱 *log scale*。對數尺度在乘法中是線性的，因此尺度上的單位間隔會對應到有固定值的乘法。要製作對數尺度，我們需要對資料值進行對數轉換，同時指數性增加沿軸網格線上呈現的數字。圖 3-4 中示範了此過程，呈現出放置線性尺度和對數尺度上的數字 1、3.16、10、31.6 和 100。數字 3.16 和 31.6 可能看起來是奇怪的選擇，但這是因為它們恰好位在對數尺度上 1 到 10 的中間，以及 10 到 100 的中間。觀察 $10^{0.5} = \sqrt{10} \approx 3.16$ 以及 $3.16 \times 3.16 \approx 10$，我們便能理解這一點。同樣的，$10^{1.5} = 10 \times 10^{0.5} \approx 31.6$。

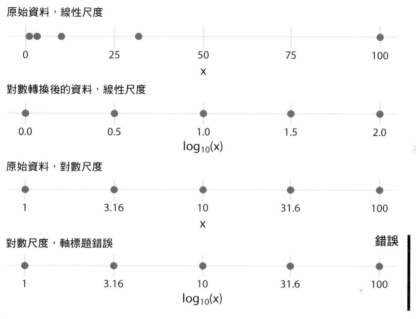

圖 3-4　線性和對數尺度之間的關係。點對應到資料值 1、3.16、10、31.6 和 100，這是對數尺度上均勻間隔的數字。我們可以在線性尺度上呈現這些資料點，或者對它們進行對數轉換然後以線性尺度呈現它們，或者在對數尺度上呈現它們。重要的是，對數尺度的正確軸標題是被呈現的變數名稱，而不是該變數的對數。

在數學上，在線性尺度上繪製對數轉換資料，或者在對數尺度上繪製原始資料，兩者之間沒有區別（圖 3-4）。唯一的區別在於針對各個軸刻度和整條軸所下的標籤。

在大多數情況下，對數尺度的標籤是比較好的，因為它能減輕讀者的精神負擔，不需解讀呈現在軸刻度標籤的數字。關於對數底數的混淆風險也較小。在使用對數轉換後的資料時，我們可能會搞不清楚資料是使用了自然對數還是以 10 為底數的對數來轉換。標籤不明確的情況並不少見，例如 $\log(x)$，完全沒有指定底數。我建議你在使用對數轉換資料時，都要確認底數。在繪製對數轉換資料時，請在軸標籤中標明底數。

因為對數尺度上的乘法看起來像線性尺度上的加法，所以對於任何透過乘法或除法獲得的資料，很自然地會選擇使用對數尺度。尤其比率通常應該以對數尺度來呈現。例如，我記錄了德州各郡的居民人數，並將它除以德州各郡居民人數的中位數。這樣所得到的比率，會是大於或小於 1 的數字。剛好 1 的比率，代表該郡居民人數為中位數。在對數尺度上將這些比率視覺化時，我們可以看到德州的人口數對稱分佈在中位數附近，人口最多的郡比中位數多 100 倍，而人口最少的郡則少了超過 100 倍（圖 3-5）。

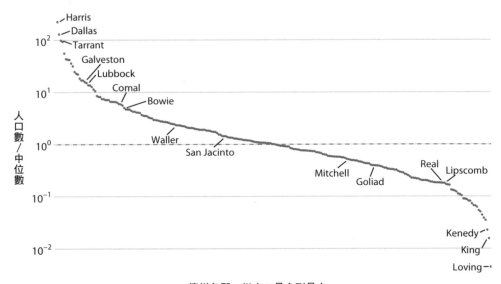

德州各郡，從人口最多到最少

圖 3-5 相對於中位數的德州各郡人口數。部分郡名被標出。虛線表示比率為 1，對應到具有中位數人口的郡。人口最多的郡比中位數的郡，居民人數大約多 100 倍，人口最少的郡比中位數的郡居民人數約少 100 倍。資料來源：2010 年美國人口普查。

相較之下，對於相同的資料，線性尺度模糊了具有中位數人口數的郡與人口數量遠小於中位數的郡之間的差異（圖 3-6）。

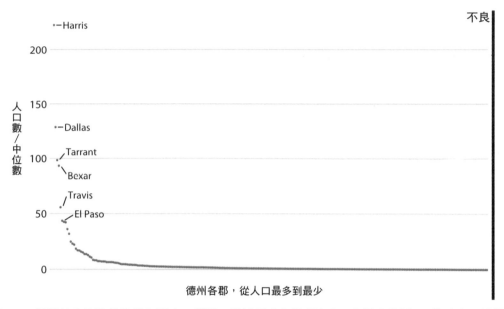

圖 3-6　相對於中位數的德州各郡人口規模。線性尺度上呈現比率，會過分強調 >1 的比率，並模糊 <1 的比率。在一般規則下，比率不應以線性尺度呈現。資料來源：2010 年美國人口普查。

在對數尺度上，數值 1 是自然中點，類似於線性尺度上的值 0。我們可以將大於 1 的值視為乘法，而小於 1 的值為除法。例如，我們可以將它寫成 10 = 1 × 10 和 0.1 = 1/10。另一方面來說，數值 0 永遠不會出現在對數尺度上。它與 1 的距離無限遠。可以這樣想：log(0) = −∞。或者這樣想：從 1 到 0，需要被無限多個有限值相除（例如，1/10/10/10/10/10… = 0），或者將 1 除以無限大（即 1/∞ = 0）。

當資料集包含非常極端的數字時，經常會使用對數尺度。以圖 3-5 和 3-6 所示的德州人口數來說，在 2010 年美國人口普查中，人口最多的郡（Harris）有 4,092,459 名居民，而人口最少的郡（Loving）有 82 人。因此，即使我們沒有將人口數量除以中位數來轉成比率，對數尺度也是適當的。但如果有一個郡的人口為 0，我們該怎麼做呢？這個郡無法以對數尺度來呈現，因為它位於負無限大。在這種情況下，建議有時候可以使用平方根尺度，也就是使用平方根轉換而不是對數轉換（圖 3-7）。就像對數尺度一樣，平方根尺度會將較大的數字壓縮到較小的範圍中，但與對數尺度不同的是，它允許 0 的存在。

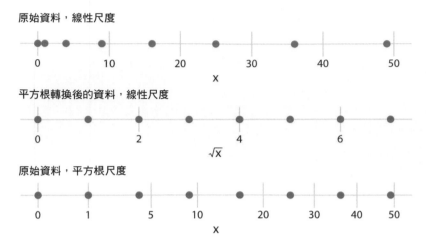

圖 3-7 線性和平方根尺度之間的關係。點對應到資料值 0、1、4、9、16、25、36 和 49，這些是平方根尺度上均勻間隔的數字，因為它們是從 0 到 7 的整數的平方。我們可以線性尺度上呈現這些資料點、將它們進行平方根變換然後以線性尺度呈現，或者以平方根尺度呈現。

我看到了平方根尺度的兩個問題。首先，雖然在線性尺度上，一個單位的間隔對應到一個常數值的加或減，而在對數尺度上它對應到一個常數值的乘或除，但是對於平方根尺度來說，這樣的規則並不存在。平方根尺度上的單位間隔的含義，取決於起始的尺度值。其次，何者是將軸刻度放在平方根尺度上的最好方式，目前還不清楚。為了獲得均勻間隔的刻度，我們必須將它們放置在正方形上，但是在（比方說）位置 0、4、25、49 和 81（每隔一個平方）處的軸刻度是不符直覺的。或者，我們可以用線性間隔排列（10、20、30 等），但這不是導致在尺度低數值端的軸刻度太少，就是在高數值端太多。在圖 3-7 中，我將軸刻度放在平方根尺度上的 0、1、5、10、20、30、40 和 50 處。這些值是任意值，但可以合理地覆蓋資料範圍。

儘管平方根尺度存在這些問題，但它們仍是有效的定位尺度，我並不排除它們具有適當應用上的可能性。例如，就像對數尺度對於比率來說很自然，你也可以說，平方根尺度對於以平方值呈現的資料來說很自然。地理區域就是資料為自然平方值的一個範例。如果我們以平方根尺度呈現地理面積，將凸顯出該區域從東到西或從北到南的線性範圍。例如，如果我們想知道開車跨越一個地區可能需要多久時間，這些範圍可能就有相關性。圖 3-8 呈現了美國東北各州的線性與平方根尺度。雖然這些州的面積完全不同（圖 3-8a），但是平方根尺度上的數字（圖 3-8b）會比線性尺度上的數字（圖 3-8a）更準確地呈現出開車跨越每一州所需的相對時間。

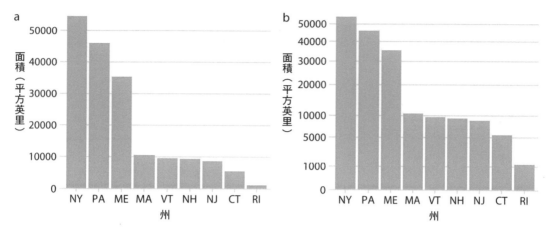

圖 3-8　美國東北部各州面積。(a) 以線性尺度呈現的面積。(b) 以平方根尺度呈現的面積。資料來源：Google。

具有曲線軸的坐標系統

到目前為止，即使軸的資料值定位是非線性的對應，我們遇到的所有坐標系都使用了兩個互成直角的直軸。不過，有其他坐標系的軸本身是彎曲的。尤其是在極（*polar*）坐標系中，我們透過角度和距離原點的徑向距離來指定位置，因此其角度軸是圓形的（圖3-9）。

極坐標對於週期性資料是實用的，它使尺度一端的資料值可以邏輯地連接到另一端的資料值。舉例來說，想想一年中的天數。12 月 31 日是一年中的最後一天，但它也是一年中第一天的前一天。如果我們想要呈現一年中某些數量的變化，那麼使用極坐標和標示出每一天的角度坐標是恰當的。讓我們將這個概念應用到圖 2-3 的日平均氣溫上。因為日平均氣溫是與任何特定年份無關的平均溫度，所以 12 月 31 日可以被視為比 1 月 1 日晚 366 天（日平均氣溫包括 2 月 29 日），同時也是早 1 天。

透過在極坐標系中繪製日平均氣溫，我們強調了它們具有的週期特性（圖 3-10）。與圖 2-3 相比，極坐標版本凸顯出死亡谷、休斯頓和聖地亞哥從秋末到初春的溫度相似度。在笛卡爾坐標系中，這個事實是模糊的，因為 12 月下旬和 1 月初的溫度值呈現在圖表的兩端，因此不形成單一視覺單位。

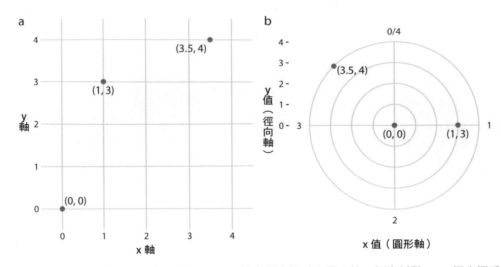

圖 3-9 笛卡爾坐標與極坐標之間的關係。(a) 笛卡爾坐標系中呈現的三個資料點。(b) 極坐標系中呈現的相同三個資料點。我們用 (a) 的 x 坐標當作角度坐標,以及 (a) 的 y 坐標當作徑向坐標。在此範例中,圓軸從 0 到 4,因此 x = 0 和 x = 4 在該坐標系中是相同位置。

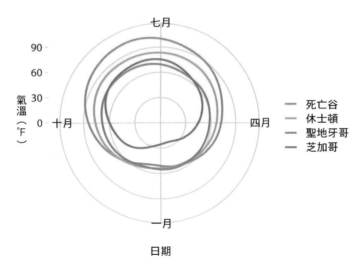

圖 3-10 美國四個地點的日平均氣溫,以極坐標呈現。距離中心點的徑向距離表示華氏溫度的日平均氣溫,一年中的日期從 1 月 1 日起,從 6 點鐘位置起以逆時針方向排列。資料來源:NOAA。

第二種我們會遇到彎曲軸的狀況，是地理空間資料，即地圖。地球上的位置是由經度和緯度定位的。但由於地球是球體，因此將經緯度繪製成笛卡爾軸是誤導的，不推薦使用（圖 3-11）。相反的，我們要使用各種類型的非線性投影，嘗試減少人為產物，並在保留（相對於地球真實形狀線條的）區域或角度之間，取得不同的平衡（圖 3-11）。

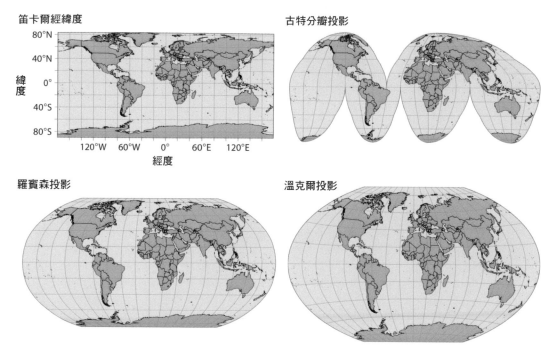

圖 3-11　世界地圖，以四種不同的投影方式呈現。笛卡爾經緯度系統將每個地點的經度和緯度對應到一般笛卡爾坐標系統上。此對應法會導致 3D 球體上的區域和角度失真。古特分瓣投影（The interrupted Goode homolosine）完美地呈現了真實的表面區域，代價是將一些陸塊切成個別部分，最明顯的是格陵蘭島和南極洲。羅賓森（Robinson）投影和溫克爾（Winkel）投影在角度和區域扭曲之間都取得平衡，常用於整個地球的地圖上。

## 第四章

顏色尺度

顏色的資料視覺化上，有三種基本應用：用顏色來區分、呈現和凸顯資料值。我們使用的顏色類型及使用它們的方式，在這三種情況下完全不同。

用顏色當作區分工具

我們經常使用顏色來區分不具有內建順序之離散項目或分組，例如地圖上的不同國家，或某項產品的不同製造商。在這種情況下，我們使用**定性**（*qualitative*）顏色尺度。這樣的尺度包含一組有限的特定顏色，這些被選出的顏色看起來彼此明顯不同，但同等重要。第二個條件是任一顏色不應該比其他顏色顯眼。此外，顏色不應該產生順序的印象，好比一系列連續變淡的顏色。這樣的顏色會使得原本在定義上無序的項目，在被上色後造成明顯的順序。

許多適合的定性顏色尺度很容易取得。圖 4-1 顯示了三個代表性的範例。尤其 ColorBrewer 計畫提供了很好的定性顏色尺度選擇性，包括很淺和很深的顏色 [Brewer 2017]。

圖 4-1　定性顏色尺度範例。Okabe Ito 尺度是本書使用的預設尺度 [Okabe and Ito 2008]。ColorBrewer Dark2 尺度由 ColorBrewer 計畫 [Brewer2017] 提供。ggplot2 色相尺度是受到廣泛使用的圖表軟體 ggplot2 中的預設定性尺度。

舉一個使用定性顏色尺度的範例，請看一下圖 4-2。它呈現了美國各州從 2000 年至 2010 年的人口成長百分比。我依照人口成長的順序排列各州，並依據地理區域將它們上色。這些顏色凸顯出同一地區的各州經歷了類似的人口成長。尤其是西部和南部各州人口成長最多，而中西部和東北部各州的成長幅度要小得多。

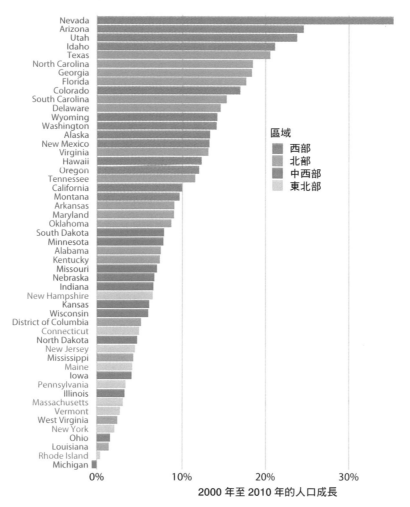

圖 4-2　從 2000 年至 2010 年美國的人口成長。西部和南部各州成長幅度最大，而中西部和東北部各州的成長幅度小得多（甚至在密西根是減少的）。資料來源：美國人口普查局。

用顏色來呈現資料值

顏色也可以用來呈現定性資料值，例如收入、溫度或速度。在這種情況下，我們會使用**次序性**（*sequential*）顏色尺度。這樣的尺度包含一系列的顏色，清楚標示出哪些值大於或小於哪些值，以及兩個特定值彼此差距有多遠。第二點意味著顏色尺度必須在整個範圍內均勻變化。

次序尺度可以以單一色調（例如，從深藍色到淺藍色）或以多個色調（例如，從深紅色到淺黃色）（圖 4-3）為基礎。多色調尺度通常遵循自然界中可見的顏色漸變，例如深紅色、綠色或藍色至淺黃色，或深紫色至淺綠色。反向（例如，深黃色至淺藍色）看起來不自然，並不構成有用的序列尺度。

圖 4-3　次序顏色尺度之範例。ColorBrewer Blues 尺度是一種單色尺度，從深藍到淺藍不等。Heat 和 Viridis 尺度是多色調尺度，分別從深紅色到淺黃色，以及從深藍色到綠色到淺黃色。

當我們想要呈現資料值跨地理區域的變化時，用顏色來呈現資料值特別有用。在這種情況下，我們可以繪製地理區域的地圖，並依據資料值對它們上色。這種地圖稱為**分層設色圖**（*choropleths*）。在圖 4-4 的範例中，我將德州每一郡的年收入中位數對應到這些郡的地圖上。

在某些情況下，我們需要由中點開始，朝兩側的方向將資料值的偏離進行視覺化。一個簡單的例子是包含正數和負數的資料集。我們可能會想用不同顏色來呈現它們，以便立即看出某個值是正數還是負數，以及它往哪一個方向偏離零有多少遠。在這種情況下，適合的顏色尺度是**偏離型**（*diverging*）顏色尺度。我們可以將偏離型尺度看成是兩組依次尺度，在共同中點的位置連結起來，這個中點通常以淺色呈現（圖 4-5）。偏離型尺度必須兩側平衡，使中心的淺色到外側的深色在任一方向上大致相同。否則，對資料值的感知程度將取決於它的落點高於或低於中點值。

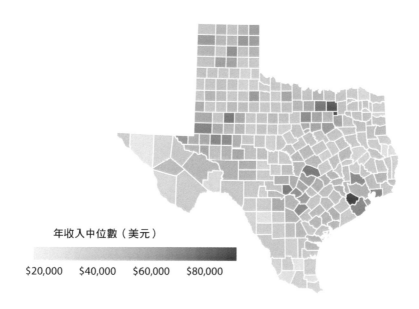

年收入中位數（美元）

$20,000　$40,000　$60,000　$80,000

圖 4-4　德州各郡的年收入中位數。德州主要城市地區的收入中位數最高，尤其在休斯頓和達拉斯附近。西德州的 Loving 郡沒有中位數收入的估算值，因此該郡呈現為灰色。資料來源：2015 年五年美國社區調查。

CARTO Earth

ColorBrewer PiYG

Blue-Red

圖 4-5　偏離型尺度範例。你可以將偏離型尺度看成是被共同的中點顏色結合在一起的兩組依次尺度。偏離型尺度的常見顏色選擇包括棕色至綠藍色、粉紅色至黃綠色，以及藍色至紅色。

偏離型尺度的應用範例請見圖 4-6，圖中呈現了在德州各郡中身份認同為白人的百分比。雖然百分比永遠是正數，但在這裡使用偏離型尺度是合理的，因為 50% 是一個有意義的中點值。高於 50% 的數字代表白人佔多數，低於 50% 的數字則相反。此一視覺化清楚地呈現了白人在哪些郡佔多數，在哪些郡佔少數，還有哪些郡的白人和非白人大致是相等的比例。

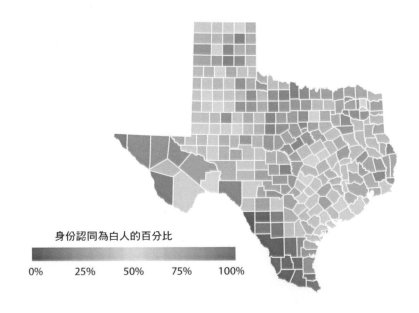

圖 4-6　在德州各郡中身份認同為白人的百分比。白人在德州北部和東部佔多數，但在德州南部或西部則不然。資料來源：2010 年美國人口普查。

以顏色當作凸顯的工具

顏色也是凸顯資料中特定元素的有效工具。資料集當中可能有特定的類別或值，載有我們想要講述的故事之關鍵資訊，而我們可以透過向讀者強調相關的圖表元素來加強故事。要做到這樣的強調性，有一個簡單方法就是將這些圖形元素用一種或一組比其他數字更醒目的顏色來上色。這種效果可以透過**強調色**（*accent*）尺度來實現，也就是包含一組柔和色彩，和一組同系列但更強烈、更暗，和／或更飽和色彩的尺度（圖 4-7）。

Okabe Ito Accent

Grays with accents

ColorBrewer Accent

圖 4-7　強調色尺度的範例，每個都有四種基本色和三種強調色。強調色尺度可以透過幾種不同的方式產生：（上圖）我們可以拿現有的顏色尺度（例如 Okabe Ito 尺度，圖 4-1），將某些顏色變亮和 /或部分去飽和，並將其他顏色調暗；（中圖）我們可以採用灰階值，然後搭配一些色彩；（下圖）我們可以使用現有的強調色尺度（例如，ColorBrewer 中的其中之一）。

為了示範相同的資料可以透過不同上色方法來講述不同故事，我製作了圖 4-2 的變體，現在我凸顯了兩個特定的州：德州和路易斯安那州（圖 4-8）。這兩州都在南方且相鄰，然而其中一州（德州）是美國各州在 2000 年至 2010 年間成長最快的第五名，而另一州則是成長最慢的第三名。

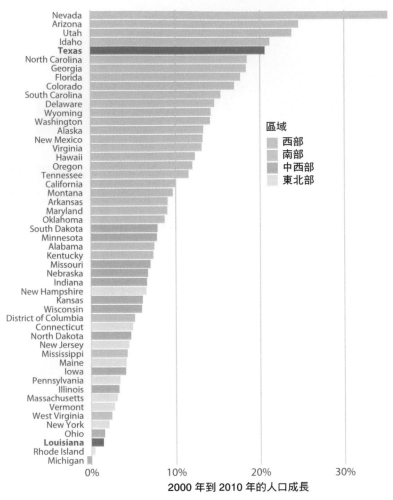

圖 4-8　從 2000 年到 2010 年，德州和路易斯安那州這兩個比鄰的南部州，同時列為美國人口成長最高和最低。資料來源：美國人口普查局。

使用強調色時，很關鍵的是基本色不能引起注意。請注意圖 4-8 中的基本色有多麼單調，但是它們凸顯出強調色的效果很好。基本色過於豐富多彩，導致爭奪了讀者對強調色的注意力，是個很容易犯的錯誤。不過，有個簡單的補救措施：除了凸顯的資料類別或資料點之外，將圖表中所有元素的顏色去掉。圖 4-9 便是此一舉措的範例。

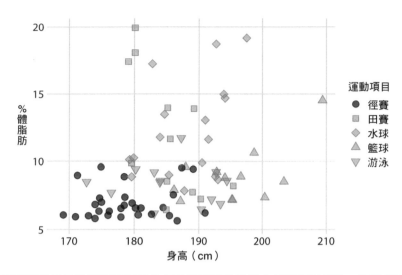

圖 4-9　徑賽運動員是參與熱門運動的男性職業運動員當中最矮和最瘦的。資料來源：[Telford and Cunningham 1991]。

## 第五章

視覺化總覽

本章提供了各種常用於不同類型資料視覺化圖形圖表的快速視覺總覽。你可以將它當作目錄，用來查詢不確定名稱的某種圖表，或者當你想找一個替代方案來跳脫經常製作的圖表時，也可以將它當作靈感來源。

量

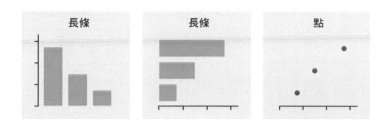

量的視覺化（也就是呈現某些類別資料集的數值）最常見的方法是使用垂直或水平排列的長條圖（第 6 章）。但是除了長條圖之外，我們也可以將點放在長條結束的位置（第 6 章）。

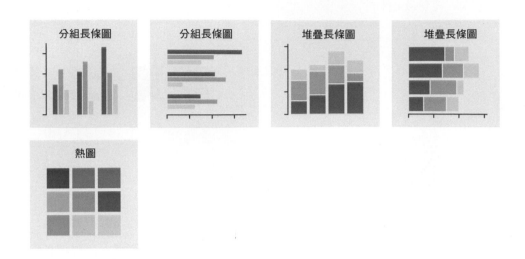

如果有兩組或更多組類別要呈現數量，我們可以對長條圖進行分組或堆疊（第 6 章）。我們還可以用熱圖將類別對應到 x 和 y 軸上，然後依顏色呈現數量（第 6 章）。

分佈

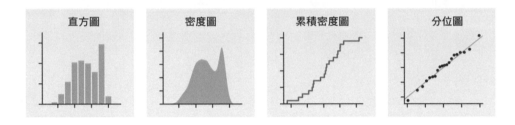

直方圖和密度圖（第 7 章）提供了最直覺的分佈視覺化，但兩者都需要任選的參數，且可能會產生誤導。累積密度圖和分位圖（Q-Q）圖（第 8 章）能夠忠實地呈現資料，但可能較難解讀。

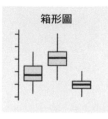

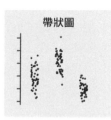

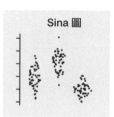

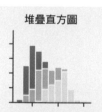

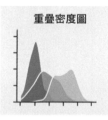

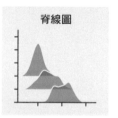

當我們希望一次呈現許多分佈情況，或者假如我們主要想做是分佈中的整體變化，那麼箱形圖、小提琴圖、帶狀圖和 Sina 圖很實用（參見第 79 頁的「沿垂直軸的分佈視覺化」）。堆疊直方圖和重疊密度圖提供較少數量的分佈進行更深入的比較，不過堆疊直方圖可能難以解讀，所以最好避免使用（參見第 63 頁的「同時將多個分佈視覺化」）。脊線圖可以有效替代小提琴圖，而且在將非常大量的分佈或隨時間推移的分佈變化製成圖表時，通常很有用（參見第 86 頁的「沿水平軸的分佈視覺化」）。

比例

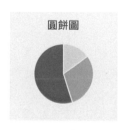

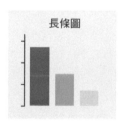

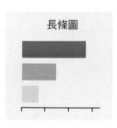

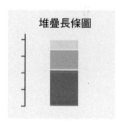

比例可以用圓餅圖、並排長條圖，或堆疊長條圖來呈現（第 10 章）。在呈現數量時，當我們使用長條圖來呈現比例時，長條可以是垂直或水平排列的。圓餅圖強調加起來成為整體的個別部分，並凸顯簡單的分數。然而，若要比較各個部份，使用並排的長條圖會較為容易。對於單組的比例來說，堆疊長條圖看起來會有點奇怪，但是在比較多組的比例時，是很有用的。

 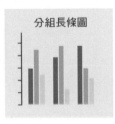 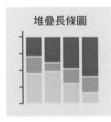 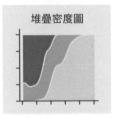

在將多組比例或特定情況下的比例變化進行視覺化時，圓餅圖的空間利用度通常不太好，而且會使關係變得模糊。只要進行比較的條件數量適中，分組長條圖的效果很好，堆疊長條圖則適用於大量的條件。當比例是依照連續變數變化時，堆疊密度圖是適合的（第 10 章）。

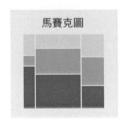 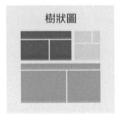 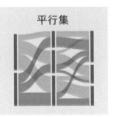

當比例是依據多個分組變數指定時，馬賽克圖、樹狀圖或平行集是實用的視覺化方式（第 11 章）。馬賽克圖會假定一個分組變數的每個水準都可以與另一個分組變數的每個水準進行組合，而樹狀圖不會做出這樣的假設。即使一個組的細分與另一個細分完全不同，樹狀圖的效果也很好。當有兩個以上的分組變數時，平行集會比馬賽克圖或樹狀圖適合。

x-y 關係

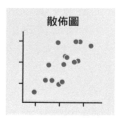
散佈圖

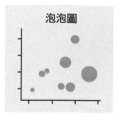
泡泡圖

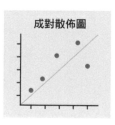
成對散佈圖

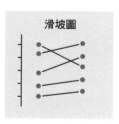
滑坡圖

當我們想要呈現一個定性變數相對於另一個定性變數的時候，散佈圖（第 12 章）呈現了原型的視覺化。如果有三個定性變數，我們可以將一個變數對應到點的大小，製作出一種散佈圖的變體，稱為泡泡圖。對於成對資料，當沿 x 軸和 y 軸的變數是以相同的單位進行測量時，加上一條表示 $x = y$ 的線通常很有幫助（參見第 124 頁的「成對資料」）。成對資料也可以透過用直線連接的成對點狀滑坡圖來呈現。

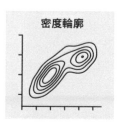
密度輪廓

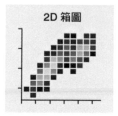
2D 箱圖

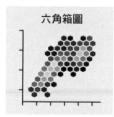
六角箱圖

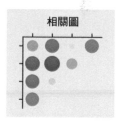
相關圖

對於大量的點，一般散佈圖可能會由於重疊繪製而變得無法提供資訊。在這種情況下，輪廓線、2D 箱圖或六角箱圖可以提供替代方案（第 18 章）。在另一方面，當我們想要呈現兩個以上的數量時，我們可以選擇以相關圖的形式來繪製相關係數（參見第 119 頁的「相關圖」），而非使用基礎原始資料。

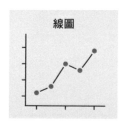
線圖

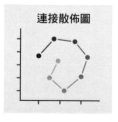
連接散佈圖

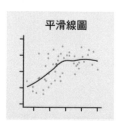
平滑線圖

當 x 軸代表時間或一個嚴格增加的量（如治療劑量）時，我們通常會繪製線圖（第 13 章）。如果有兩個反應變數的時間順序，我們可以繪製連接散佈圖：首先在散佈圖中繪製兩個反應變數，然後依據相鄰時間點，將點點連接起來（參見第 136 頁的「兩個或以上的反應變數時間序列」）。我們可以使用平滑線圖來呈現更大資料集的趨勢（第 14 章）。

地理空間資料

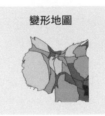

呈現地理資料的主要模式是地圖形式（第 15 章）。地圖將地球上的坐標投影到平面上，使地球上的形狀和距離大致由 2D 中的形狀和距離來表示。此外，我們可以依據資料對地圖中的這些區域進行上色，來呈現不同區域的資料值。這樣的地圖稱為分層設色地圖（choropleth map，參見第 169 頁的「分層設色地圖」）。在某些情況下，依據一些其他數量（例如人口數量）去扭曲不同區域或將各區域簡化為正方形，可能是有幫助的。這種視覺化稱為變形地圖（cartograms，參見第 173 頁的「變形地圖」）。

不確定性

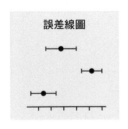
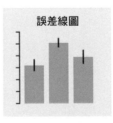
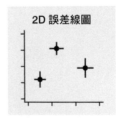
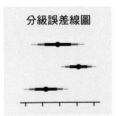

誤差線的用意是指出某些估算或測量的可能值範圍。它們從某個參考點開始往水平和／或垂直延伸,藉此呈現估計或測量值(第16章)。參考點可以以各種方式呈現,例如點或長條。分級誤差線同時呈現多個範圍,其中每個範圍對應到不同的信賴度。它們實際上是由不同粗細的多條誤差線堆疊在一起的。

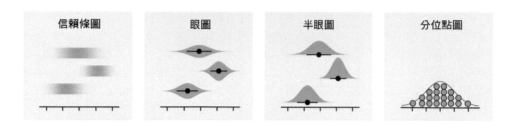

為了達到比誤差線或分級誤差線更詳細的視覺化,我們可以將實際的信賴度或事後分佈(第16章)視覺化。信賴條圖提供了不確定感的視覺呈現,但難以準確讀取。眼圖和半眼圖將誤差線與一些將分佈視覺化的方法(分別為小提琴圖和脊線圖)結合,因此呈現了一些信賴水準和整體不確定性分佈的精確範圍。分位點圖(quantile dot plots)可以提供不確定性分佈的替代視覺化方案(請參閱第177頁的「用頻率表達機率」)。因為它以離散單位呈現分佈,所以不是那麼精確,但比小提琴或脊線圖所顯示的連續分佈更容易閱讀。

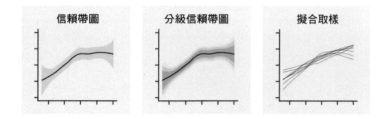

對於平滑線圖來說,它的誤差線就是信賴帶圖(請參見第193頁的「曲線擬合之不確定性的視覺化」)。它呈現了在特定信賴水準下,線條可能會穿越的數值範圍。與誤差線一樣,我們可以繪製分級信賴帶,一次呈現多個信賴水準。在缺乏信賴帶時或除了信賴帶以外,我們也可以呈現單獨的擬合取樣。

## 第六章

將數量視覺化

在許多情況下，我們會對某組數字的大小感興趣。例如，我們可能會想將不同品牌汽車的總銷售量、生活在不同城市的總人口，或者各類奧林匹克運動員的年齡等等視覺化。在所有的這些情況下，我們會有一組類別（例如，汽車品牌、城市，或運動類型），以及每組類別的數值。我將這些情況稱「將數量視覺化」，因為這些視覺化當中的主要重點是在數值的大小上。此狀況下的標準視覺化是有多種變體的長條圖，包括簡單長條，以及分組和堆疊長條。長條圖的替代方案是點圖和熱圖。

長條圖

為了說明長條圖的概念，讓我們來看看某週末最受歡迎電影的總票房銷售情況。表 6-1 顯示了 2017 年聖誕節前的週末，票房收入最高的五部電影。《星際大戰：最後的絕地武士》是該週末最受歡迎的電影，票房超越排名第四和第五的電影《大娛樂家》和《萌牛費迪南》幾乎 10 倍。

表 6-1　2017 年 12 月 22 日至 24 日週末票房收入最高的電影。資料來源：Box Office Mojo（ *http://www.Box Office Mojo.com* ）。經許可使用。

Rank	Title	Weekend gross
1	星際大戰：最後的絕地武士	$71,565,498
2	野蠻遊戲：瘋狂叢林	$36,169,328
3	歌喉讚 3	$19,928,525
4	大娛樂家	$8,805,843
5	萌牛費迪南	$7,316,746

此類的資料通常會以垂直長條圖呈現。每部電影都繪製一條從零開始，並一直延伸到該電影週末總票房之美元值的長條（圖 6-1）。此視覺化稱為長條圖（bar plot）或長條表（bar chart）。

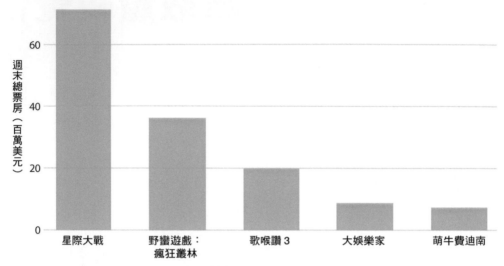

圖 6-1　2017 年 12 月 22 日至 24 日週末最賣座的電影，以長條圖呈現。資料來源：Box Office Mojo（*http://www.Box Office Mojo.com*）。經許可使用。

垂直長條圖有個常見的問題，就是每個長條的標籤佔用了大量的水平空間。以圖 6-1 為例，我必須將長條畫得很寬，並將每個長條的間隔拉開，以便將電影標題放在下面。為了節省水平空間，我們可以讓長條靠近一點然後旋轉標籤（圖 6-2）。但是，我不太支持旋轉標籤。我發現最後的圖表會很難閱讀。而且依據我的經驗，只要標籤太長且不能水平放置，旋轉之後看起來也不會多好。

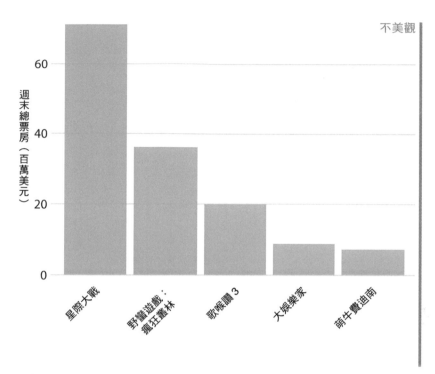

圖 6-2　2017 年 12 月 22 日至 24 日週末最暢銷的電影，以旋轉的軸標籤長條圖呈現。旋轉的軸刻度標籤往往難以閱讀，而且需要在圖表下方佔用奇怪的空間。出於這些原因，我通常認為旋轉刻度標籤的圖表不美觀。資料來源：Box Office Mojo（*http://www.Box Office Mojo.com*）。經許可使用。

長標籤的更好解決方案通常是交換 *x* 和 *y* 軸，讓長條沿著水平展示（圖 6-3）。在交換軸之後，我們會得到緊湊的圖表，所有視覺元素（包括所有文字）都是水平方向。因此它比圖 6-2 甚至圖 6-1 更容易閱讀。

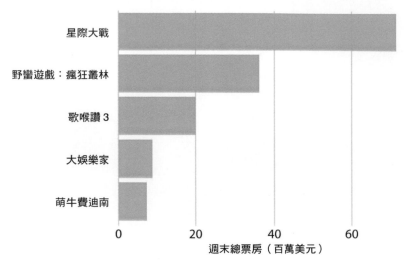

圖 6-3　2017 年 12 月 22 日至 24 日週末最賣座的電影，以水平長條圖呈現。資料來源：Box Office Mojo（*http://www.Box Office Mojo.com*）。經許可使用。

無論是以垂直還是水平方式呈現長條，我們都需要注意長條排列的順序。我經常看到隨意排列、或者排列條件與圖表無關連性的長條圖。有些圖表程式的預設排列是依照標籤的字母順序，還有其他類似的任意排列也是可能的（圖 6-4）。一般而言，這樣得到的圖表會比依照大小來排列的長條圖混亂，且不太直覺。

然而，只有當長條代表的類別沒有內在順序時，我們才能重新排列長條。每當內在順序存在時（意即，當我們的分類變數是有序因子時），我們應該在視覺化中保留此順序。舉例來說，圖 6-5 呈現了依年齡分組的美國年收入中位數。在這種情況下，長條應依據年齡增加的順序來排列。依照長條高度排序因此打亂年齡順序，是不合理的（圖 6-6）。

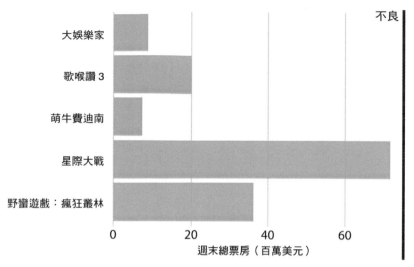

圖 6-4　2017 年 12 月 22 日至 24 日週末最賣座的電影，以水平長條圖呈現。在此，長條是依電影英文片名長度的遞減排序。這種長條排列是隨意、無特殊用意的，而且會使得結果的圖表比圖 6-3 更不直覺。資料來源：Box Office Mojo（*http://www.Box Office Mojo.com*）。經許可使用。

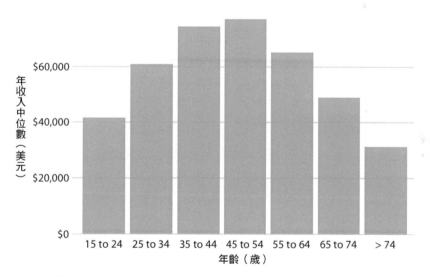

圖 6-5　2016 年美國家庭年收入中位數 vs. 年齡組別。45 至 54 歲年齡組的收入中位數最高。資料來源：美國人口普查局。

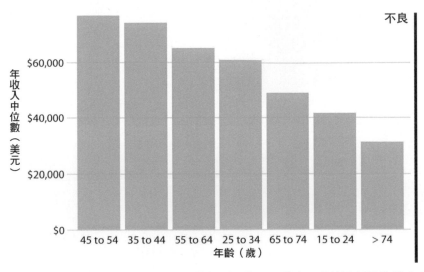

圖 6-6 2016 年美國家庭年收入中位數 vs. 年齡組別，依收入排序。雖然這種長條排序看起來很美觀，但是年齡組的順序令人困惑。資料來源：美國人口普查局。

注意長條排序。如果長條代表的是無序的類別，那就將它們依照資料值的遞增或遞減排序。

分組和堆疊長條圖

前一單元中的所有範例都顯示了，定性的量如何依據一個分類變數而變化。然而，我們通常會同時對兩個分類變數感興趣。例如，美國人口普查局會提供依照年齡和種族區分的中位數收入水平。我們可以使用分組長條圖來將此資料集視覺化（圖 6-7）。在分組長條圖中，我們依據一個分類變數，沿 x 軸在每個位置繪製一組長條，然後依據另一個分類變數在每個組內繪製長條。

分組長條圖一次呈現大量資訊，因此可能令人混淆。事實上，雖然我沒有將圖 6-7 標為不良或不美觀，但我覺得它很難閱讀。尤其是對於特定的種族群體，很難去比較不同年齡組的中位數收入。因此，當主要焦點是種族群體的收入水平差異（分別針對特定年齡組）時，才合適使用這張圖表。如果我們更關心的是種族群體收入水平的總體模式，

那麼可能最好沿 x 軸呈現種族，並在每個種族群體中，將年齡呈現為不同的長條（圖 6-8）。

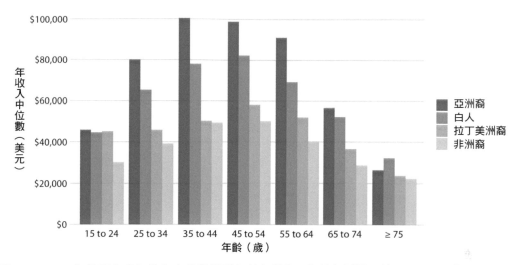

圖 6-7　2016 年美國家庭年收入中位數對照年齡和種族。年齡組別沿 x 軸呈現，而且每個年齡組別都有四個長條，分別對應到亞洲裔、白人、拉丁美洲和非洲裔的年收入中位數。資料來源：美國人口普查局。

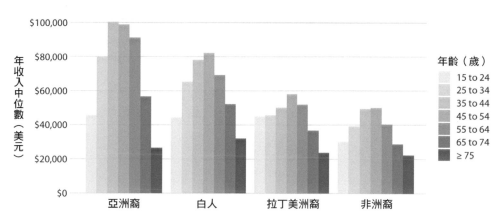

圖 6-8　2016 年美國家庭年收入中位數對照年齡和種族。與圖 6-7 相比，此圖現在沿著 x 軸呈現種族，而每一種族中，我們依據七個年齡組別呈現七個長條。資料來源：美國人口普查局。

圖 6-7 和 6-8 都將一個分類變數沿 x 軸排列，另一個變數則透過長條顏色呈現。在兩種範例中，位置很容易閱讀，但長條顏色則需要費較多心力，因為我們必須將長條的顏色和圖例的顏色進行比對。透過呈現四張獨立的一般長條圖，而非一張分組長條圖，可以避免這種額外的心力（圖 6-9）。以上這些選項要選擇哪一個，最終還是喜好問題。我可能會選擇圖 6-9，因為它不需要動用到不同的長條顏色。

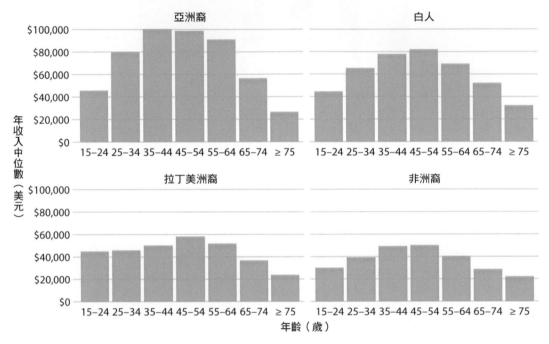

圖 6-9　2016 年美國家庭年收入中位數對照年齡和種族。現在我們將資料以四張個別的一般長條圖呈現，而非圖 6-7 和 6-8 所示的分組長條圖。這個選擇的優點是我們不需要用長條顏色來代表兩個分類變數。資料來源：美國人口普查局。

有時候將長條堆疊在一起，會比並排繪製來得適合。當堆疊長條所代表的數量加總之和，本身就是一個有意義的數量時，堆疊長條會很實用。因此，雖然將圖 6-7 的年收入值中位數疊起來是沒有意義的（兩個年收入值中位數的總和不是一個有意義的值），但是將圖 6-1 的週末總票房堆疊起來可能是有意義的（兩部電影的週末票房總和，是這兩部電影合計的總票房）。當單一長條表示數量時，堆疊也是適當的。例如在人數的資料集當中，我們可以單獨統計男性或女性，也可以將兩者統計在一起。如果我們在表示男性人數的長條圖上堆疊代表女性人數的長條圖時，則組合起來的長條高度表示不論性別的人數總數。

我將使用 1912 年 4 月 15 日沉沒的跨大西洋遠洋郵輪「鐵達尼號」之乘客的資料集，來示範此一法則。船上約有 1,300 名乘客，不包括船員。乘客搭乘三個艙等（一等、二等或三等）之一，而船上的男性乘客幾乎是女性乘客的兩倍。若要依照艙等和性別將乘客區分視覺化，我們可以為每個艙等和性別繪製單獨的長條圖，並將代表女性的長條疊在代表男性的長條上，每個艙等分開（圖 6-10）。組合後的長條代表了每個艙等的乘客總數。

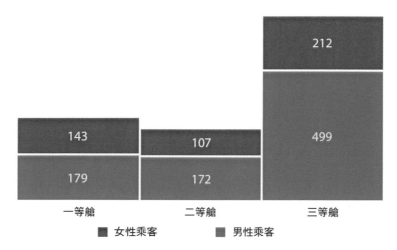

圖 6-10 搭乘一等、二等和三等艙的鐵達尼號女性與男性乘客數量。資料來源：鐵達尼號百科全書。

圖 6-10 與我之前示範的長條圖不同的是，它沒有明確的 y 軸。相反的，我展示了每個長條代表的實際數值。每當圖形僅呈現少量不同的值時，將實際數字加到圖形中是有意義的。這大大提高了圖表傳達的資訊量，而沒有增加太多的視覺雜訊，而且不需要明確的 y 軸。

點圖和熱圖

長條並非進行數量視覺化的唯一選項。長條的一個重要限制是它們必須從零開始，讓長條長度與所示的量成比例。對於一些資料集來說，這可能不切實際或者可能會模糊關鍵重點。在這種情況下，我們可以將點放在沿 x 或 y 軸的適當位置來指示數量。

圖 6-11 示範了如何將這種視覺化的方法，用於美洲 25 個國家的預期壽命資料集上。這些國家的公民的預期壽命在 60 到 81 歲之間，每一個預期壽命值都在沿 x 軸的適當位置以藍點呈現。透過將軸範圍限制在 60 至 81 歲的區間，此圖凸顯了該資料集的主要特徵：加拿大在所有列出的國家中擁有最高的預期壽命，而玻利維亞和海地的預期壽命遠低於所有其他國家。如果我們使用的是長條圖而非點圖（圖 6-12），我們就會做出一張不太引人注目的圖表。因為此圖中的條紋很長，而且長度幾乎相同，所以眼睛會被吸引到長條的中間而不是末端，因此數字無法傳達它的資訊。

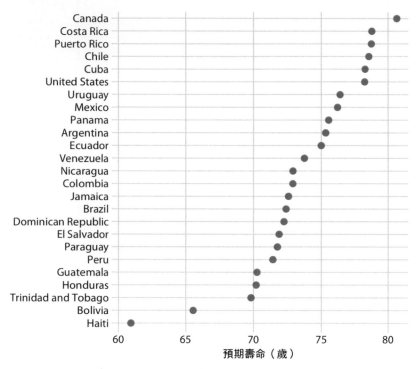

圖 6-11　2007 年美洲國家的預期壽命。資料來源：Gapminder。

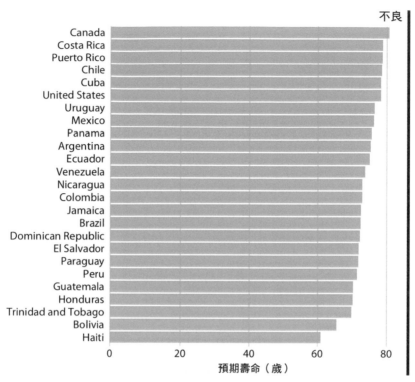

不良

圖 6-12　2007 年美洲國家的預期壽命，以長條圖呈現。此資料集不適合用長條圖呈現。這些長條太長，會分散對資料之關鍵重點（不同國家之預期壽命差異）的注意力。資料來源：Gapminder。

然而，無論使用長條還是點，我們都需要注意資料值的排序。在圖 6-11 和 6-12 中，國家是依照預期壽命的遞減順序排列的。如果照字母順序進行排序，我們會得到一團令人困惑而且無法傳達明確資訊的混亂點雲（圖 6-13）。

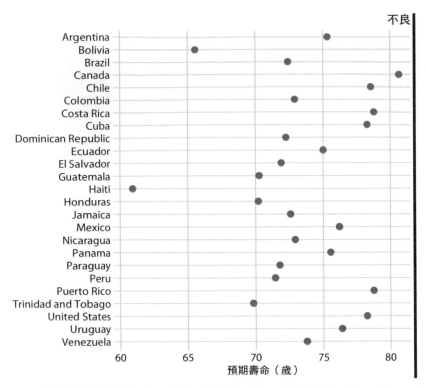

圖 6-13　2007 年美洲國家的預期壽命。在此，國家是依字母順序排列，這會導致各點形成無序的點雲，使得圖表難以閱讀，因此它應該被標記為「不良」。資料來源：Gapminder。

到目前為止，無論是透過長條的末端或點的位置，所有範例都是透過定位尺度來表示數量。對於非常大的資料集，這些選項都不合適，因為圖表會太混亂。我們已經在圖 6-7 中看到，光是 7 組各 4 筆的資料值就可能導致圖形複雜且不易閱讀。如果我們有 20 組每組各 20 筆的資料值，那麼類似的圖表可能會非常混亂。

我們可以將資料值對應到顏色，以取代長條圖或點圖將資料值對應到位置，這樣的圖表稱為**熱圖**（*heatmap*）。圖 6-14 使用這種方法呈現了在 20 個國家在 23 年間（從 1994 年到 2016 年）網際網路使用者的百分比。雖然這種視覺化會較難明確呈現確切的資料值（例如，2015 年在美國的網際網路使用者的確切百分比是多少？），但是它凸顯趨勢的效果更加卓越。我們可以看出哪些國家的網際網路使用起步較早、哪些起步晚，還可以看出在資料集涵蓋的最後一年（2016 年），哪些國家具有較高的網際網路滲透率。

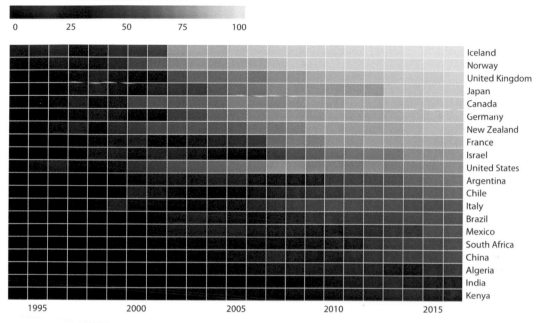

圖 6-14　各國隨時間變化之網際網路普及率。顏色代表了各國在各年的網際網路使用者的百分比。
國家順序依照 2016 年的網路使用者百分比排列。資料來源：世界銀行。

和本章中討論的所有其他視覺化方法一樣，在製作熱圖時，我們必須注意分類資料值的
排序。在圖 6-14 中，各國是依照 2016 年網際網路使用者的百分比排序。儘管美國在較
早的年份有大量的網際網路使用率，但此種排序將英國、日本、加拿大和德國置於美國
之上，因為這些國家在 2016 年的網際網路普及率都高於美國。或者，我們也可以以各
國開始出現大量網際網路使用者的時間順序來排序。在圖 6-15 中，各國依照網際網路使
用率首次上升到 20% 以上的年份進行排序。在這張圖表中，美國進入排名第三，而且明
顯看出，與早期的網際網路使用情況相比，其 2016 年的網際網路使用率相對較低。義
大利也可以看到類似的模式。相較之下，以色列和法國起步較晚，但進展快速。

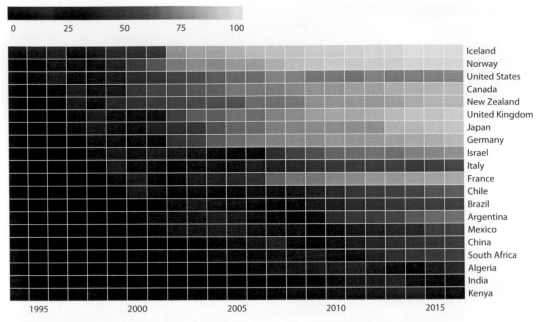

圖 6-15　特定國家隨時間變化之網際網路普及率。各國依照網際網路使用率首次超過 20% 的年度進行排序。資料來源：世界銀行。

圖 6-14 和 6-15 都是有效的資料呈現。要選用哪一個，取決於我們想傳達的故事。如果要討論的是關於 2016 年的網際網路使用情況，那麼圖 6-14 可能是更好的選擇。但如果要討論的是關於網際網路普及化的早晚與目前使用情況之關係，那麼圖 6-15 就會更適合。

## 第七章

分佈的視覺化：
直方圖和密度圖

我們經常會遇到想要了解特定變數在資料集當中之分佈的狀況。舉一個具體的例子，讓我們看一下在第 6 章出現過的一份資料集：鐵達尼號的乘客。鐵達尼號上有大約 1,300 名乘客（不包括船員），報告中記載了其中 756 名乘客的年齡。我們可能會想知道在鐵達尼號上各個年齡層有多少乘客，意即有多少是兒童、年輕人、中年人、老年人等等。我們將乘客中不同年齡層的相對比例稱為乘客的**年齡分佈**。

單一分佈的視覺化

透過將所有乘客分組到可以做比較的年齡層當中，然後計算每一年齡層當中的乘客數量，可以大致獲得乘客之間的年齡分佈情況。此步驟會產生如表 7-1 所示的表格。

表 7-1 鐵達尼號上已知年齡的乘客數量。

年齡範圍	人數	年齡範圍	人數	年齡範圍	人數
0–5	36	31–35	76	61–65	16
6–10	19	36–40	74	66–70	3
11–15	18	41–45	54	71–75	3
16–20	99	46–50	50		
21–25	139	51–55	26		
26–30	121	56–60	22		

我們可以繪製實心的矩形來呈現此表，將矩形高度對應到數量，將寬度對應到年齡區的寬度（圖 7-1）。這種視覺化稱為直方圖。（請注意，所有分組必須具有相同的寬度，如此的視覺化才會是有效的直方圖。）

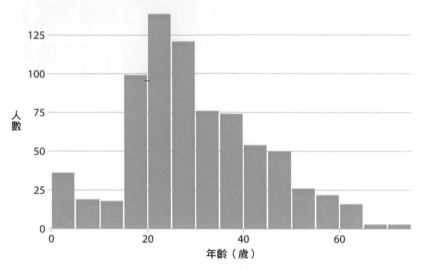

圖 7-1　鐵達尼號乘客年齡的直方圖。資料來源：鐵達尼號百科全書。

因為直方圖是透過將資料轉成矩形而產生的，所以它們的確切視覺外觀將取決於矩形寬度。大多數製作直方圖的視覺化程式都會預設選定一個矩形寬度，但是很可能這個寬度並無法適用於所有你想要製作的直方圖。因此，每一次都嘗試不同的矩形寬度，以便測試產生的直方圖是否能準確反映原始資料是至關重要的。一般來說，如果矩形寬度太小，直方圖看起來會過於尖銳而且視覺上雜亂，資料中的主要趨勢可能被模糊；如果矩形寬度太大，則資料分佈中的較小特徵（例如此範例中 10 歲左右的下降趨勢）可能會消失。

在鐵達尼號乘客的年齡分佈中我們可以看到：1 年（歲）的矩形寬度太小，15 年（歲）則太大， 3 到 5 年（歲）的寬度效果最好（圖 7-2）。

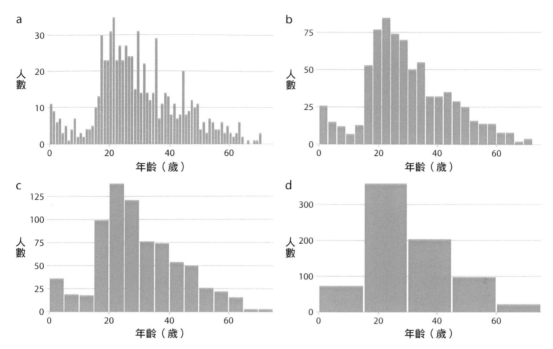

圖 7-2　矩形寬度各不同的直方圖。此處將同樣的鐵達尼號乘客的年齡分佈以四種不同的矩形寬度呈現：(a)1 年（歲）；(b)3 年（歲）；(c)5 年（歲）；(d) 15 年（歲）。資料來源：鐵達尼號百科全書。

製作直方圖時，請嘗試多種矩形寬度。

最少從 18 世紀起，直方圖便一直是熱門的視覺化選項，部分原因在於它們很容易透過手工產生。近年來，由於筆記型電腦和手機等日常設備已具備了廣泛的計算能力，因此直方圖越來越常被密度圖取代。在密度圖中，我們嘗試透過繪製適當的連續曲線來將資料的基本機率分佈視覺化（圖 7-3）。此曲線需要從資料中估計，而最常用在這個估計過程的方法稱為**核密度估計**（*kernel density estimation*）。在核密度估計中，我們在每個資料點的位置繪製一條窄小（其寬度由名為**帶寬** [*bandwidth*] 的參數控制）的連續曲線（核），然後將所有曲線相加來獲得最後的密度估計。最廣泛被使用的核是「高斯核」（即高斯鐘形曲線），但還有許多其他的選擇。

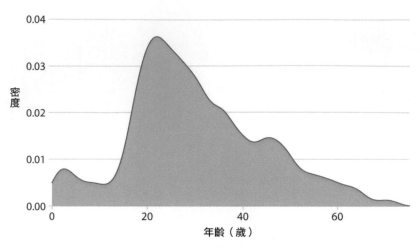

圖 7-3 鐵達尼號乘客年齡分佈的核密度估計。曲線的高度被縮放，使曲線下的面積等於 1。密度估計是用高斯核和帶寬 2 進行的。資料來源：鐵達尼號百科全書。

與直方圖的情況一樣，密度圖的實際視覺外觀，取決於核和帶寬的選擇（圖 7-4）。帶寬參數的作用類似於直方圖中的矩形寬度。如果帶寬太小，則密度估計可能變得過於尖銳，視覺上會很亂，而且資料中的主要趨勢可能變模糊。反過來說，如果帶寬太大，則資料分佈中的較小特徵可能消失。此外，核的選擇也會影響密度曲線的形狀。例如，高斯核通常會產生看起來像高斯的密度估計，具有平滑的特徵和尾部。相較之下，矩形的核會在密度曲線中產生階梯的外觀（圖 7-4d）。一般而言，資料集當中的資料點越多，核的選擇性就越少。因此，對於大型資料集而言，密度圖通常非常可靠且資訊豐富，但對於僅有幾個點的資料集來說，它可能會產生誤導。

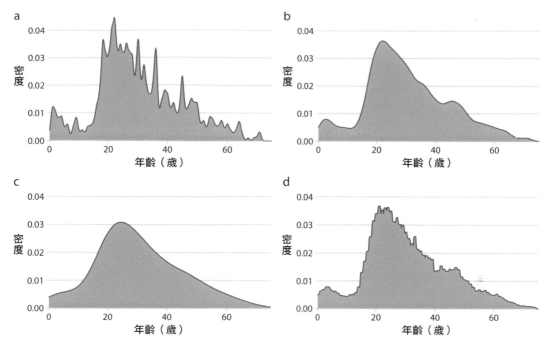

圖 7-4　核密度估計取決於所選的核和帶寬。在這裡，上述參數的四種不同組合呈現了同樣的鐵達尼號乘客年齡分佈：(a) 高斯核，帶寬 = 0.5；(b) 高斯核，帶寬 = 2；(c) 高斯核，帶寬 = 5；(d) 矩形核，帶寬 = 2。資料來源：鐵達尼號百科全書。

密度曲線通常會縮放至曲線下面積等於 1。這個慣例有可能會使 y 軸尺度令人混淆，因為它取決於 x 軸的單位。例如以年齡分佈為例，x 軸上的資料範圍從 0 到大約 75。因此，我們會期待密度曲線的平均高度為 1/75 = 0.013。但實際上，在看到年齡密度曲線時（例如，圖 7-4），我們會發現 y 值的範圍從 0 到大約 0.04，平均值接近 0.01。

核密度估計有一個我們需要留意的缺陷：它傾向於產生不存在資料的外觀，尤其是在尾部。因此，密度估計值若沒有審慎使用，很容易導致做出不合理陳述的數字。舉例來說，在不注意的情況下，我們可能會做出包含負年齡的年齡分佈視覺化（圖 7-5）。

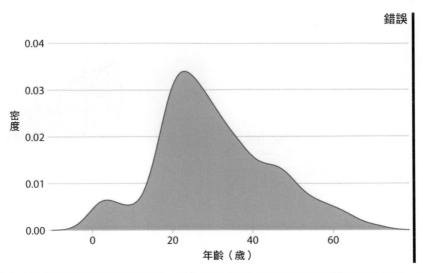

圖 7-5　核密度估計可能將分佈圖的尾部，延伸到沒有資料或甚至不可能有資料的區域。此圖中，鐵達尼號乘客的年齡密度估計值已延伸到負數的年齡範圍。這是不合理的，應該避免。資料來源：鐵達尼號百科全書。

永遠都要確認密度估計值不會預測出不合理資料值的存在。

那麼，你應該選擇直方圖還是密度圖來呈現分佈呢？這個問題可能會引發激烈的討論。有些人強烈反對密度圖，並認為它們是任意而且誤導性的。有些人意識到直方圖可能同樣具有任意性和誤導性。我認為這個選擇主要取決於喜好，但有時候其中一種可能會更準確地反映手頭資料中你要討論的特定特徵。兩者都不選，而選擇經驗累積密度函數（empirical cumulative density functions）或 Q-Q 圖（第 8 章）也是可能的。不過我相信，若想要一次將多個分佈視覺化，密度估計會比直方圖具有本質上的優勢。

同時將多個分佈視覺化

在許多情況下，我們會有好幾個想要同時視覺化的分佈。例如，假設我們想看看鐵達尼號乘客的年齡在男女之間的分佈情況。男性和女性乘客年齡是大致相同，或者性別之間存在年齡差異呢？在這種情況下，一種常用的視覺化策略是堆疊直方圖，將女性長條放在男性的長條上面，顏色不同（圖 7-6）。

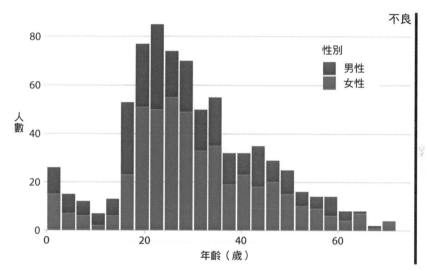

圖 7-6　依性別分層的鐵達尼號乘客年齡直方圖。這張圖表被標為「不良」，是因為堆疊直方圖很容易與重疊直方圖混淆（見圖 7-7）。此外，代表女性乘客的長條高度不容易互相比較。資料來源：鐵達尼號百科全書。

在我看來，這種類型的視覺化應該避免。這裡有兩個關鍵問題。首先，光看圖形並無法清楚看出長條是從哪裡開始的。數字是從顏色變化開始，還是從零開始？換句話說，年齡在 18-20 歲的女性有大約 25 名或者將近 80 位？（實際上是前者。）其次，女性數量的高度不能直接相互比較，因為都是從不同高度開始的。例如，男性平均年齡大於女性，此一事實在圖 7-6 中完全看不出來。

要解決這些問題，我們可以嘗試讓所有長條從零開始，並使長條部分透明（圖 7-7）。

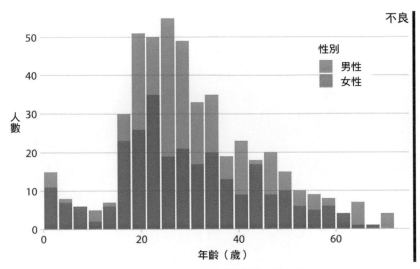

圖 7-7　鐵達尼號乘客中男性和女性的年齡分佈，以兩個重疊的直方圖呈現。這張圖表被標為「不良」，因為它沒有明確的視覺指示來說明所有藍條都從 0 開始。資料來源：鐵達尼號百科全書。

但是，這種方法會產生新的問題。事實上現在看起來不僅兩組，而是三個不同的組，而且我們仍然很難確定每個長條的開始和結束的位置。重疊的直方圖效果不佳，因為放在另一長條上的半透明長條看起來不像半透明，反而像是用不同顏色繪製的長條。

重疊密度圖通常沒有重疊直方圖所具有的問題，因為連續密度線有助於視線保持分佈狀態。然而，以這個特定的資料集來說，男性和女性乘客的年齡在 17 歲之前幾乎相同，之後才分散，因此產生的視覺化仍然不理想（圖 7-8）。

適合此資料集的解決方案是分別呈現男性和女性乘客的年齡分佈，以及各佔總年齡分佈的比例（圖 7-9）。這種視覺化直覺而清晰地表明，鐵達尼號在 20 至 50 歲年齡段的女性比男性少得多。

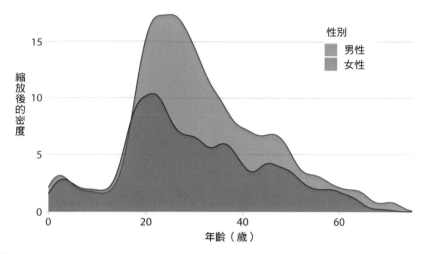

圖 7-8　鐵達尼號男性和女性乘客年齡的密度估計。為了凸顯男性乘客人數多過女性乘客，密度曲線縮放到每條曲線下的面積都對應到已知年齡的男性和女性乘客總數（分別為 468 和 288）。資料來源：鐵達尼號百科全書。

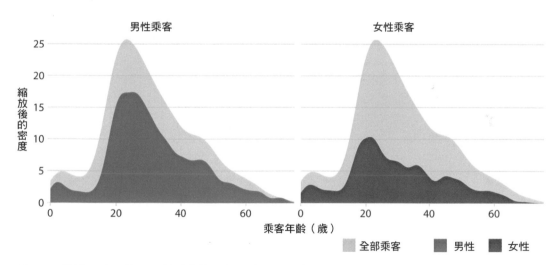

圖 7-9　鐵達尼號男性和女性乘客的年齡分佈，以乘客總數的比例表示。彩色區域分別呈現了男性和女性乘客年齡的密度估計值，灰色區域則顯示了整體乘客的年齡分佈。資料來源：鐵達尼號百科全書。

最後，當我們想要準確地將兩個分佈視覺化時，也可以製作兩個單獨的直方圖，將它們旋轉 90 度，然後使兩個直方圖中的長條朝相反方向延伸。這種技巧通常用於視覺化年齡分佈，而產生的圖形通常稱為**年齡金字塔**（*age pyramid*）（圖 7-10）。

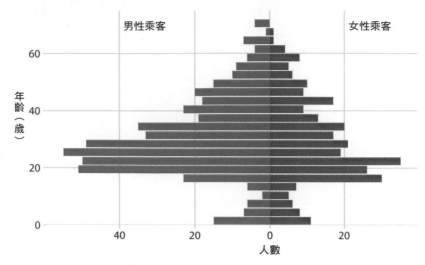

圖 7-10　鐵達尼號男性和女性乘客的年齡分佈視覺化，以年齡金字塔呈現。資料來源：鐵達尼號百科全書。

重要的是，如果想要同時呈現的分佈圖超過兩個以上，這個方法便無法使用。對多個分佈來說，直方圖往往會顯得混亂，但只要分佈有些許不同而且是連續的，密度圖的效果會很好。舉例來說，若要將四種不同乳牛品種的牛奶乳脂百分比分佈進行視覺化，密度圖會很適合（圖 7-11）。

　若要同時將多個分佈視覺化，核密度圖通常比直方圖更好。

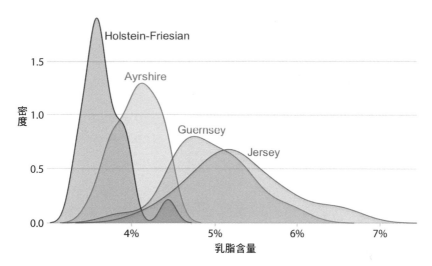

圖 7-11　四種乳牛品種之牛奶乳脂百分比的密度估算值。資料來源：加拿大純種乳牛產能記錄。

## 第八章

視覺化分佈：
經驗累積分佈函數和 Q-Q 圖

在第 7 章中，我描述了如何使用直方圖或密度圖來視覺化分佈。這兩種方法都直覺且美觀。然而，正如在該章中討論到的，它們都有其限制，也就是結果圖表在很大程度上取決於使用者必須選擇的參數，例如直方圖的矩形寬度和密度圖的帶寬。因此，兩者都應該被視為是對資料的解讀，而非資料本身的直接視覺化。

要替代直方圖或密度圖的話，我們也可以簡單地將所有的資料點單獨呈現，變成點雲。然而對於非常大的資料集來說，這種方法會難以處理，而且在任何情況下，聚合方法中都會有數值強調了分佈的屬性而非單個資料點。為了解決這個問題，統計學家發明了**經驗累積分佈函數**（ECDF）和**分位圖**（Q-Q 圖）。這些類型的視覺化不需要任意的參數選擇，並能夠一次呈現所有資料。不幸的是，它們比直方圖或密度圖更不直覺，除了高度技術性的出版物之外，不常被使用。不過它們很受統計學家的歡迎，我認為任何對資料視覺化有興趣的人，都應該熟悉這些技巧。

經驗累積分佈函數

為了說明 ECDF，讓我從一個假設的例子開始，這個例子是針對我在教學中經常要處理的一件事所建立的模型：學生成績的資料集。假設這個假想班級有 50 名學生，學生們剛剛考完試，分數會落在 0 到 100 分之間。我們如何才能將班級的成績表現進行最佳的視覺化，以便（比如說）決定適當的成績分級？

我們可以將獲得最多某一分數的學生總數對比所有可能的分數，並將此繪製出來。這張圖會是一個遞增函數，從 0 開始是為 0 分，到 50 結束是為 100 分。另一種看待這種視覺化的方式如下：我們可以依照學生獲得的分數，按遞增順序將他們進行排名（因此得分最低的學生排名最低，得分最高的學生排名最高），然後將排名對比獲得的實際點數的圖形繪製出來。此結果便是經驗累積分佈函數，或簡稱**累積分佈**（*cumulative distribution*）。每個點代表一個學生，而線條則呈現了任何可能的分數所觀察到的最高學生排名（圖 8-1）。

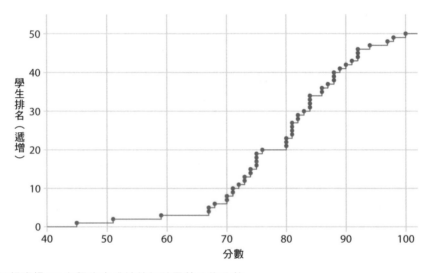

圖 8-1　假想班級 50 名學生之成績的經驗累積分佈函數。

你可能會好奇，如果我們依照相反的遞減順序對學生進行排序，會發生什麼事。這樣的排名簡單地翻轉了函數的兩端。結果仍然是經驗累積分佈函數，但現在這些線代表任何可能的分數所觀察到的最低學生排名（圖 8-2）。

遞增累積分佈函數比遞減函數更廣為人知，也更常被使用，但兩者都有重要的用途。當我們想要呈現高度偏斜的分佈時，遞減累積分佈函數是至關重要的，如下一單元所述。

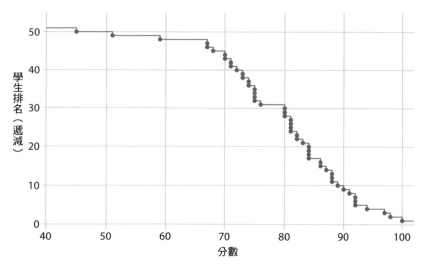

圖 8-2　學生成績的分佈，以遞減累積分佈函數呈現。

在實際應用中，繪製 ECDF 而不凸顯各個點，而且依照最大等級來將等級正規化以使 y 軸代表累積頻率（圖 8-3）是很常見的。

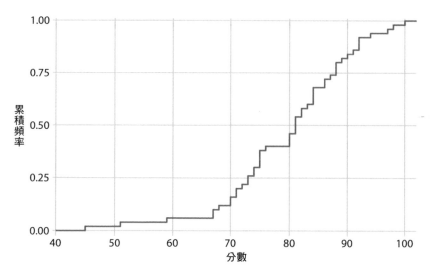

圖 8-3　學生成績的累積分佈函數。學生排名已經正規化為學生總數，使繪製的 y 值對應到班級中擁有最多該分數的學生比例。

從這張圖中，我們可以直接讀出學生成績分佈的關鍵屬性。例如，大約四分之一的學生（25%）不到 75 分。中位數分數（對應到 0.5 的累積頻率）是 81。大約 20% 的學生得到 90 分或更高。

我發現在制訂等級邊界時，ECDF 很方便，因為它幫助我找到可以將學生的不愉快程度最小化的確切分界點。例如在這個例子中，在 80 分之下有一條相當長的水平線，然後在 80 分處急劇上升。這個特徵是因為三名學生在考試中獲得 80 分，而接下來的一位學生只得到 76 分。在這種情況下，我可能會決定讓得分為 80 或者以上的人獲得 B，而且所有 79 分或更低的人則獲得 C。這三個 80 分的學生會很開心他們剛好拿到 B，而那位76 分的同學會意識到他的表現必須好很多，才不會拿到 C。若我將分界點設為 77 分，那麼字母等級的分佈將完全相同，但那位 76 分的學生可能會來辦公室跟我討價還價。同樣的，如果我將分界點設為 81 分，那麼可能會有三位學生來我的辦公室談成績。

高度偏斜的分佈

許多經驗資料集會呈現高度偏斜的分佈，尤其在右邊尾端變重，這樣的分佈視覺化可能頗具挑戰性。此類分佈的範例包括居住在不同城市或各郡的人口、社交網路中的聯絡人人數、單詞個別出現在書中的頻率、不同作者撰寫的學術論文數量、個人的淨值，以及蛋白質 - 蛋白質交互作用網絡中單個蛋白質的交互作用夥伴數量 [Clauset, Shalizi, and Newman 2009]。所有以上分佈的共同點，是它們的右側尾端衰減得比指數函數慢。在現實狀況中，這代表即使分佈的平均值很小，非常大的值並不罕見。此類分佈的一個重要分組是冪次（*power-law*）分佈，意思是，觀察到某個值比參考點大 *x* 倍的機率，會以 *x* 倍衰減。舉一個具體的例子，美國國內淨值是依 2 的指數呈現冪次分佈。拿任一特定的淨值等級來說（比如 100 萬美元），擁有一半該淨值的人，發生頻率是四倍，而擁有兩倍該淨值的人數，發生頻率是四分之一。重要的是，不管我們使用 1 萬美元或 1 億美元做參考點，這樣的關係都成立。因此，冪次分佈也稱為無尺度（*scale-free*）分佈。

在這裡，我要依據 2010 年美國人口普查結果，將美國各郡居民人數視覺化。這種分佈在右側有很長的尾巴。儘管大多數郡的居民人數相對較少（中位數為 25,857），但有少數郡擁有極大數量的居民（例如，洛杉磯郡居民為 9,818,605 人）。如果我們試圖將人口數量的分佈視覺化為密度圖或 ECDF，將會得到基本上無用的圖表（圖 8-4）。

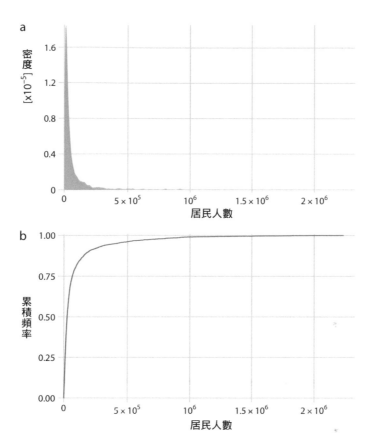

圖 8-4　分佈在美國各郡的居民人數。(a) 密度圖。(b) 經驗累積分佈函數。資料來源：2010 年美國人口普查。

密度圖（圖 8-4a）顯示了位在 0 處的尖峰，而且完全沒有可見的分佈細節。同樣的，經驗累積分佈函數（圖 8-4b）在 0 處出現快速上升，一樣也沒有可見的分佈細節。對此特定資料集，我們可以對資料進行對數轉換，並將轉換值的分佈進行視覺化。這種轉換在這裡是有效的，因為各郡人口數量的分佈實際上並非冪次，而是近乎完美的對數常態分佈（參見第 76 頁的「分位圖」）。的確，對數轉換值的密度圖呈現出良好的鐘形曲線，對應的經驗累積分佈函數則呈現出良好的 S 形（圖 8-5）。

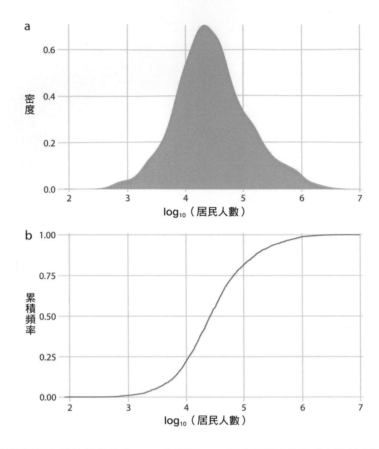

圖 8-5　美國線郡居民人數的對數分佈。(a) 密度圖。(b) 經驗累積分佈函數。資料來源：2010 年美國人口普查。

為了看出這個分佈不是冪次，我們將它繪製為具有對數 x 軸和 y 軸的遞減 ECDF。在此視覺化中，冪次呈現為完美的直線。對於各郡的人口數量，在遞減 ECDF 圖中右側尾端形成了一條幾近為直線（不完全是）（圖 8-6）。

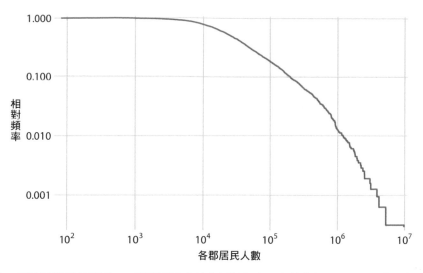

圖 8-6　人口到達該數量的郡數 vs. 該郡居民人數之相對頻率。資料來源：2010 年美國人口普查。

第二個例子，我將使用出現在小說《白鯨記》中所有單詞的詞頻分佈。這種分佈遵循了完美的冪次法則。將它繪製成具有對數雙軸的遞減 ECDF 時，我們看到幾乎完美的直線（圖 8-7）。

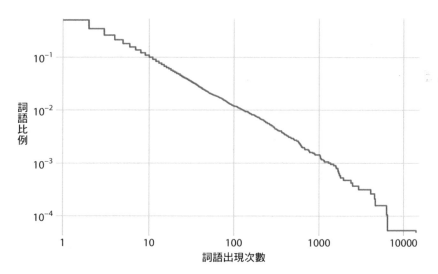

圖 8-7　小說《白鯨記》中字數的分佈。圖中呈現的是「小說中至少出現該次數的單詞 vs. 該單詞使用的次數」之相對頻率。資料來源：[Clauset,Shalizi, and Newman 2009]。

分位圖

當我們想要判斷被觀察的資料點在何種程度上遵循特定分佈時，分位（Q-Q）圖是有用的視覺化。就像 ECDF 一樣，Q-Q 圖也是以資料排名為基礎，並將排名和實際值之間的關係進行視覺化。但是，在 Q-Q 圖中，我們不直接繪製排名；相反的，我們使用它們來預測當資料是依據指定的參考方式分佈時，特定資料點將落在何處。大部分情況下，Q-Q 圖是以常態分佈作為建構參考。舉一個具體的例子，假設實際資料值的平均值為 10，標準差為 3。接著，在常態分佈下，我們會預期排在第 50 百分位數的資料點，會落在第 10 位（平均值），第 84 百分位的資料點會落在第 13 位（高於平均值一個標準差），第 2.3 百分位的資料點會落在第 4 位（平均值以下兩個標準差）。我們可以對資料集當中的所有點執行此計算，然後將觀察值（即資料集當中的值）對照理論值（即在每個資料點的排名和假定參考分佈之下的預期值）進行繪製。

對本章開頭的學生成績分佈執行此步驟後，我們會得到圖 8-8。

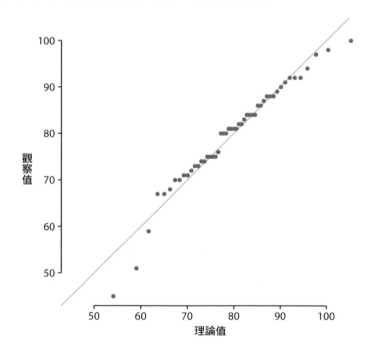

圖 8-8　假想學生成績的 Q-Q 圖。

此處的實線不是迴歸線，而是表示 x 等於 y 的點，即觀察值等於理論值的位置。如果點落在該線上，則資料是遵循假設分佈（此處為常態）。我們發現學生的成績主要是常態分佈，在底部和頂部有一些偏差（兩端少數學生的表現比預期差）。高端分佈的偏差，是由假想測驗中的最大分數值 100 造成的；無論最佳的學生有多好，他們至多只能獲得 100 分。

我們還可以使用 Q-Q 圖來檢驗本章前面的論點，即美國各郡的人口數量遵循了對數 - 常態分佈。如果這些數量是對數常態分佈的，代表它們的對數轉換值是常態分佈的，因此應該直接落在 $x = y$ 線上。在製作這張圖時，我們看到觀察值和理論值之間非常一致（圖 8-9）。這表明各郡人口數量的分佈確實是對數常態的。

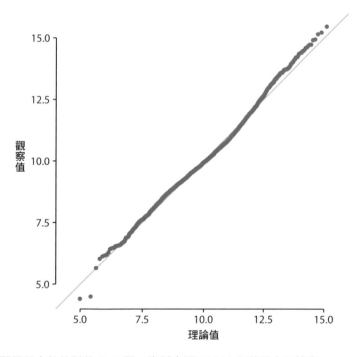

圖 8-9　美國各郡居民人數的對數 Q-Q 圖。資料來源：2010 年美國人口普查。

## 第九章

一次將多個分佈視覺化

在許多情況下，我們會希望同時將多個分佈視覺化。例如，天氣資料。我們可能想要了解不同月份的氣溫變化情況，同時還呈現每個月當中觀測到的氣溫分佈。這種情況需要一次呈現 12 個氣溫分佈，每個月一個。在這種情況下，第 7 章或第 8 章中討論的所有視覺化都不適合。相反的，可行的方法包括箱形圖、小提琴圖和脊線圖。

在處理許多分佈時，依據反應變數和一個或多個分組變數進行思考是有幫助的。**反應變數**（*response variables*）是我們想要呈現其分佈的變數。**分組變數**（*grouping variables*）定義了具有反應變數之不同分佈的資料子集。例如，對於跨月份的氣溫分佈來說，反應變數是氣溫，分組變數是月。本章討論的所有圖表，都是沿一個軸繪製反應變數，然後沿另一個軸繪製分組變數。在下面的單元中，我將先描述沿垂直軸呈現反應變數的方法，接著再描述沿水平軸呈現反應變數的方法。在討論的所有範例中，都可以互換軸並獲得另一種可行的視覺化。我在這裡展示了各種視覺化的典範形式。

沿垂直軸的分佈視覺化

一次呈現多個分佈最簡單的方法，是將它們的平均值或中位數呈現為點，並透過誤差帶呈現平均值或中位數周圍的變化。圖 9-1 以這種方法呈現了 2016 年內布拉斯加州林肯市的每月氣溫分佈。我將此圖表標記為「不良」，因為這種方法存在數個問題。首先，僅用一個點和兩個誤差線來表示每個分佈，會遺失大量相關資料的資訊。其次，即使大多數讀者可能會猜測這些點代表平均值或中位數，但這並不是很明顯。第三，誤差帶代表了什麼，是非常不明顯的。它們是否代表資料的標準差、均值的標準誤差、95% 信賴區間，或根本是其他東西？這裡並沒有普遍接受的標準。透過閱讀圖 9-1 的標題，我們可以看出它們在這裡代表日平均氣溫標準差的兩倍，用意在指出包含大約 95% 資料的範

圍。但是，誤差帶更常用於呈現標準誤差（或 95% 信賴區間的標準誤差之兩倍），讀者很容易將標準誤差與標準差混淆。標準誤差（standard error）量化了我們對均值估計的準確程度，而標準差（standard deviation）則估計了均值周圍資料的差異程度。資料集同時具有非常小的均值標準誤差和非常大的標準差是可能的。第四，如果資料存在任何偏差，則對稱誤差線將產生誤導，也就是此範例的情況，而且真實世界的資料集幾乎皆如此。

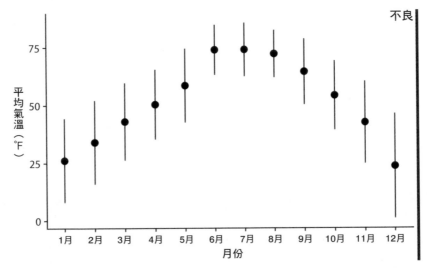

圖 9-1　2016 年內布拉斯加州林肯市的日均溫。點數表示每月的平均日均溫（當月所有天數平均下來），誤差帶代表每個月日均溫標準差的兩倍。此圖表被標記為「不良」，因為誤差帶通常是用於呈現估計的不確定性，而非人口當中的可變性。資料來源：Weather Underground。

我們可以使用一個傳統且常用的分佈視覺化方法來解決圖 9-1 中的所有四個缺點，那就是箱形圖（boxplots）。箱形圖將資料劃分為四分位數，並以標準化方式將它視覺化（圖 9-2）。

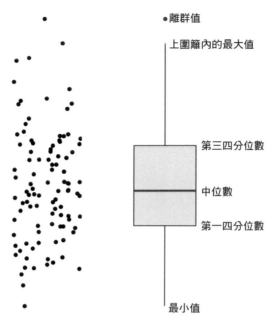

圖 9-2　一個箱型圖的解剖。此處為點雲（左）和對應的箱形圖（右）。

在圖 9-2 中的箱形圖中只呈現了點的 y 值。箱形圖中間的線代表中位數，箱形則包含了資料的中間 50%。從箱子向上和向下延伸的垂直線稱為鬚（*whiskers*）。頂部和底部的鬚延伸到資料的最大值和最小值，或者延伸到箱子高度 1.5 倍以內的最大值或最小值，以較短的鬚為準。從箱形往上或下、距離箱子高度的 1.5 倍的位置，稱為**上圍籬**（*upper fence*）和**下圍籬**（*lower fence*）。超出圍籬的個別資料點稱為離群值，通常呈現為單個點。

箱形圖簡單但資訊豐富，而且當相鄰繪製在一起、將很多分佈同時視覺化時，可以達到良好的效果。對林肯市的氣溫資料來說，使用箱形圖會產生圖 9-3。在此圖中，現在我們可以看出 12 月溫度高度偏斜（大部分日子是中度冷，有幾天非常寒冷），其他幾個月（例如 7 月）則幾乎沒有偏斜。

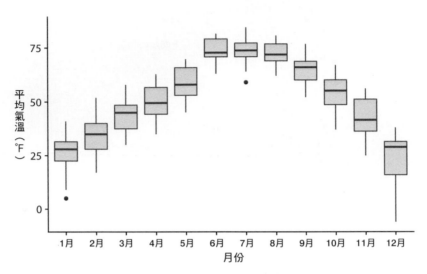

圖 9-3　內布拉斯加州林肯市之日均溫，以箱形圖呈現。資料來源：Weather Underground。

箱形圖是由統計學家 JohnTukey 在上世紀 70 年代初發明的，它很快就受到歡迎，因為具有高度的資訊量而且易於手工繪製（當時大多數資料視覺化的繪製方式）。但是有了現代計算和視覺化能力，我們不再受限於手工繪製的內容。因此，近來我們看到箱形圖*被小提琴圖*（*violin plots*）取代（圖 9-4）。只要可以用箱形圖的地方，都可以使用小提琴圖取代，而且它們提供了更加細緻的資料圖像。尤其是小提琴圖可以精確地呈現雙峰資料，而箱形圖則無法。

在小提琴圖中，只有點的 y 值會被視覺化。特定 y 值處的小提琴寬度代表了該 y 值處的點密度。從技術上來說，小提琴曲線是一個旋轉 90 度然後鏡像的密度估計（第 7 章）。因此小提琴是對稱的。小提琴的起點和終點為資料的最小值和最大值。小提琴最厚的部分對應到資料集當中最高的點密度。

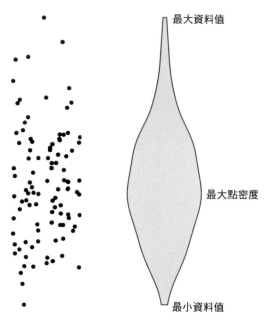

圖 9-4　小提琴圖的解剖。此處為點雲（左）和對應的小提琴圖（右）。

在使用小提琴視覺化分佈之前，請確認每組中有足夠多的資料點，使點密度呈現為平滑線。

用小提琴圖來視覺化林肯市的氣溫資料後，我們得到了圖 9-5。現在我們可以看到，部分月份確實有相當程度的雙峰資料。例如 11 月似乎有兩個溫度群集，一個約華氏 50 度，一個約華氏 35 度。

因為小提琴圖是從密度估計得出的，所以它們也有類似的缺點。尤其是，它們可能使無資料的地方看起來有資料，或者使實際上非常稀疏的資料集看起來非常密集。我們可以簡單地直接將所有單個資料點繪製成點，來避免這些問題（圖 9-6）。這樣的圖形稱為**帶狀圖**（*strip charts*）。只要確認沒有將太多點繪製重疊在一起，帶狀圖基本上是好的。有個簡單方法可以解決重疊繪製的問題，就是透過在 x 維度中添加一些隨機雜訊，以便沿 x 軸將點展開（圖 9-7）。這種技巧稱為**抖動**（*jittering*）。

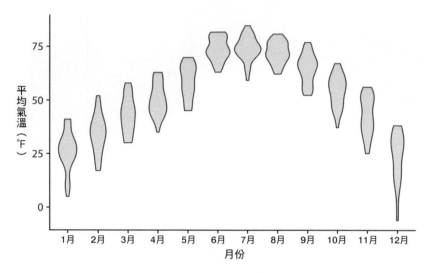

圖 9-5　內布拉斯加州林肯市之日均溫，以小提琴圖呈現。資料來源：Weather Underground。

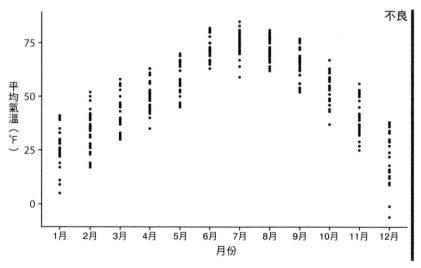

圖 9-6　內布拉斯加州林肯市之日均溫，以帶狀圖呈現。每個點代表一天的平均氣溫。這張圖表被標記為「不良」，因為有太多點相互重疊，因此無法確定每個月當中最常出現的溫度。資料來源：Weather Underground。

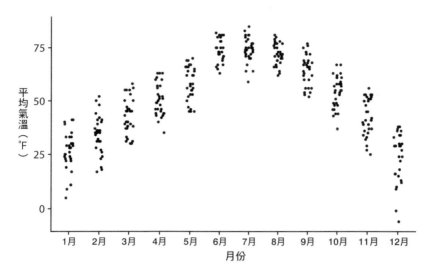

圖 9-7　內布拉斯加州林肯市之日均溫，以帶狀圖呈現。這些點沿 x 軸抖動，以便更佳地呈現每個溫度值的點密度。資料來源：Weather Underground。

 當資料集太稀疏而無法做成小提琴視覺化時，將原始資料繪製為單獨的點就有可能。

最後，我們可以透過與特定 y 坐標處的點密度成比例的方式將點展開，來結合兩者的優點。這種方法稱為 Sina 圖（Sina plot）[Sidiropoulos et al. 2018][1]，可被視作小提琴圖和抖動點之混合，它呈現了每個單獨的點，同時將分佈視覺化。在圖 9-8 中，我在小提琴圖上面疊繪了 Sina 圖，以凸顯這兩種方法之間的關係。

1　Sina 這個名字是為了表揚丹麥哥本哈根大學的學生 Sina Hadi Sohi，他編寫了程式碼的第一版，讓大學裡的研究人員製作出這種圖表來（Frederik O. Bagger 之個人通訊）。

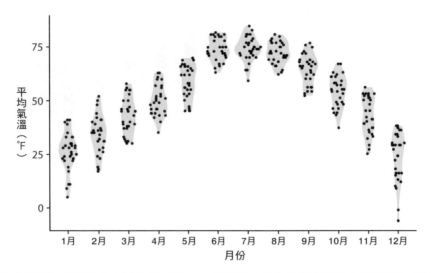

圖 9-8　內布拉斯加州林肯市之日均溫，以 Sina 圖呈現（結合了個別點和小提琴圖）。這些點沿著 x 軸、以與各個溫度下的點密度成比例的方式抖動。此圖中，Sina 圖疊加在小提琴圖上。資料來源：Weather Underground。

沿水平軸的分佈視覺化

在第 7 章中，我們使用直方圖和密度圖來呈現沿水平軸的分佈。這裡我們要在垂直方向上錯開分佈圖，將此想法進一步擴展。如此產生的視覺化稱為脊線圖（*ridgeline plots*），因為這些圖看起來像山脊線。如果你想要呈現隨著時間推移的分佈趨勢，脊線圖往往效果特別好。

標準脊線圖使用密度估計值（圖 9-9）。它與小提琴圖密切相關，但經常帶出對資料的更直覺的理解。例如 11 月份的華氏 35 度和 50 華氏度這兩個群集，在圖 9-9 中比圖 9-5 中明顯許多。

因為 x 軸顯示反應變數，而 y 軸顯示分組變數，所以在脊線圖中沒有單獨的軸可以用於密度估計。密度估計是與分組變數一起呈現。這和密度也與分組變數一起呈現、沒有獨立明確尺度的小提琴圖沒有什麼不同。在這兩種情況下，圖表的目的並不是呈現特定的密度值，而是為了便於比較各組的密度形狀和相對高度。

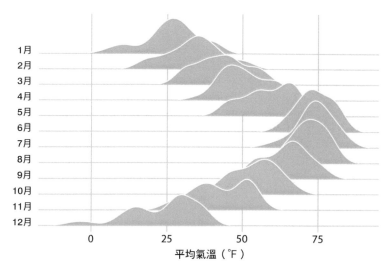

圖 9-9　2016 年內布拉斯加州林肯市之日均溫，以脊線圖呈現。對於每個月，我們呈現了以華氏度為測量單位的日均溫分佈。原始圖形概念：[Wehrwein 2017]。資料來源：Weather Underground。

原則上，我們可以在脊線視覺化中使用直方圖來代替密度圖。但是，這樣的結果圖表通常看起來不太好（圖 9-10）。這些問題類似於堆疊或重疊的直方圖（請參閱第 63 頁的「同時將多個分佈視覺化」）。由於這些脊線直方圖中的垂直線都會出現在完全相同的 x 值，因此來自不同直方圖的長條會以令人混淆的方式彼此對齊。在我看來，最好不要繪製這樣的重疊直方圖。

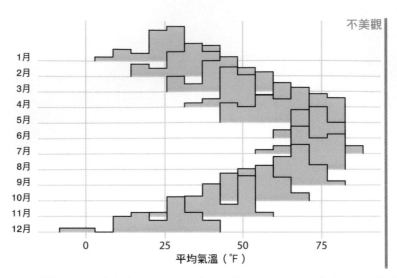

圖 9-10　2016 年內布拉斯加州林肯市之日均溫，以直方脊線圖呈現。個別直方圖在視覺上無法清楚區隔，整體圖表非常擁擠且令人困惑。資料來源：Weather Underground。

脊線圖可以擴展到非常大數量的分佈。例如，圖 9-11 顯示了從 1913 年到 2005 年的電影長度分佈。此圖包含了近 100 個不同的分佈，但它很容易閱讀。我們可以看到，在上世紀 20 年代，電影有很多不同的長度，但自從大約 1960 年以來，電影長度就被標準化至大約 90 分鐘。

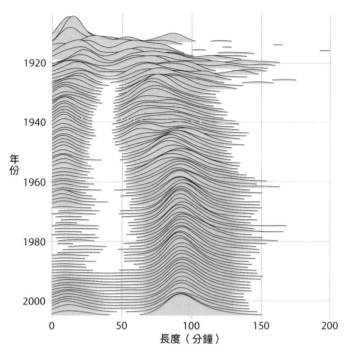

圖 9-11 時間演變下的電影長度。自上世紀 60 年代以來，大部分電影長度都是大約 90 分鐘。資料來源：網路電影資料庫（IMDB）。

如果想要比較兩種趨勢，脊線圖也很有效。如果想要分析兩個不同政黨黨員的投票模式，這種狀況就經常出現。我們可以依照垂直時間交錯兩者的分佈，並在每個時間點繪製兩個不同顏色的分佈來表示兩個政黨（圖 9-12）。

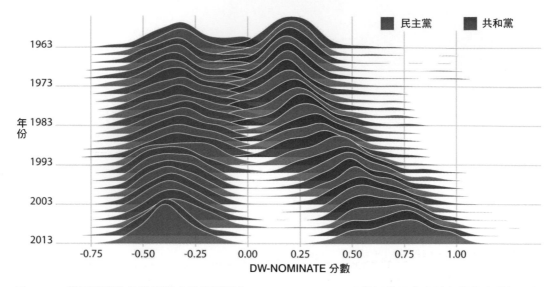

圖 9-12　美國眾議院的投票模式日益兩極化。DW-NOMINATE 分數經常用來比較各黨代表的投票模式以及隨時間的變化。此圖呈現了 1963 年至 2013 年間，國會之民主黨員和共和黨員的分數分佈。每屆國會都以第一年為代表。原始圖表概念：[McDonald 2017]。資料來源：Keith Poole。

第十章

比例之視覺化

我們經常會想要呈現某些分組、實體或量,分成個別部分並佔整體之**比例**(*proportion*)的狀況。常見的例子包括一群人當中的男女比例、選舉中不同政黨投票的百分比,或各公司的市場佔有率。這種視覺化的原型,是在所有業務簡報中無所不在、且在資料科學家當中備受詬病的圓餅圖。稍候我們就會介紹到,比例的視覺化頗具挑戰性,尤其是當整體被分成許多不同的部分,或者當我們想看到隨著時間或不同條件下的比例變化時。沒有一種理想的視覺化方法永遠有效。為了解釋這個問題,我將討論一些不同的狀況,其中每個狀況都需要不同類型的視覺化。

請記住,永遠都要選擇最適合該特定資料集、並凸顯出你想呈現的關鍵資料功能的視覺化圖表。

圓餅圖案例

從 1961 年到 1983 年,德國議會(稱為聯邦議院議會,Bundestag)由三個不同黨派(CDU/CSU、SPD 和 FDP)的成員組成。在大部分的這段期間裡,CDU/CSU 和 SPD 的席次大致相當,而 FDP 通常只佔一小部分席次。例如在 1976 年至 1980 年的第八屆聯邦議院中,CDU/CSU 共佔 243 席,SPD 佔 214 席,FDP 佔 39 席,共計 496 席。這種議會席次資料最常被視覺化為圓餅圖(圖 10-1)。

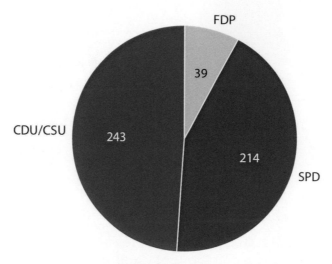

圖 10-1　1976 年 -1980 年第八屆德國聯邦議院之黨派組成，以圓餅圖呈現。這張圖表顯示出，SPD 和 FDP 的執政聯盟比反對黨 CDU/CSUg 稍佔多數。資料來源：維基百科。

圓餅圖將一個圓形分成切片，使每個切片的面積與它所代表的比例一致。我們可以在矩形上執行相同的過程，其結果就是堆疊長條圖（圖 10-2）。取決於長條是垂直還是水平切割，我們會得到垂直堆疊長條圖（圖 10-2a）或水平堆疊長條圖（圖 10-2b）。

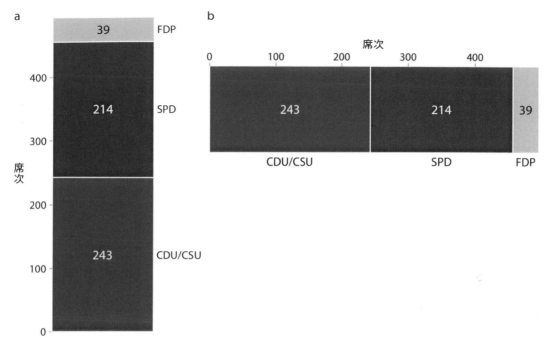

圖 10-2　1976 年 -1980 年第八屆德國聯邦議院之黨派組成，以堆疊長條圖呈現。(a) 垂直堆疊長條圖。(b) 水平堆疊長條圖。從圖中無法立即看出，SPD 和 FDP 共有的席次比 CDU/CSU 多。資料來源：維基百科。

我們也可以將圖 10-2a 的長條並排，而非堆疊在一起。這種視覺化會使三組的比較更容易，但它模糊了資料的其他方面（圖 10-3）。最重要的是，在並排長條圖中，每個長條與總數的關係在視覺上並不明顯。

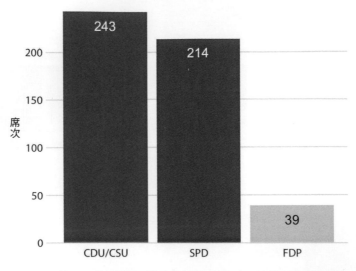

圖 10-3　1976 年 -1980 年第八屆德國聯邦議院之黨派組成，以並排長條圖呈現。和圖 10-2 相同，從圖中無法立即看出，SPD 和 FDP 共有的席次比 CDU/CSU 多。資料來源：維基百科。

許多作者明確拒絕圓餅圖，偏好並排或堆疊長條圖。有些人則捍衛圓餅圖在某些應用程式中的用途。我個人認為在這些視覺化當中，沒有任何一個比其他視覺化更優越。依據資料集的特徵和你想要講述的具體故事，你可能會採用某一種方法。以第八屆德國聯邦議院的例子來說，我認為圓餅圖是最好的選擇。它凸顯了 SPD 和 FDP 的執政聯盟共同小贏 CDU/CSU（圖 10-1）。在其他圖中，這一事實在視覺上都不明顯（圖 10-2 和 10-3）。

通常，當目標是強調簡單分數（例如，一半、三分之一或四分之一）時，圓餅圖效果很好。如果資料集非常小，它們的效果也很好。單張圓餅圖（如圖 10-1 所示）看起來沒問題，但是如圖 10-2a 所示，單個堆疊長條看起來會很奇怪。反過來說，堆疊長條可以用在多個條件或時間序列的並排比較，而並排長條則適合用在想要直接比較各個部分的情況下。表 10-1 中提供了圓餅圖、堆疊長條和並排長條的各種優缺點之摘要。

表 10-1　比例視覺化常用方法之優缺點：圓餅圖、堆疊長條圖和並排長條圖。

	圓餅圖	堆疊長條圖	並排長條圖
能夠將資料在整體的比例清楚地視覺化	✓	✓	✗
能夠輕鬆達到相對比例之視覺比較	✗	✗	✓
視覺上強調簡單的分數，如 1/2、1/3、1/4	✓	✗	✗
非常小的資料集也很美觀	✓	✗	✓
當整體被分成許多部分時效果很好	✗	✗	✓
用於多組比例或比例時間序列的視覺化效果很好	✗	✓	✗

並排長條圖之範例

我現在要示範一個圓餅圖失敗的範例。這個例子是一篇最初發佈在維基百科 [維基百科 2007] 針對圓餅圖的批評之後，所建立的模型。假設有 A、B、C、D 和 E 五家公司，這些公司的市佔率都大致為 20%。我們的假想資料集連續三年列出了每家公司的市佔率。當我們使用圓餅圖將此資料集視覺化時，會很難看到特定的趨勢（圖 10-4）。似乎公司 A 的市佔率正在成長，而公司 E 的市佔率正在縮小，但除了這個觀察結果，我們無法看出什麼事正在發生。尤其每年當中各公司的市佔率比較，是不清楚的。

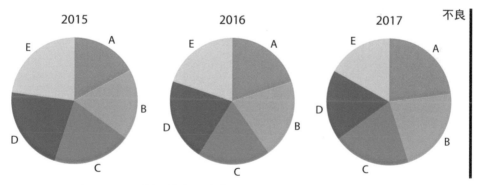

圖 10-4　2015-2017 年，A-E 五家假設公司的市佔率，以圓餅圖呈現。這種視覺化有兩個主要問題：（1）幾年內相對市佔率的比較幾乎是不可能的，（2）很難看出幾年來市佔率的變化。

當我們切換到堆疊長條圖時，情況會變得稍微清晰一點（圖 10-5）。現在，A 公司市佔率的成長趨勢和 E 公司市佔率的萎縮趨勢清晰可見。但是，每年五家公司的相對市佔率仍然難以比較。而且因為這些長條數年來相對性的移動，因此在這些年內 B、C 和 D 公司的市佔率也很難比較，。這是堆疊長條圖的常見問題，也是我通常不推薦這種視覺化的主要原因。

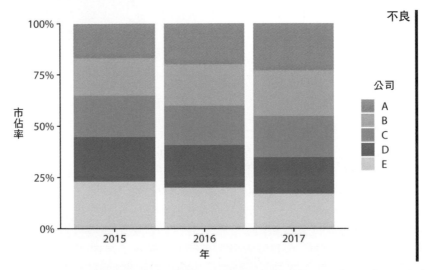

圖 10-5　2015-2017 年五家假想公司的市佔率，以堆疊長條圖呈現。這種視覺化有兩個主要問題：（1）幾年內相對市佔率的比較是困難的，（2）中間的公司（B、C 和 D）難以看出多年來市佔率的變化，因為長條位置隨著年份變化。

對於這個假想資料集來說，並排長條圖是最佳選擇（圖 10-6）。這種視覺化會凸顯出 A 和 B 公司都在 2015 年至 2017 年間增加了市佔率，而公司 D 和 E 都減少了市佔率。它也顯示出，在 2015 年從 A 公司至 E 公司的市佔率依序上升，在 2017 年依序下降。

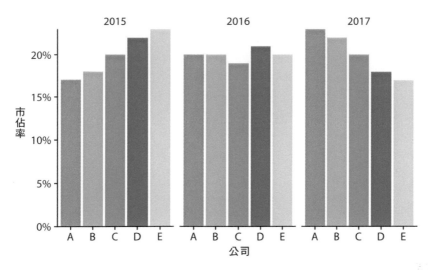

圖 10-6　2015-2017 年五家假想公司的市佔率，以並列長條圖呈現。

堆疊長條圖與堆疊密度圖的範例

在上一單元中，我提到我通常不建議堆疊長條圖，因為內部長條的位置會隨著順序而位移。但是，如果每個堆疊中只有兩個長條，則位移的內部長條問題就會消失，在此情況下，得到的視覺化會非常清晰。舉例來說，讓我們來看看某個國家議會中婦女的比例。我們要特別關注非洲國家盧安達，它是截至 2016 年，女議員比例最高的國家之一。盧安達自 2008 年以來，議會一直是女性佔多數，自 2013 年以來，近三分之二的議員都是女性議員。為了將盧安達議會的婦女比例隨著時間推移之變化視覺化，我們可以繪製一系列堆疊的長條圖（圖 10-7）。此圖提供了隨時間變化的比例的直覺視覺展示。為了幫助讀者明確看出女性翻轉為大多數的時間點，我在 50% 處加了一條水平虛線。沒有這條線，幾乎不可能判斷從 2003 年到 2007 年的大部分成員是男性還是女性。我沒有在 25% 和 75% 處加上類似的線條，避免圖表太雜亂。

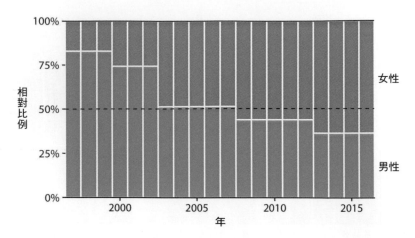

圖 10-7　1997 年至 2016 年盧安達議會性別結構的變化。資料來源：各國議會聯盟（IPU）（*https://ipu.org*）。

如果我們想要將「比例相對於一個連續變數之變化」視覺化，可以從堆疊條圖形換到堆疊密度圖。你可以將堆疊密度圖想成是並排的無限多且無限小的堆疊長條。堆積密度圖中的密度，通常如第 7 章所述，是從核密度估計中獲得的，對於此方法的優缺點的一般性討論，請參考該章內容。

為了舉一個可能合適使用堆疊密度圖的例子，讓我們來看看人類隨年齡變化的健康狀況。年齡可以被視為一個連續變數，以這種方式將此資料視覺化，效果會很好（圖 10-8）。雖然這裡有四種健康類型，而且我通常不喜歡堆疊多個條件，但是如前面所述，我認為在這種情況下這張圖表是可以接受的。我們可以看到，隨著人們年齡的增加，整體健康狀況會下降。我們也可以看到，儘管有這種趨勢，但超過一半的人口在年老之前，仍保持良好或極佳的健康狀況。

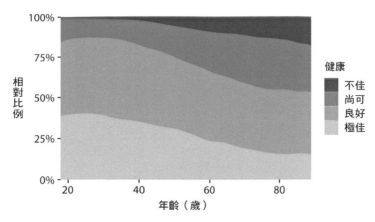

圖 10-8　按年齡區分的健康狀況。資料來源：一般社會調查（GSS）。

然而，這張圖表有一個主要的局限性：因為將四種健康狀況的比例以總數的百分比的方式視覺化，所以此圖表模糊了「資料集當中，年輕人比老年人多出很多」的事實。因此，儘管聲稱身體很健康的人口百分比在七十年間保持不變，但因為特定年齡的人口總數下降，所以健康狀況良好的絕對人數也下降了。我將在下一單元介紹此問題的潛在解決方案。

將比例單獨視覺化為總體的一部分

並排長條的問題是它們無法將「各部份相對於整體的尺寸」視覺化，而堆疊長條的問題是因為各個長條有不同的基線，因此無法很簡單地做比較。我們可以為每個部分製作獨立的圖表，並且在每張圖中呈現它相對於整體的部分來解決這兩個問題。以圖 10-8 的健康資料集來說，執行結果如圖 10-9 所示。資料集中的總體年齡分佈以陰影灰色區域呈現，而每種健康狀態的年齡分佈則以藍色呈現。這張圖表凸顯出，從絕對意義來看，健康狀況良好或健康的人數在 30-40 歲之後開始下降，而健康尚可的人數在各個年齡段大致保持不變。

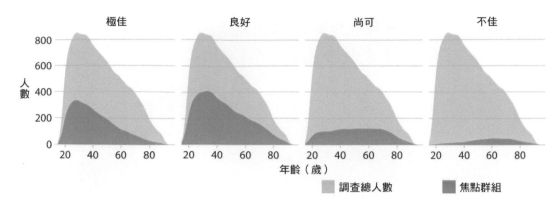

圖 10-9　各年齡別之健康狀況，以佔調查總人數之比例呈現。上色區域顯示了擁有各別健康狀況者之年齡的密度估計，灰色區域顯示了總體年齡之分佈。資料來源：GSS。

為了提供第二個例子，讓我們看看來自同一調查的不同變數：婚姻狀況。隨著年齡的增加，婚姻狀況的變化遠遠大於健康狀況，婚姻狀況對照年齡的堆疊密度圖效果並不好（圖 10-10）。

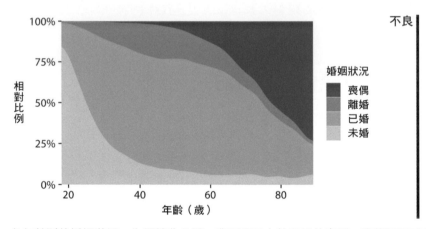

圖 10-10　各年齡別的婚姻狀況。為了簡化此圖，我刪除了少數分居的案例。我將這張圖表稱為「不良」，因為未婚者或喪偶者的頻率隨著年齡的增加而變化如此之大，以致已婚者和離婚者的年齡分佈高度扭曲且難以解讀。資料來源：GSS。

將相同的資料集以部分密度的方式視覺化，會清晰許多（圖 10-11）。尤其是，已婚人士的比例在 30 歲晚期達到峰值，離婚人口的比例在 40 歲初期達到峰值，而喪偶人口的比例在 70 歲中期達到峰值。

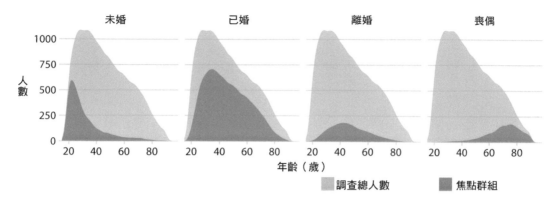

圖 10-11 各年齡別之婚姻狀況，以佔調查總人數之比例呈現。上色區域顯示了擁有各別婚姻狀況者之年齡的密度估計，灰色區域顯示了總體年齡之分佈。資料來源：GSS。

然而，圖 10-11 的一個缺點是，這種呈現方法會不容易判斷任一特定時間點的相對比例。舉例來說，如果我們想知道在哪個年齡段有超過 50% 的受訪者已婚，從圖 10-11 中並不能輕易看出。要回答這個問題的話，我們可以使用相同類型的呈現，但沿 y 軸顯示相對比例而非絕對人數（圖 10-12）。現在我們可以看出已婚者在 20 歲晚期開始佔多數，而喪偶者在 70 歲中期開始佔多數。

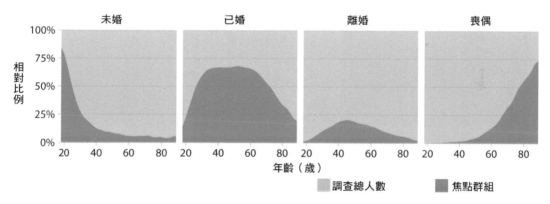

圖 10-12 各年齡別之婚姻狀況，以佔調查總人數之比例呈現。藍色區域顯示了各年齡別具有各種婚姻狀況之人數，灰色區域顯示了總體年齡之分佈。資料來源：GSS。

## 第十一章

嵌套式比例之視覺化

在上一章中，我討論了由單一分類變數之定義（例如政黨、公司或健康狀況）拆解成不同部分的資料集範例。然而，想要更進一步同時依照多個分類變數來拆解資料集的狀況並不罕見。例如以議會席次來說，我們可能會對各黨派席次的比例及議員之性別感興趣。同樣的，以人口健康狀況為例，我們可以進一步探究各種婚姻狀況下的健康狀況。我將這些例子稱為**嵌套比例**（*nested proportions*），因為我們每增加一個分類變數，都會在先前的比例中，嵌套一個更精細的資料細分在其中。要將這種嵌套比例視覺化有幾種合適的方法，包括馬賽克圖、樹狀圖和平行集。

錯誤的嵌套比例

我先展示兩種有缺陷的嵌套比例視覺化方法。雖然對於任何有經驗的資料科學家來說，這兩種方法都是荒謬的，但我曾看過它們被使用，因此認為它們值得討論。本章將使用美國匹茲堡 106 座橋樑的資料集。這份資料集包括了橋樑相關的各項資訊，例如構造材料（鋼、鐵，或木材）及完工的年份。依據建造年份，橋樑被分為不同的類別，例如1870 年之前建造的手工橋樑和 1940 年後建造的現代橋樑。

假設要同時展示橋樑是由鋼、鐵或木材製造的，以及它們是手工打造或現代的，我們可能會想要透過繪製一張組合的圓餅圖來實現這個目標（圖 11-1）。但是，此視覺化是無效的。圓餅圖中的所有切片必須加起來為 100%，但此圖的切片總和達到 135%。

之所以會超過 100% 的總百分比，是因為重複計算了橋樑。資料集中的每座橋樑都是由鋼，鐵或木材製成，因此這三個切片已經佔了 100% 的橋樑。每座手工橋樑或現代橋樑也是鋼鐵橋、鐵橋或木橋，因此在圓餅圖中計算了兩次。

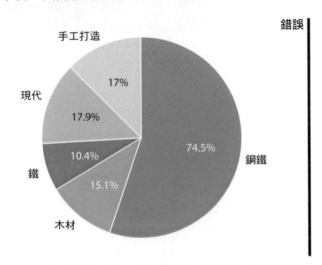

圖 11-1　匹茲堡的橋樑，分為建築材料（鋼、木材、鐵）和建築日期（手工打造，1870 年之前；現代，1940 年之後），以圓餅圖呈現。數字代表所有橋樑中，特定類型橋樑的百分比。這裡的數字是無效的，因為百分比加起來超過 100%。建築材料與施工日期有重疊。例如，所有現代橋樑均由鋼製成，大多數手工橋樑由木頭製成。資料來源：Yoram Reichand Steven J. Fenves，透過 UCI 機器學習資料庫 [Duaand Karra Taniskidou 2017]。

如果我們選擇一個不要求比例總和為 100% 的視覺化，那麼就不太會有重複計算的問題。如前一章所述，並排的長條符合此標準。我們可以在一張圖中將各比例的橋樑呈現為長條圖，這張圖在技術上並不是錯誤的（圖 11-2）。不過，我還是將它標記為「不良」，因為它並沒有清楚表明它所呈現的某些類別之間有重疊。不注意的讀者可能會從圖 11-2 中得到「橋樑有五種不同類型」，還有，舉例來說，現代橋樑既不是鋼也不是木頭或鐵建造而成的結論。

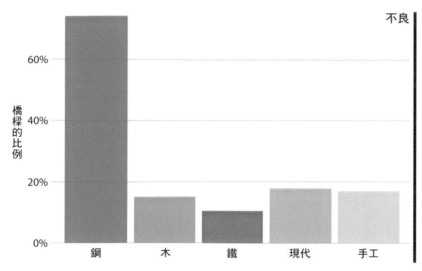

圖 11-2 　匹茲堡的橋樑，分為建築材料（鋼、木材、鐵）和建築日期（手工打造，1870 年之前；現代，1940 年之後），以長條圖呈現。與圖 11-1 不同的是，這種視覺化在技術上並不是錯誤的，因為它並不會暗示長條高度必須加總為 100%。然而，它也沒有清楚標明不同群體之間的重疊，因此我將其標記為「不良」。資料來源：Yoram Reichand Steven J. Fenves。

馬賽克圖和樹狀圖

每當類別特性有重疊的疑慮時，最好明確呈現它們之間的相互關係。這可以透過馬賽克圖來完成（圖 11-3）。乍看之下，馬賽克圖和堆疊長條圖相似（例如圖 10-5）。然而與堆疊長條圖不同的是，馬賽克圖中的各個上色區域之高度和寬度都不同。請注意，圖 11-3 中多了兩個建築時代：新興時期（從 1870 年到 1889 年）和成熟時期（1890 年到 1939 年）。這兩個建築時代再加上手工和現代，涵蓋了資料集中的所有橋樑，正如三種建築材料一樣。這是馬賽克圖的關鍵條件：被呈現的每個分類變數都必須涵蓋資料集中的所有發現。

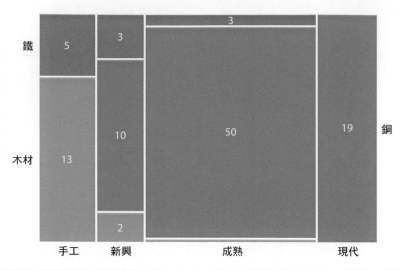

圖 11-3　匹茲堡的橋樑分為建築材料（鋼、木材、鐵）和建築日期（手工、新興、成熟、現代），以馬賽克圖呈現。每個矩形寬度與該時代建造的橋樑的數量成比例，而高度則與以該材料構造的橋樑數量成比例。數字代表每個類別中的橋樑數量。資料來源：Yoram Reichand Steven J. Fenves。

繪製馬賽克圖時，首先沿 x 軸放置一個分類變數（在此圖中是橋樑構造的時代），並透過組成該類別的相對比例來細分 x 軸。接著，沿 y 軸放置另一個分類變數（在這裡是建築材料），並沿 x 軸在每個類別中，將 y 軸細分為構成 y 變數類別的相對比例。結果的圖表會是一組矩形，其面積與代表兩個分類變數的每個可能組合的情況數量成比例。

橋樑資料集也可以用一種相關但不同的格式來視覺化。它稱為樹狀圖（*treemap*）。在樹狀圖中，就像馬賽克圖一樣，我們將一個封閉的矩形細分為更小的矩形，各區域代表比例。然而相較於馬賽克圖，它將較小矩形放入較大矩形內的方法是不同的。在樹狀圖中，我們以遞迴方式將矩形嵌套於另一個矩形的內部。例如，以匹茲堡橋樑的範例來說，首先將總面積細分為三個部分，代表三種建築材料，木材、鐵和鋼。然後進一步細分每個區域，來呈現每種建築材料所代表的建築時代（圖 11-4）。原則上這可以繼續下去，在彼此內部嵌套更小的細分，但結果會相對很快地變得笨重或混亂。

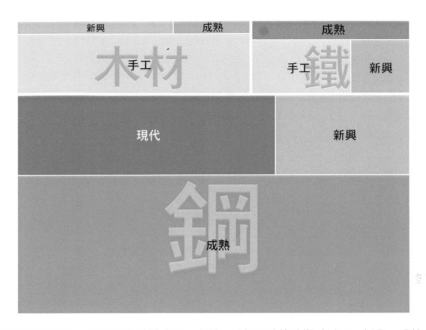

圖 11-4　匹茲堡的橋樑，分為建築材料（鋼、木材、鐵）和建築時期（手工、新興、成熟、現代），以樹狀圖呈現。每個矩形的面積與該類型的橋的數量成比例。資料來源：Yoram Reichand Steven J. Fenves。

雖然馬賽克圖和樹狀圖密切相關，但它們具有不同的重點和不同的應用領域。在這裡，馬賽克圖（圖 11-3）強調了從手工時期到現代時期，建築材料使用的時間演變，而樹狀圖（圖 11-4）則強調了鋼、鐵和木橋的總數。

一般而言，馬賽克圖會假定圖中所示的所有比例都可以透過兩個或多個正交分類變數之組合來定義。例如在圖 11-3 中，每座橋都可以透過建築材料（木材、鐵、鋼）和時期（手工、新興、成熟、現代）來描述。而且，原則上這兩個變數的每種組合都是可能的，即使在現實中不一定如此。（在這裡沒有鋼鐵手工橋樑，也沒有木質或鐵製的現代橋樑。）相較之下，樹狀圖沒有這樣的要求。實際上，當比例無法有意義地透過組合多個分類變數來描述時，樹狀圖往往能夠發揮作用。例如，我們可以將美國劃分為四個區域（西部、東北部、中西部和南部），每個區域劃分為不同的州，但一個地區的州與另一個地區的州沒有關係（圖 11-5）。

圖 11-5　美國各州以樹狀圖呈現。每個矩形代表一個州，每個矩形的面積與州的地表面積成比例。這些州分為四個地區：西部、東北部、中西部和南部。顏色與每個州的居民數量成比例，較暗的顏色代表較大數量的居民。資料來源：2010 年美國人口普查。

馬賽克圖和樹狀圖都是常用而且清楚的，但是它們和堆疊長條有類似的限制性（表 10-1）；也就是，條件之間的直接比較可能是困難的，因為不同的矩形不一定有基準線能夠進行視覺比較。在馬賽克圖或樹狀圖中，由於不同矩形的形狀可以變化，這個問題更加嚴重。例如，新興時期橋樑和成熟時期橋樑中有相同數量的鐵橋（三個），但這在馬賽克圖中很難辨別（圖 11-3），因為代表這兩組三座橋的兩個矩形具有完全不同的形狀。這個問題沒有什麼解決方法，因為將嵌套的比例視覺化有時候並不容易。如果可能，我建議在圖上呈現實際的數量或百分比，以便讀者可以驗證他們對上色區域的直覺解釋是否正確。

嵌套圓餅圖

在本章開頭，我用一個有缺陷的圓餅圖來將橋樑資料集視覺化（圖 11-1），接著主張馬賽克圖或樹狀圖會更合適。但是，後兩種繪圖類型都與圓餅圖密切相關，因為它們都使用區域來表示資料值。主要區別在於坐標系的類型：圓餅圖是極坐標，馬賽克圖或樹狀圖是笛卡爾坐標。這些不同圖表之間的緊密關係引發了一個問題：圓餅圖的某些變體是否可用於此資料集的視覺化？

有兩種可能性。首先，我們可以繪製一個由內圓和外圓組成的圓餅圖（圖 11-6）。內圓用一個變數（在此為建築材料）來呈現資料的細分，外圓用第二個變數（在此為橋樑建造的時期）來呈現內圓的每個切片的細分。這種視覺化是合理的，但我有所保留，因此我將它標記為「不美觀」。最重要的是，兩個獨立的圓模糊了資料集中的每座橋都具有建築材料和建築時期的事實。實際上，在圖 11-6 中，我們仍在對每座橋進行重複計算。如果我們將兩個圓中呈現的所有圖數字相加，將得到 212，這是資料集之橋樑數量的兩倍。

或者，我們可以首先依據一個變數（例如，材料）將餅切成表示比例的切片，然後依據另一個變數（建造時期）進一步細分這些切片（圖 11-7）。透過這種方式，實際上我們正在製作一張含有大量小切片的普通圓餅圖。但是，我們可以使用顏色來指出圓餅圖的嵌套特性。在圖 11-7 中，綠色代表木橋，橘色代表鐵橋，藍色代表鋼橋。每種顏色的明暗代表了建築時期，較暗的顏色對應到最近建造的橋樑。使用這樣的嵌套顏色尺度，我們可以透過主要變數（建造材料）和次要變數（建造時期）將資料的細分進行視覺化。

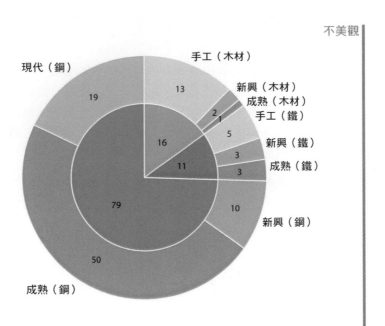

不美觀

圖 11-6　匹茲堡的橋樑，分為建築材料（鋼、木材、鐵；內圓）和建築時期（手工、新興、成熟、現代；外圓）。數字代表每個類別中的橋樑數量。資料來源：Yoram Reichand Steven J. Fenves。

圖 11-7 的圓餅圖呈現了橋樑資料集的合理視覺化，但是與樹狀圖（圖 11-4）直接比較下來，我認為樹狀圖更佳，原因有二。首先，樹狀圖的矩形形狀善用了可用空間。圖 11-4 和圖 11-7 的大小完全相同，但在圖 11-7 中，大部分圖形被浪費呈空白。圖 11-4 的樹狀圖中，幾乎沒有多餘的空白。這很重要，因為如此我便能將標籤放在樹狀圖中的上色區域內。比起外部標籤，內部標籤會形成與資料更強的視覺單位，因此是首選。其次，圖 11-7 中的一些圓餅切片非常薄，很難看到。相較之下，圖 11-4 中的每個矩形都有合理的尺寸。

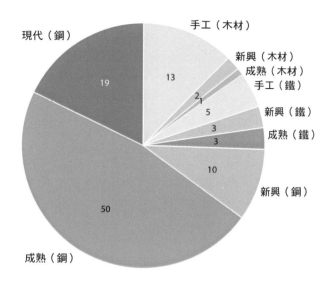

圖 11-7　匹茲堡的橋樑，分為建築材料（鋼、木材、鐵；內圓）和建築時期（手工、新興、成熟、現代；外圓）。數字代表各類別中的橋樑數量。資料來源：Yoram Reichand Steven J. Fenves。

平行集

當我們想要呈現由兩個以上的分類變數描述的比例時，馬賽克圖、樹狀圖和圓餅圖都會很快地變得難以處理。在這種情況下，可行的替代方案可以是**平行集**（*parallel set*）圖。在平行集圖中，我們要展示總資料集依照每個單獨的分類變數切割的方式，然後繪製陰影帶，以呈現子群組的相互關係。相關範例，請參見圖 11-8。在此圖中，我依照建築材料（鐵、鋼、木材）、每座橋樑的長度（長、中、短）、建造的時期（工藝、新興、成熟、現代），以及跨越的河流（阿勒格尼河、莫農加希拉河、俄亥俄河）來分割橋樑資料集。結果顯示了，舉例來說，木橋大部分是中等長度（有一些短橋），主要是在手工期間建造的（有一部分中等長度的橋樑是在新興和成熟時期建造的），並主要跨越阿勒格尼河（有幾座手工橋跨越莫農加希拉河）。相較之下，鐵橋的長度都是中等長度，主要是在手工時期建造的，跨越阿勒格尼河和莫農加希拉河的比例各佔一半。

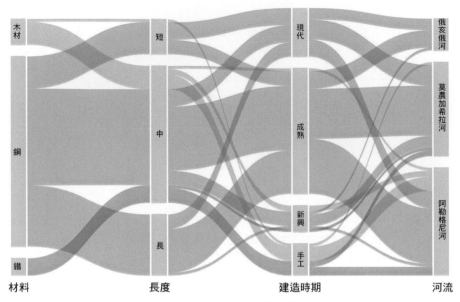

圖 11-8　匹茲堡的橋樑，依照建築材料、長度、建造時期和跨越的河流來劃分，呈現為平行集圖。帶狀的顏色凸顯了不同橋樑的建築材料。資料來源：Yoram Reichand Steven J. Fenves。

如果我們依照不同的條件（例如河流）上色，相同的視覺化看起來會大不相同（圖 11-9）。這張圖表在視覺上很亂，有許多交叉的帶，但我們幾乎可以確實找到跨越每條河的任何類型橋樑。

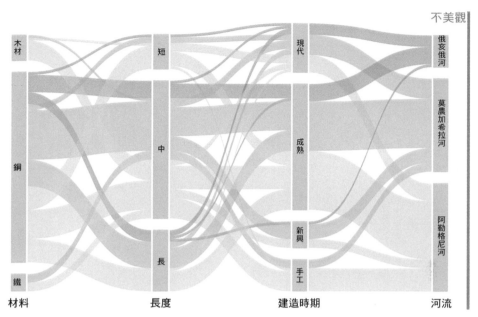

圖 11-9　匹茲堡的橋樑，依照建築材料、長度、建造時期和跨越的河流來劃分。這張圖表和圖 11-8 類似，但現在彩帶的顏色凸顯了各橋樑跨越的河流。此圖被標記為「不美觀」，因為圖中的彩帶位置非常亂，而且必須從右讀到左。資料來源：Yoram Reichand Steven J. Fenves。

我將圖 11-9 標記為「不美觀」，因為它過於複雜且令人困惑。首先，由於我們習慣從左讀到右，所以決定顏色的集合應該放在最左邊而不是右邊。這樣會更容易查看顏色的起源位置，以及它在資料集中流動的方式。其次，改變集合的順序好盡量減少彩帶交叉是個好主意。以這些原則來看，我會選擇圖 11-10，我認為它比圖 11-9 好。

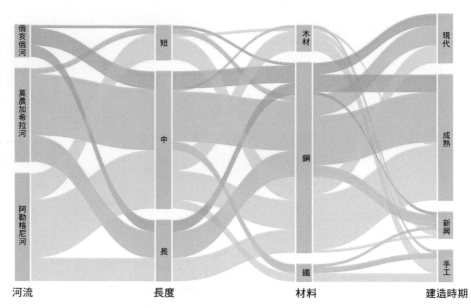

圖 11-10　匹茲堡的橋樑，依照河流、建造時期、長度和建築材料來劃分。此圖與圖 11-9 的不同之處僅在於平行集的順序。修改後的順序會使圖表更易於閱讀且較不雜亂。資料來源：Yoram Reichand Steven J. Fenves。

## 第十二章

兩個或多個定性變數之關聯的視覺化

許多資料集包含兩個或多個定性變數，我們可能會對這些變數的相互關係有興趣。例如，我們可能有一份各種動物的定性測量資料集，例如動物的高度、重量、長度，以及每日熱量需求。要繪製例如高度和重量這兩個變數之間的關係，通常會使用散佈圖。如果想一次呈現兩個以上的變數，可能會選擇氣泡圖、散佈圖矩陣，或者相關圖。最後，對於非常高維度的資料集，進行降維可能會有幫助，例如以主成分分析的形式來降維。

散佈圖

我將使用 123 隻冠藍鴉的測量資料集來示範基本散佈圖及若干變體。資料集包含了頭部長度（從喙的尖端到頭部後方）、頭骨尺寸（頭部長度減去喙的長度），以及每隻鳥的重量等資訊。我們希望這些變數之間存在關係。例如，具有較長鳥喙的鳥，可能有較大的頭骨尺寸，而重量較重的鳥比起重量較輕的鳥，應該會有較大的喙和頭骨。

為了探索這些關係，我先從頭部長度與重量的關係圖開始（圖 12-1）。在此圖中，頭部長度沿 y 軸呈現，重量沿 x 軸呈現，每隻鳥用一個點來表示。（注意術語：我們會說「將沿 y 軸呈現的變數對比沿 x 軸呈現的變數」。）點形成了分散的雲（因此稱為散佈圖），但毫無疑問的，圖中呈現的趨勢是身體質量較高的鳥具有較長的頭部。頭部最長的鳥接近觀察到的最大身體質量，頭部最短的鳥接近觀察到的最小身體質量。

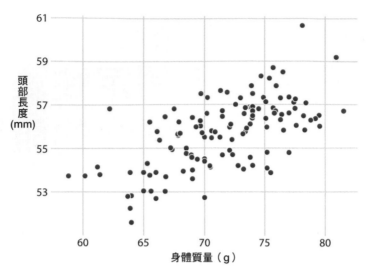

圖 12-1　123 隻冠藍鴉的頭部長度（從喙尖到頭部的後方，以 mm 為單位）vs. 身體質量（以 g 為單位）。每個點對應一隻鳥。較重的鳥類有較長的頭部，是一個大致的趨勢。資料來源：歐柏林學院的 Keith Tarvin。

冠藍鴉資料集包括了雄鳥和雌鳥，我們可能會想知道，頭長和體重之間的總體關係在各性別內是否為真。為了解決這個問題，我們可以依照鳥的性別，將散佈圖中的點上色（圖 12-2）。此圖顯示，頭部長度和體重的總體趨勢至少有部分是由鳥類的性別驅動的。在相同的體重下，雌鳥的頭部往往比雄鳥短。與此同時，雌鳥平均比雄鳥輕。

因為頭部長度被定義為從喙尖到頭部後方的距離，所以較大的頭部長度可能代表有較長的喙、較大的頭骨，或兩者皆是。我們可以透過查看資料集中的另一個變數來區分鳥喙長度和頭骨大小，那就是頭骨大小（它與頭部長度相似，但不包括鳥喙）。由於我們已經將 x 位置用於體重，y 位置用於頭部長度，點顏色用於鳥類性別，因此需要另一種視覺呈現來對應頭骨大小。其中一種選擇是使用點的大小，從而產生稱為氣泡圖（*bubble chart*）的視覺化（圖 12-3）。

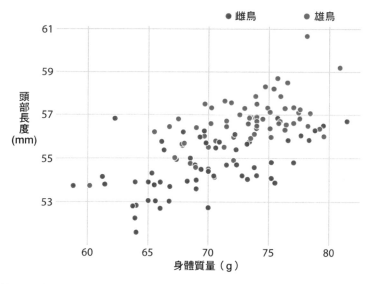

圖 12-2　123 隻冠藍鴉的頭長 vs. 體重。鳥的性別以顏色表示。在相同的體重下，雄鳥往往比雌鳥有更長的頭部（尤其是更長的喙）。資料來源：歐柏林學院的 Keith Tarvin。

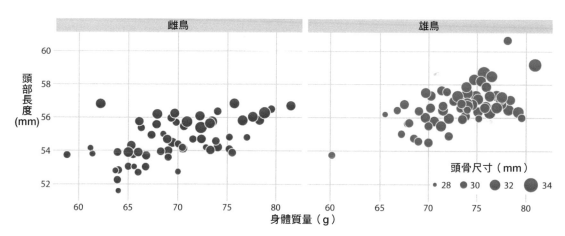

圖 12-3　123 隻冠藍鴉的頭長 vs. 體重。鳥的性別以顏色表示，頭骨尺寸小用圓點大小表示。頭部長度包括了鳥喙的長度，而頭骨尺寸則不包括。頭部長度和頭骨大小往往是相關的，但是有些鳥喙相對於頭骨尺寸來說，是異常的長或短。資料來源：歐柏林學院的 Keith Tarvin。

氣泡圖的缺點是它們以兩種不同類型的尺度、位置和尺寸來呈現相同類型的變數：定性變數。這使得讀者難以在視覺上判斷各種變數之間的關聯強度。此外，以氣泡大小呈現的資料值之間的差異，要比以位置呈現的資料值之間的差異更難以察覺。因為即使是最大的氣泡，與總的圖形尺寸相比也需要稍微小一些，所以以最大和最小氣泡之間的尺寸差異必然很小。因此，資料值的較小差異將對應到實際上不可能看到的極小尺寸差異。在圖 12-3 中，我使用了一個尺寸對應，視覺上放大了最小頭骨（約 28 毫米）和最大頭骨（約 34 毫米）之間的差異，但是要判斷頭骨尺寸和體重或頭部長度之間的關係，依然有困難。

要找到氣泡圖的替代方案，最好呈現一個整體對比整體的散佈圖矩陣，其中每張獨立的圖表呈現兩個資料維度（圖 12-4）。此圖清楚地表明，雌鳥和雄鳥的頭骨大小和體重之間的關係是一致的，但雌鳥往往略小。然而，頭部長度和體重之間的關係並非如此。性別之間明顯不同。在其他條件相同的情況下，雄鳥的喙往往比雌鳥長。

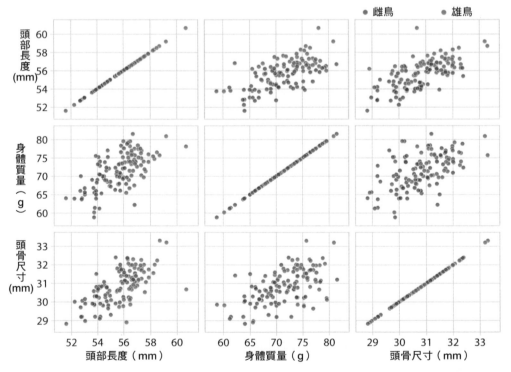

圖 12-4　123 隻冠藍鴉的頭長、體重和頭骨大小的整體對整體散佈圖矩陣。此圖呈現了與圖 12-2 完全相同的資料。因為人類判斷位置的能力比判斷符號大小的能力好，所以在成對散佈圖中，頭骨大小和其他兩個變數之間的相關性會比圖 12-2 更容易察覺。資料來源：歐柏林學院的 Keith Tarvin。

相關圖

當定性變數超過三到四個時，整體對整體散佈圖矩陣很快就會變得笨重。在這種情況下，量化成對變數之間的關聯度並將這些量進行視覺化，會比直接將原始資料視覺化更實用。一種常見的方法是計算**相關係數**（*correlation coefficients*）。相關係數 r 是 -1 和 1 之間的數字，它測量兩個變數的共變程度。值 $r = 0$ 表示沒有任何關聯，值 1 或 -1 表示完美關聯。相關係數的符號表示變數是相關的（一個變數中的較大值與另一個變數中的較大值一致）還是負相關的（一個變數中的較大值與另一個變數中的較小值一致）。為了提供不同相關強度的視覺化範例，在圖 12-5 中，我展示了幾組隨機產生的點，這些點在 x 和 y 值相關的程度上有很大的差異。

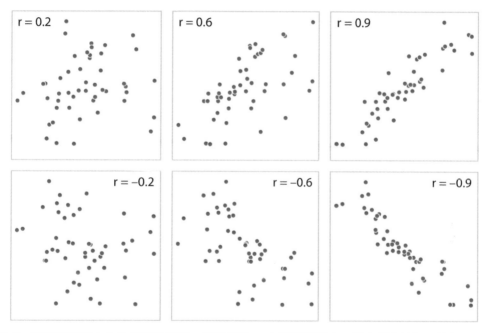

圖 12-5　不同幅度和方向的相關性範例，相關係數 r。在這兩橫排中，從左到右的相關性從弱到強。在最上排中，相關性為正（一個量的較大值與另一個量的較大值相關聯），在底排中它們為負（一個量的較大值與另一個量的較小值相關聯）。在全部六張圖中，x 值和 y 值都是相同的，但是各個 x 值和 y 值被重新洗牌成對，以產生特定的相關係數。

相關係數的定義為：

$$r = \frac{\Sigma_i(x_i - \bar{x})(y_i - \bar{y})}{\sqrt{\Sigma_i(x_i - \bar{x})^2}\sqrt{\Sigma_i(y_i - \bar{y})^2}}$$

其中 x_i 和 y_i 是兩組觀察值，$\bar{x}$ 和 $\bar{y}$ 是相應的樣本均值。我們可以從這個公式中做出一些觀察。首先，公式在 x_i 和 y_i 中是對稱的，因此 x 與 y 的相關性與 y 與 x 的相關性相同。其次，個別值 x_i 和 y_i 只在相應樣本均值的差異情況下進到公式中，因此如果我們將整個資料集移動一個恆定量（例如，如果我們移動常數 C，用 $x_i' = x_i + C$ 替換 x_i）相關係數會保持不變。第三，如果我們重新縮放資料（例如，$x_i' = Cx_i$），相關係數也會保持不變，因為常數 C 將會出現在公式的分子和分母中，因此可以被抵消。

相關係數的視覺化稱為**相關圖**（*correlograms*）。為了說明相關圖的使用，讓我們來看看從鑑識工作中取得的 200 多個玻璃碎片的資料集。我們測量了每片玻璃碎片的組成成分，以各種氧化礦物質的重量百分比來表示。我們測量到七種不同的氧化物，總共產生 6 + 5 + 4 + 3 + 2 + 1 = 21 對的成對相關性。我們可以將這 21 個相關性以彩色方塊矩陣一次陳列，其中每個方塊代表一個相關係數（圖 12-6）。此相關圖可以讓我們快速掌握資料的趨勢，例如鎂與幾乎所有其他氧化物都負相關，而鋁和鋇具有強烈的正相關性。

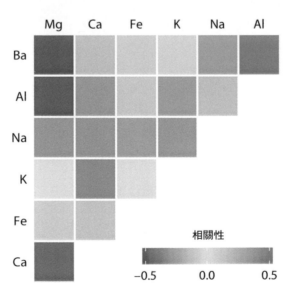

圖 12-6　在鑑識工作中取得的 214 片玻璃碎片樣本之礦物質含量相關性。該資料集包含七個變數，用於測量每個玻璃片段中發現的鎂（Mg）、鈣（Ca）、鐵（Fe）、鉀（K）、鈉（Na）、鋁（Al）和鋇（Ba）的量。彩色方塊代表了這些成對變數之間的相關性。資料來源：B. German。

圖 12-6 的相關圖的一個弱點是低相關性（也就是絕對值趨近於零的相關性）在視覺上被抑制的程度並不夠。例如，鎂（Mg）和鉀（K）完全沒有相關性，但圖 12-6 並沒有立即呈現出來。為了克服這個限制，我們可以將相關性呈現為彩色圓圈，並使用相關係數的絕對值來縮放圓形大小（圖 12-7）。以這種方式，低相關性會被抑制，而高相關性會更突出。

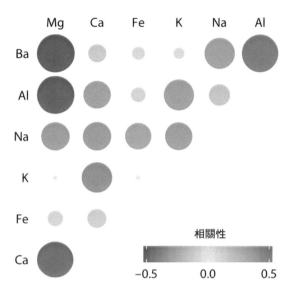

圖 12-7　鑑識玻璃樣本中礦物質含量的相關性。顏色尺度與圖 12-6 相同。但是現在每個相關的幅度也以彩色圓圈的大小呈現。這個方式在視覺上不強調相關性接近於零的情況。資料來源：B. German。

所有相關圖都有一個重要的缺點：它們相當抽象。雖然相關圖展示了資料中的重要模式，但它們也隱藏了基礎資料點，而且可能導致我們導出錯誤的結論。將原始資料視覺化，永遠優於將從原始資料計算出的抽象衍生數量視覺化。幸運的是，我們經常可以在「呈現重要模式」和「透過套用降維技巧來呈現原始資料」之間找到一個平衡點。

降維

降維依賴於「大部分的高維資料集是由多個傳達重疊資訊的相關變數組成」之關鍵見解。這樣的資料集可以降至少量的關鍵維度，而不會遺失太多關鍵資訊。一個簡單直覺的例子是，人類多項身體特徵的資料集，包括每個人的身高和體重，手臂和腿的長度，腰圍、臀圍和胸圍等等數量。我們可以直覺地了解，所有的這些數量都會與每個人的整體尺寸直接相關。在其他條件相同的情況下，較大的人會更高，體重更重，手臂和腿更長，腰部、臀部和胸圍更大。下一個重要的維度是人的性別。對於個頭相當的人來說，男性和女性的測量值是顯著不同的。例如，在其他方面都相同的情況下，女性的臀圍往往比男性大。

降維有許多技巧。我將在這裡討論一種最常用的技巧，稱為**主成分分析**（*principal components analysis*，PCA）。PCA 將資料中的原始變數標準化為零平均數和單位變異量並進行線性組合，引入一組稱為主成分（PC）的新變數（二維範例見圖 12-8）。主成分的選擇條件為互不相關，而且它們會被排序，使得第一成分獲得資料中最大可能的變異量，隨後的成分則越來越少。一般來說，只有前兩三個主成分才看得到資料中的關鍵特徵。

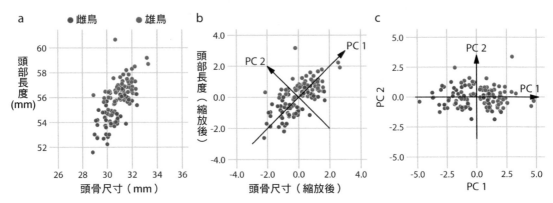

圖 12-8　二維的主成分分析範例。(a) 原始資料。我使用冠藍鴉資料集的頭部長度和頭骨尺寸測量值作為範例資料。雌鳥和雄鳥的顏色不同，但這種區別對 PCA 沒有影響。(b)PCA 的第一步，我們將原始資料值縮放為零均值和單位向量變異量。接著我們沿資料中最大變化的方向來定義新變數（主成分）。(c) 最後，我們將資料投影到新坐標中。在數學上，該投影相當於原點周圍資料點的旋轉。在此處呈現的二維範例中，資料點是順時針旋轉 45 度。資料來源：歐柏林學院的 Keith Tarvin。

在進行 PCA 時，我們通常對兩項資訊感興趣：主成分的組成，以及主成分空間中各個資料點的位置。讓我們來看看鑑識玻璃資料集之 PCA 中的這兩個部分。

首先，我們看一下主成分的組成（圖 12-9）。在這裡，我們只考慮前兩個主成分，PC 1 和 PC 2。因為 PC 是原始變數（在標準化之後）的線性組合，所以我們可以將原始變數以箭頭表示，顯示它們對 PC 的貢獻程度。我們在此處看到鋇和鈉主要貢獻於 PC 1 而不是 PC 2，鈣和鉀主要貢獻於 PC 2 而不是 PC 1，其他變數對兩種主成分的貢獻量各有不同。因為有兩個以上的 PC，所以箭頭的長度各不相同。例如，鐵的箭頭特別短，因為它主要用於較高順序的 PC（未顯示）。

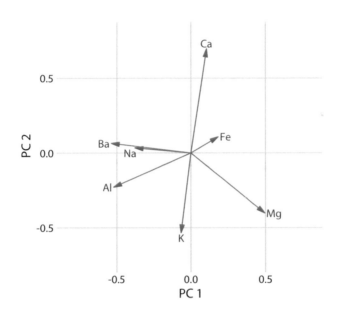

圖 12-9　鑑識玻璃資料集之主成分分析中前兩個主成分的組成。主成分 1（PC 1）主要測量了玻璃碎片中鋁、鋇、鈉和鎂的量，而主成分 2（PC 2）主要測量了鈣和鉀的量，和些許鋁和鎂的量。資料來源：B. German。

接下來，我們將原始資料投影到主成分空間（圖 12-10）。我們在此圖中看到了清楚的獨特類型玻璃碎片之集群。頭燈和窗戶的碎片落入 PC 中清晰描繪的區域，幾乎沒有異常值。餐具和容器的碎片較為分散，但與頭燈和窗戶碎片明顯不同。透過比較圖 12-10 和圖 12-9，我們可以得到結論，窗戶樣本往往具有高於平均值的鎂含量，以及低於平均值的鋇、鋁和鈉含量，而頭燈樣本則相反。

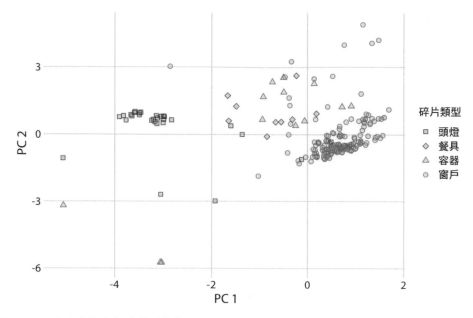

圖 12-10　玻璃碎片之組成的視覺化，以圖 12-9 所定義的主成分空間呈現。我們看到不同類型的玻璃樣本聚集在 PC 1 和 2 的特徵值上。尤其是，頭燈的特徵是負的 PC 1 值，而窗戶傾向於具有正的 PC 1 值。餐具和容器的 PC 1 值接近零，而且往往具有正 PC 2 值。但是，也有一些例外情況下，容器碎片同時具有負 PC 1 值和負 PC 2 值。這些碎片的組成成分，與其他所有被分析的碎片截然不同。資料來源：B. German。

成對資料

多變數定性資料的一個特例是**成對資料**（*paired data*）──在稍微不同的條件下，具有兩個或多個測量值的同一定性資料。範例包括：每個受試者的兩個可比較的測量值（例如，人的右臂和左臂的長度）、在不同時間點對同一受試者重複測量（例如，一個人在一年中兩個不同時間點的體重），或兩個密切相關的受試者的測量值（例如，兩個同卵雙胞胎的身高）。對於成對資料，我們會合理地假設屬於每對的兩個測量值，會比其他對的測量值更相似。兩個雙胞胎身高會相近，但會異於其他雙胞胎。因此，對於成對資料，我們需要選擇可凸顯出成對測量值之間之任何差異的視覺化。

在這種情況下，一個很好的選擇是在標記 $x = y$ 的對角線上，疊上一張簡單的散佈圖。在這樣的圖中，如果每對的兩次測量值之間的唯一差異是隨機雜訊，那麼樣本中的所有點將圍繞此線對稱地散射。相較之下，成對測量值之間的任何系統差異，將以資料點系統性地相對於對角線向上或向下的位移來呈現。舉例來說，讓我們來看看 166 個國家在 1970 年和 2010 年的人均二氧化碳（CO_2）排放量（圖 12-11）。此範例凸顯了成對資料的兩個常見特點。首先，大多數的點會相對接近對角線。儘管各國的二氧化碳排放量差異接近四個數量級（orders of magnitude），但在 40 年的時間內，每個國家相當一致。其次，這些點以相對於對角線的方向系統地向上移動。在觀察到的 40 年中，大多數國家的二氧化碳排放量都在增加。

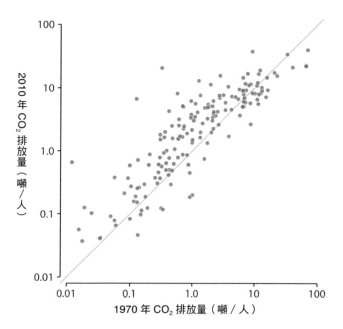

圖 12-11　1970 年和 2010 年，166 個國家的人均二氧化碳排放量。每個點代表一個國家。對角線代表 1970 年和 2010 年之相等二氧化碳排放量。這些點相對於對角線系統地向上移動：在大多數國家，2010 年的排放量高於 1970 年。資料來源：二氧化碳資訊分析中心。

當我們有大量的資料點，或想了解整個資料集系統性偏離零假設的情況，像圖 12-11 這樣的散佈圖是很有效的。相較之下，如果我們只有少量的觀察結果，而且主要對每個案例的狀況感興趣，那麼斜率圖（*slopegraph*）可能是更好的選擇。在斜率圖中，我們將各個測量值繪製成兩列的點，並用線段連接成對的點來表示成對關係。每條線的斜率凸顯了變化的幅度和方向。圖 12-12 使用這種方法呈現了 2000 年至 2010 年人均二氧化碳排放量差異最大的 10 個國家。

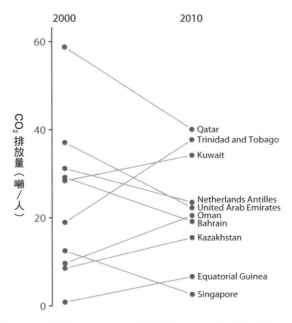

圖 12-12　2000 年和 2010 年的人均二氧化碳排放量，這兩年間差異最大的 10 個國家。資料來源：二氧化碳資訊分析中心。

比起散佈圖，斜率圖有一個重要的優勢：它可用來同時比較兩個以上的測量值。例如我們可以修改圖 12-12 來呈現三個時間點的二氧化碳排放量，範例中為 2000 年，2005 年和 2010 年（圖 12-13）。此一選擇凸顯了整個十年間排放量發生重大變化的國家，以及第一個五年和第二個五年的趨勢存在著很大差異的 Qatar 或 Trinidad and Tobago 等國家。

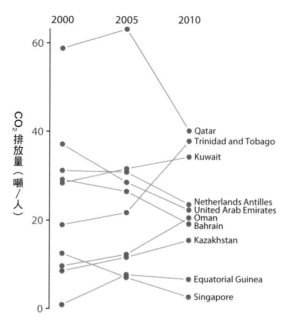

圖 12-13　2000、2005 和 2010 年的人均二氧化碳排放量，在 2000 年至 2010 年間差異最大的 10 個國家。資料來源：二氧化碳資訊分析中心。

## 第十三章

獨立變數之時間序列和其他函數的視覺化

前一章我們討論了散佈圖，並繪製了一個定性變數與另一個定性變數之對比。因為時間會對資料施加額外的結構，所以當兩個變數之一是時間時，會出現一種特殊情況，資料點具有本質上的順序。我們可以依照時間演變的順序來排列點，並為每個資料點定義前後順序。我們會經常需要將此時間順序視覺化，並會使用線圖來進行。然而，線圖不限於時間序列。只要一個變數對資料施以排序，線圖就是合適的。舉例來說，在實驗變數有目的地設定為一系列不同值的對照實驗中，也會出現這種情況。如果有多個依賴於時間的變數，我們可以繪製各自獨立的線圖，或繪製一張普通的散佈圖，然後用線段將時間上相鄰的點連接起來。

個別時間序列

時間序列的第一個範例，讓我們來看看生物學每月預印本投稿的模式。預印本是研究人員在進行正式同行評審以及在科學期刊上發表之前，於線上發表的科學文章。預印本伺服器 bioRxiv 成立於 2013 年 11 月，是專為從事生物科學研究的研究人員而設置的，每月投稿數量從那時起大幅成長。我們可以製作散佈圖（第 12 章）來將此成長視覺化，用點來代表每個月投稿數量（圖 13-1）。

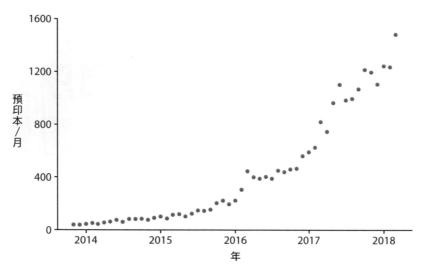

圖 13-1　預印本伺服器 bioRxiv 每月投稿量，從 2013 年 11 月啟用至 2018 年 4 月。每個點代表一個月內投稿的數量。在整個四年半期間，投稿量一直在穩定增加。資料來源：Jordan Anaya，*http://www.prepubmed.org*。

然而，圖 13-1 與第 12 章討論的散佈圖有一個重要的區別。在圖 13-1 中，點沿著 *x* 軸均勻分佈，而且它們之間有一個確定的順序。每個點只有一個左側和一個右側鄰居（除了最左邊和最右邊的點只有一個鄰居）。我們可以用線段連接相鄰點，在視覺上強調這個順序（圖 13-2）。這樣的圖稱為*線圖*（*line graph*）。

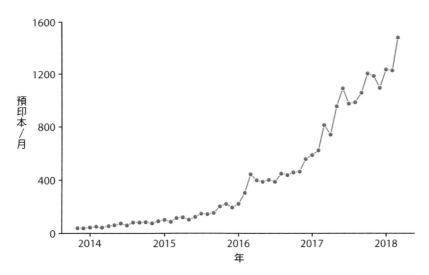

圖 13-2　預印本伺服器 bioRxiv 每月投稿量，以線段連接的點呈現。這些線不代表資料，只是視覺引導。透過線段連接各個點，我們強調了點之間有一個順序：每個點的之前和之後，各有一個鄰居。資料來源：Jordan Anaya，*http://www.prepubmed.org*。

有些人反對在點之間繪製線條，因為線條不代表觀察到的資料。尤其是如果只有距離相隔很遠的少量觀測點，那麼在中間的時間進行觀測時，它們的值可能不會精確地落在所示的線上。因此在某種意義上，線會對應到虛構的資料。然而，當點間隔很遠或間距不均勻時，它們可能有助於感知。我們可以透過在圖標題做標示來解決這個難題，例如備註「線條僅為視覺引導」（參見圖 13-2 的標題）。

然而，使用線段來表示時間序列是通常可接受的做法，而且通常點會完全被省略（圖 13-3）。少了點，此圖更加強調了資料的整體趨勢，而非個別觀察。沒有圓點的圖形在視覺上也不那麼雜亂。一般來說，時間序列越密集，用點表示個別觀察就越不重要。對於此處呈現的預印本資料集，我認為省略這些點是沒有問題的。

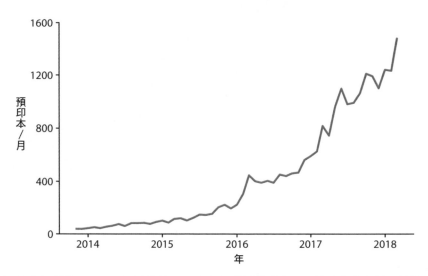

圖 13-3　預印本伺服器 bioRxiv 每月投稿量，以沒有點的線圖呈現。將點省略強調了整體時間趨勢，同時在特定時間點強調個別觀察。當時間點間隔非常密集時，此圖特別有用。資料來源：Jordan Anaya，*http://www.prepubmed.org*。

我們還可以用實色填滿曲線下的面積（圖 13-4）。此一選擇進一步強調了資料的整體趨勢，因為它在視覺上將曲線上方的區域與下方區域分開。但是，此視覺化僅在 y 軸從零開始時有效，使每個時間點的上色區域的高度表示該時間點的資料值。

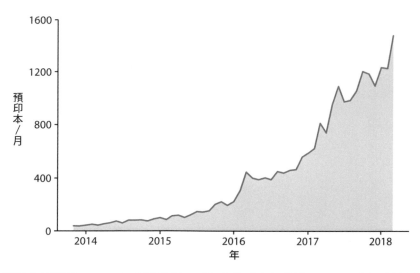

圖 13-4　預印本伺服器 bioRxiv 每月投稿量，以下方區域上色的線圖呈現。比起僅僅畫一條線（圖 13-3），透過曲線下區域的顏色，我們更加強調了整體時間趨勢。資料來源：Jordan Anaya，*http://www.prepubmed.org*。

多個時間序列和劑量 - 反應曲線

我們經常遇到想要一次呈現的多個時間進程。在這種情況下，我們必須更加謹慎地繪製資料，因為圖表可能會變得混淆或難以閱讀。例如，假設我們想要呈現多個預列印伺服器的每月投稿狀況，則散佈圖不是一個好主意，因為各個時間進程會相互碰撞（圖 13-5）。用線段來連接點可以緩解這個問題（圖 13-6）。

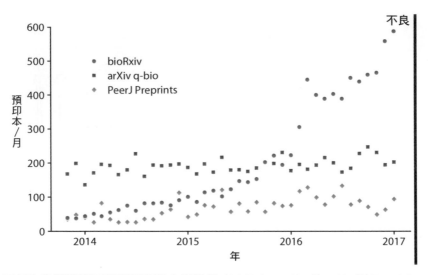

圖 13-5　三個生物醫學研究相關的預印本伺服器（bioRxiv、arXiv 的 q-bio 和 PeerJ Preprints）之每月投稿量。每個點代表一個月內投稿給各預印本伺服器的數量。這張圖表被標記為「不良」，因為這三個時間進程在視覺上相互干擾且難以閱讀。資料來源：Jordan Anaya，*http://www.prepubmed.org*。

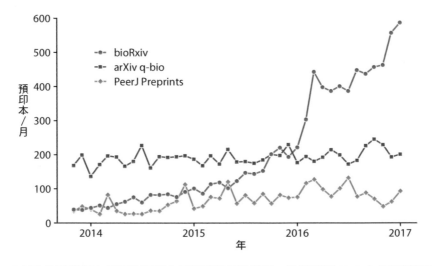

圖 13-6　三個生物醫學研究相關的預印本伺服器每月投稿量。透過將圖 13-5 中的點與線連接起來，我們幫助了觀眾追蹤每個時間進程。資料來源：Jordan Anaya，*http://www.prepubmed.org*。

圖 13-6 呈現了預印本資料集之可接受的視覺化。但是，獨立的圖例會產生不必要的認知負擔。我們可以透過直接標記線段來減少這種認知負荷（圖 13-7）。我還刪除了圖中的各個點，結果的圖表比圖 13-5 所示的原始圖表更加流暢易讀。

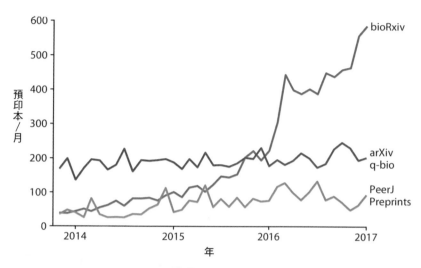

圖 13-7　三個生物醫學研究相關的預印本伺服器每月投稿量。直接標記線條而不是提供圖例，會減少讀取圖形所需的認知負荷，刪去圖例也消除了對不同形狀的點的需求。這使我們能夠刪除點，進一步將圖 13-6 簡化。資料來源：Jordan Anaya，*http://www.prepubmed.org*。

線圖不限於時間序列。只要資料點具有沿 *x* 軸呈現的變數所反映的固有順序，使得相鄰點可以用線連接的話，線圖就是合適的。舉例來說，在我們測量了「對實驗中的一些數值參數（劑量）做的改變會如何影響對象的結果（反應）」的劑量 - 反應曲線中，就會出現這種情況。圖 13-8 呈現了這種類型的典型實驗，測量了燕麥產量對於提高施肥量的反應。線圖視覺化凸顯出劑量 - 反應曲線在觀察中的三種燕麥品種上具有相似的形狀，但在沒有施肥的情況下起點不同（意即某些品種的自然產量高於其他品種）。

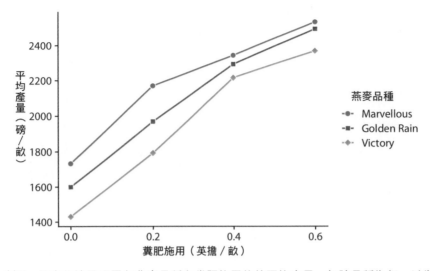

圖 13-8　劑量 - 反應曲線呈現了各燕麥品種在糞肥施用後的平均產量。無論品種為何，以糞肥作為氮的來源，燕麥產量通常隨著氮的提高而增加。此處的糞肥施用量是以英擔（hundredweight，cwt）／每英畝計。英擔是一種舊的英制單位，等於 112 磅或 50.8 公斤。資料來源：[Yates 1935]。

兩個或以上的反應變數時間序列

在前面的例子中，我們只處理了一個反應變數的時間進程（例如，預印本每月投稿量或燕麥產量）。但是，多個反應變數並不罕見。這種情況通常出現在總體經濟當中。例如，我們可能對過去 12 個月房價的變化感興趣，因為它與失業率有關。我們可能會預期失業率較低時房價會上漲，反之亦然。

使用前面各單元的工具，我們可以將這些資料視覺化為兩個相互疊加的獨立線圖（圖 13-9）。此圖直接呈現了兩個受關注的變數，並且可以直接解讀。但是，因為這兩個變數以獨立的線圖呈現，所以要將它們之間的比較繪製出來可能很麻煩。如果想在兩個變數朝相同或相反方向移動的情況下找出時間區域，就必須在兩個圖形之間來回切換，並比較兩條曲線的相對斜率。

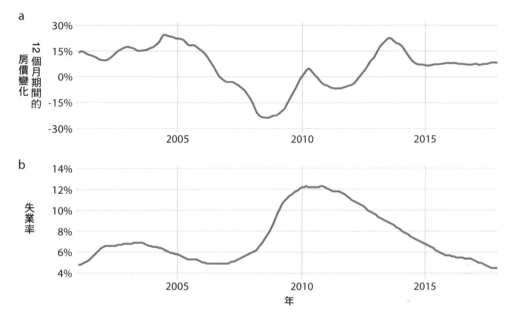

圖 13-9　從 2001 年 1 月到 2017 年 12 月，12 個月期間的房價 (a) 和失業率 (b) 變化。資料來源：
美國勞工統計局 Freddie Mac 房價指數。

若要替代兩張獨立的線圖，我們可以將兩個變數相互對比，繪製出從最早時間點到最晚
時間點的路徑（圖 13-10）。這種視覺化被稱為**連接散佈圖**（*connected scatterplots*），因
為在技術上是將兩個變數的散佈圖相互對比，然後將相鄰點連接起來。物理學家和工程
師經常將它稱為**相態描寫**（*phase portrait*），因為在他們的學科中，它通常用於表示相
態空間中的運動。我們先前在第 3 章中遇到過連接散佈圖，我在當中繪製了德州休斯頓
的日平均氣溫 vs. 加州聖地亞哥的日平均氣溫（圖 3-3）。

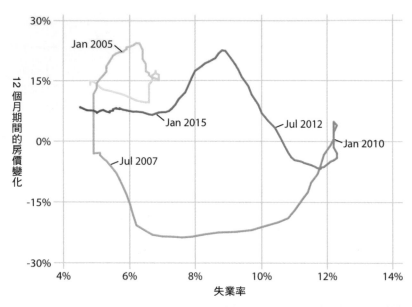

圖 13-10　從 2001 年 1 月到 2017 年 12 月，12 個月期間的房價變化對照失業率變化，以連接散佈圖呈現。較暗的色調代表最近幾個月。在圖 13-9 中看到的房價變化和失業率之間的負相關，使得連接散佈圖形成兩個逆時針的圓。原始圖概念：Len Kiefer。資料來源：美國勞工統計局 Freddie Mac 房價指數。

在連接散佈圖中，從左下角到右上角方向的線，代表了兩個變數之間的正相關的運動（一個變數成長時，另一個變數也會成長），而從左上角到右下角之垂直方向線條，代表了負相關的運動（隨著一個變數成長，另一個變數縮減）。如果兩個變數具有某種循環關係，我們就會在連接散佈圖中看到圓或螺旋。在圖 13-10 中，我們看到 2001 年至 2005 年呈現一個小圓圈，其餘時間則形成一個大圓圈。

在繪製連接散佈圖時，很重要的是標明資料的方向和時間尺度。少了這樣的提示，圖形就會變成毫無意義的塗鴉（圖 13-11）。在圖 13-10 中，我使用逐漸變暗的顏色來指示方向；或者，沿路徑繪製箭頭也是一種替代方案。

使用連接散佈圖或兩個獨立的線圖，何者較好呢？獨立的線圖通常較容易閱讀，但是一旦人們習慣了連接散佈圖，他們可能會抓出很難在線圖中找到的某些模式（例如帶有一些不規則性的循環行為）。事實上對我來說，房價變化和失業率之間的週期性關係很難在圖 13-9 中看到，但圖 13-10 中的逆時針螺旋呈現出來了。研究報告指出，比起線圖，讀者比較容易混淆連接散佈圖中的順序和方向，而且較無法找到相關性 [Haroz, Kosara, and Franconeri 2016]。反過來說，連接散佈圖似乎能引起更高的參與度，因此這種圖可能是吸引讀者進入故事的有效工具。

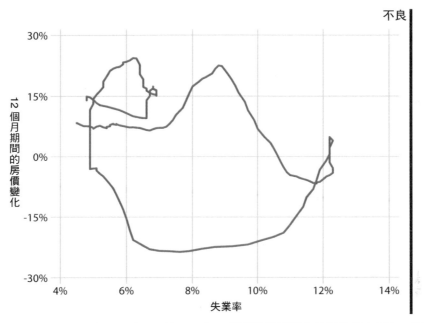

圖 13-11　從 2001 年 1 月到 2017 年 12 月，12 個月期間的房價變化對照失業率變化。這張圖表被標記為「不良」，因為如果沒有圖 13-10 的日期標記和顏色陰影，我們既看不出資料變化的方向，也看不出變化的速度。資料來源：美國勞工統計局 Freddie Mac 房價指數。

雖然連接散佈圖一次只能呈現兩個變數，我們也可以使用它們來視覺化更高維度的資料集。訣竅是先進行降維（見第 12 章），接著便可以在已降維的空間中繪製連接散佈圖。我們要將聖路易斯聯邦儲備銀行提供的 100 多個總體經濟指標的月觀察資料庫視覺化，作為此一方法的範例。我們要對所有指標進行主成分分析（PCA），然後繪製 PC 2 與 PC 1（圖 13-12a）和 PC 3（圖 13-12b）的連接散佈圖。

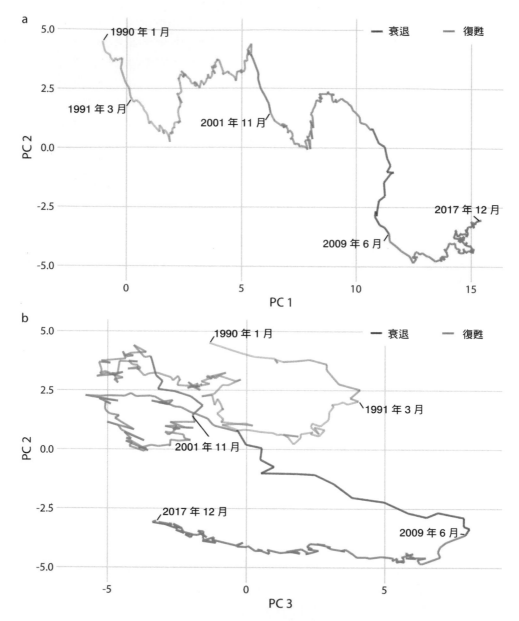

圖 13-12　將一組高維度時間序列呈現為主成分空間中的連接散佈圖。該路徑呈現了 1990 年 1 月至 2017 年 12 月間，100 多個總體經濟指標的聯合運動。經濟衰退和復甦的時間以顏色表示，三次經濟衰退的終點（1991 年 3 月、2001 年 11 月和 2009 年 6 月）也標註出來了。(a)PC 2 對比 PC 1。(b) PC 2 對比 PC 3。資料來源：M. W. McCracken, St. Louis Fed。

值得注意的是，圖 13-12a 看起來幾乎像一個普通的線圖，時間從左到右。這種模式是由 PCA 的一個共同特徵引起的：第一主成分通常測量了系統的整體大小。在這裡，PC 1 大致地測量了很少隨著時間減少的經濟總體規模。

將連接散佈圖依照衰退和復甦的時間上色之後，我們可以看到衰退與 PC 2 的下降有關，而復甦與 PC 1 或 PC 2 中的特定特徵並不對應（圖 13-12a）。然而，復甦率似乎與 PC 3 的下降相對應（圖 13-12b）。此外，在 PC 2 與 PC 3 圖中，我們看到線長條成了順時針螺旋的形狀。這種模式凸顯了經濟的週期性，也就是經濟復甦後出現衰退，反之亦然。

## 第十四章

趨勢的視覺化

在製作散佈圖（第 12 章）或時間序列（第 13 章）時，我們通常更關注資料的總體趨勢，而非每個單獨資料點所在的具體細節。在實際資料點之上繪製趨勢（通常以直線或曲線的形式），或以此取代實際資料點，我們可以創造出幫助讀者立即看出資料之關鍵特徵的視覺化。判斷趨勢有兩種基本方法：我們可以透過某種方法將資料平滑化，例如移動平均線，或者我們可以擬合具有定義函數形式的曲線，然後繪製此擬合曲線。一旦確定了資料集中的趨勢，特別注意一下偏離趨勢的事件、或將資料分成多個主成分（包括基礎趨勢、任何現有的循環成分，偶發成分或隨機雜訊）都可能有所幫助。

平滑化

讓我們來看看道瓊工業平均指數（簡稱道瓊指數）的時間序列，這是一個代表 30 家大型上市公司之價格的股市指數。具體來說，我們將檢視 2009 年，就是 2008 年崩盤後的那一年（圖 14-1）。在崩盤末期，2009 年的頭 3 個月中，市場下跌超過 2,400 點（約 27%），接著在該年的後續時間緩慢復甦。我們如何能夠將這些長期趨勢視覺化，同時不強調不太重要的短期波動？

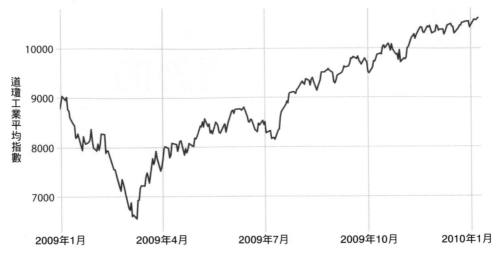

圖 14-1　2009 年道瓊斯工業平均指數的每日收盤價。資料來源：Yahoo 財經。

以統計學術語來說，我們正在尋找一種將股市時間序列**平滑化**（*smooth*）的方法。平滑化的動作會產生函數來抓住資料中的關鍵模式，同時去除不相關的細微細節或雜訊。金融分析師通常透過計算**移動平均線**（*moving average*）來平滑化股市的資料。要產生移動平均線，我們需要一個時間區間（比如時間序列中的前 20 天），計算這 20 天的平均價格，然後將時間區間移動一天，讓它現在跨越第 2 天到第 21 天。接著我們計算這 20 天的平均值，然後再次移動時間區間，依此類推。得到的結果便是由一系列平均價格組成的新時間序列。

為了繪製這個移動平均線序列，我們需要決定哪一個特定時間點要與每個時間區間的平均值相關聯。財務分析師通常在每個時間區間的尾端繪製各個平均值。這種選擇導致曲線滯後於原始資料（圖 14-2a），以及對應到更大的平均時間區間的更嚴重滯後。相反地，統計學家會在時間區間的中心繪製平均值，從而得到一條完全涵蓋原始資料的曲線（圖 14-2b）。

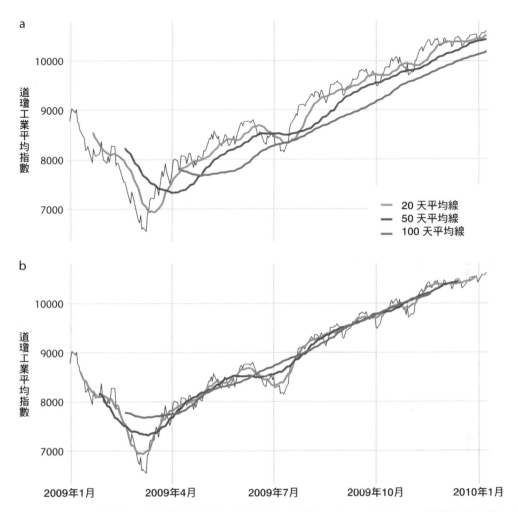

圖 14-2　2009 年道瓊斯工業平均指數的每日收盤價，以及 20 天、50 天和 100 天移動平均線。(a) 移動平均線繪製在移動時間區間的末端。(b) 移動平均線繪製在移動時間區間的中央。資料來源：Yahoo 財經。

無論我們繪製了具有或不具有滯後的平滑時間序列，可以看到我們用來進行平均的時間區間，設立了在平滑化後的曲線中依然可見的波動規模。20 日移動平均線消除了小的短期峰值，但其他方面則與日常資料相近。另一方面來說，100 天移動平均線甚至可以消除在數週時間內出現的相當大幅度的下跌或高峰。例如，2009 年第一季度大幅下跌至 7,000 點以下，在 100 日移動平均線中是見不到的，取而代之的是一條平緩的曲線，不低於 8,000 點太多（圖 14-2）。同樣的，2009 年 7 月左右的下跌，在 100 日移動平均線中也完全看不到。

移動平均線是最簡單的平滑方法，但它有一些明顯的局限性。首先，它會產生一條比原始曲線短的平滑曲線（圖 14-2）。開頭或結尾或兩者會有部分的遺失。而且時間序列被平滑得越多（意即，平均區間越大），平滑曲線就越短。其次，即使平均區間較大，移動平均線也不一定平滑。即使已經達到了更大規模的平滑化，它也可能顯示小的凸起和擺動（圖 14-2）。這些擺動是由進出平均線區間的各個資料點引起的。由於區間中的所有資料點會均勻加權，因此區間邊界處的各個資料點可能會對平均值產生明顯影響。

統計學家已開發了許多平滑化的方法，以減少移動平均線的缺點。這些方法複雜許多，且計算成本高，但它們在現代統計的計算環境中很容易獲得。一種廣泛使用的方法是**局部估計散佈圖平滑化**（*locally estimated scatterplot smoothing*，*LOESS*）[Cleveland 1979]，它將低階多項式擬合到資料的子集。重要的是，每個子集中心的點之權重，比邊界處的點更重，這種加權方式產生的結果比加權平均值更平滑。圖 14-3 中呈現的 LOESS 曲線類似於圖 14-2 中的 100 天平均值，但不應過度解釋這種相似性。LOESS 曲線的平滑度可以透過參數來調整，而且不同的參數選擇會使 LOESS 曲線看起來更接近 20 天或 50 天平均線。

重要的是，LOESS 不僅限於時間序列。從**局部估計散佈圖平滑化**這個名稱就可以看出，它可以應用於任意散佈圖。舉例來說，我們可以使用 LOESS 來尋找汽車油箱容量與其價格之關係的趨勢（圖 14-4）。LOESS 線條顯示，對於平價汽車（低於 20,000 美元）來說，油箱容量與價格大致成線性成長，但對於較昂貴的汽車而言則趨於平穩。價格超過大約 20,000 美元後，更貴的汽車的油箱並不會更大。

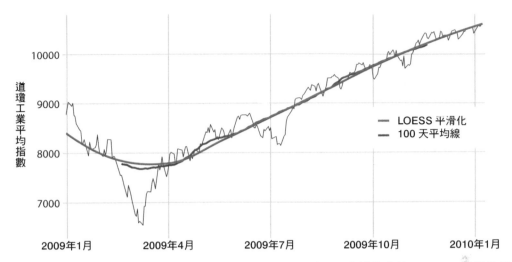

圖 14-3　圖 14-2 之道瓊指數資料的 LOESS 擬合與 100 天移動平均線的比較。LOESS 平滑化呈現的整體趨勢幾乎與 100 天移動平均線相同，但 LOESS 曲線更平滑，而且延伸到整個資料範圍。資料來源：Yahoo 財經。

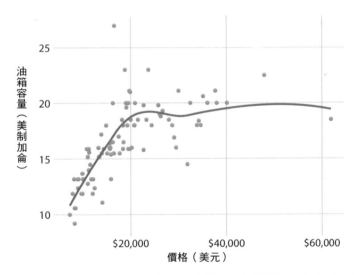

圖 14-4　1993 年上市的 93 輛車之油箱容量與價格比較。每個點對應一輛汽車。實線代表資料的 LOESS 平滑化。我們看到油箱容量與價格近似線性增加，一直到大約 20,000 美元，然後趨於穩定。資料來源：聖勞倫斯大學的 Robin H. Lock。

LOESS 是一種非常流行的平滑法，因為它通常會產生看起來正確的結果。但是，它需要擬合許多個別的回歸模型。這在大型資料集上速度會變慢，即使在現代計算設備上也是如此。

我們可以使用樣條模型來作為 LOESS 的更快速替代方案。樣條（spline）是一種分段多項式函數，它具有高度的靈活性，但永遠看起來很平滑。使用樣條時，我們會遇到**節點**（snot）這個術語。樣條曲線中的節點是各樣條線段的端點。如果我們擬合具有 k 個段的樣條曲線，我們需要指定 k+1 個節點。雖然樣條擬合在計算上是有效的，尤其在節點數量不是太大的情況下，但是樣條也有其缺點。最重要的缺點是，樣條曲線有一系列令人眼花繚亂的不同類型，包括三次（cubic）樣條曲線、B 樣條曲線、薄板（thin-plate）樣條曲線、高斯過程（Gaussian process）樣條曲線，以及其他許多類型的樣條曲線。要選擇哪一種，答案並不明顯。樣條類型和使用的節數的具體選擇，會導致相同資料的平滑化函數大不相同（圖 14-5）。

大多數資料視覺化軟體都會提供平滑化功能，可能是一種局部回歸（如 LOESS）或一種樣條曲線。平滑方法可被稱為**廣義加性模型**（generalized additive model，GAM），是所有這些類型的平滑方法的母集（superset）。重要的是要注意，平滑功能的輸出取決於適合的特定 GAM 模型。除非你嘗試了許多不同的選擇，否則你可能永遠不會意識到，你所看到的結果有多少是取決於統計軟體所做的特定預設選擇。

 在解讀平滑函數的結果時要小心。相同的資料集可以透過許多不同方式平滑化。

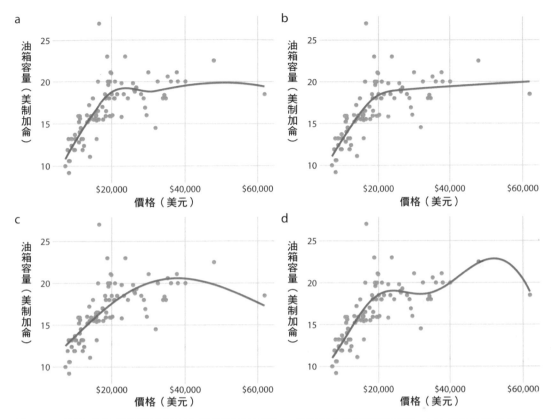

圖 14-5　不同的平滑化模型呈現出截然不同的行為，尤其是在資料邊界附近。(a)LOESS 平滑器，如圖 14-4 所示。(b) 具有 5 個節點的立方回歸樣條。(c) 具有 3 個節點的薄板回歸樣條。(d) 具有 6 個節點高斯過程樣條。資料來源：聖勞倫斯大學的 Robin H. Lock。

使用定義的函數形式呈現趨勢

如圖 14-5 所示，對於任何資料集來說，通用平滑器的行為可能有些不可預測。這些平滑器也不提供有意義之解讀的參數估計。因此，在可能的情況下，最好使用適合該資料的特定函數形式來擬合曲線，並使用具有明確含義的參數。

對於油箱資料，我們需要一條一開始線性上升但隨後以恆定值平穩的曲線。函數 $y = A - B \exp(-mx)$ 可能會適合。在這裡，A、B 和 m 是我們調整的常數，使曲線擬合資料。對於小 x，該函數近似為線性，$y \approx A - B + Bmx$；對於較大的 x，它趨於恆定值 $y \approx A$，而且對所有 x 值嚴格增加。圖 14-6 顯示，這種公式至少與我們先前考慮的任何平滑器（圖 14-5）一樣適合此資料。

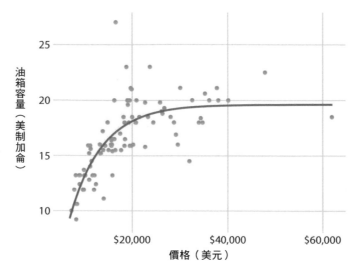

圖 14-6　油箱資料以明確的分析模型呈現。實線對應到公式 $y = A - B \exp(-mx)$ 對資料的最小平方法擬合。擬合參數為 A = 19.6，B = 29.2，m = 0.00015。資料來源：聖勞倫斯大學的 Robin H. Lock。

在許多不同情況下都適用的函數形式是簡單的直線，$y = A + mx$。在現實世界的資料集中，兩個變數之間的近似線性關係非常常見。例如在第 12 章中，我討論了冠藍鴉的頭長和體重之間的關係。這種關係對於雌鳥和雄鳥都是近似線性的，而且在散佈圖的點上繪製線性趨勢線，有助於讀者感知趨勢（圖 14-7）。

當資料呈現非線性關係時，我們需要猜測適當的函數形式會是什麼。在這種情況下，我們可以透過一種會出現線性關係的方式來轉換軸，以評估我們猜測的準確性。為了示範此原則，讓我們回到第 12 章討論的預印本伺服器 bioRxiv 的每月投稿量。如果每個月投稿量的增加，與上個月的投稿量成比例——意即投稿量是以固定的百分比成長——那麼得到的曲線就是指數性的。bioRxiv 資料似乎滿足了這個假設，因為具有指數形式的曲線 $y = A \exp(mx)$，很符合 bioRxiv 的投稿量資料（圖 14-8）。

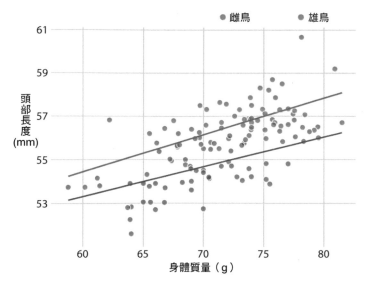

圖 14-7　123 隻冠藍鴉的頭長與體重。鳥的性別以顏色表示。這張圖表和圖 12-2 相同，但現在我們在各個資料點之上繪製了線性趨勢線。資料來源：歐柏林學院的 Keith Tarvin。

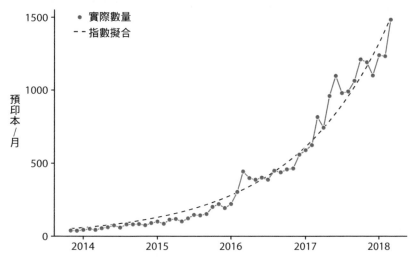

圖 14-8　預印本伺服器 bioRxiv 每月投稿量。實線藍色代表實際的每月預印本數量，黑色虛線代表資料的指數擬合，y = 60 exp[0.77(x − 2014)]。資料來源：Jordan Anaya，*http://www.prepubmed.org/*。

如果原始曲線是指數，$y = A \exp(mx)$，那麼 y 值的對數轉換會把它變成線性關係，$\log(y)$ $= \log(A) + mx$。因此，使用對數轉換的 y 值（或等效地，使用對數 y 軸）來繪製資料並尋找線性關係，是確定資料集是否呈現指數成長的好方法。以 bioRxiv 投稿量數字來說，我們確實在使用對數 y 軸時獲得了線性關係（圖 14-9）。

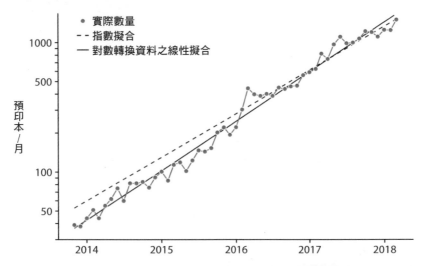

圖 14-9　預印本伺服器 bioRxiv 每月投稿量，以對數尺度呈現。實線藍線表示實際的每月預印本數量，黑色虛線表示圖 14-8 中的指數擬合，實線黑線表示對數轉換資料的線性擬合，對應到 y = 43 exp[0.88(x − 2014)]。資料來源：Jordan Anaya，*http://www.prepubmed.org/*。

在圖 14-9 中，除了實際投稿數量之外，我還呈現了圖 14-8 中的指數擬合，以及對數轉換資料的線性擬合。這兩種擬合相似但不相同。尤其是虛線的斜率似乎略微偏離。在時間序列的中間點，該線系統性地高過各個資料點。這是指數擬合的常見問題：從資料點到擬合曲線的平方偏差，在最大資料值上會比最小資料值大上許多，以致最小資料值的偏差，對於被擬合最小化的平方總體總和來說，影響很小。如此一來，擬合的線會系統性地超過或低於最小資料值。出於這個原因，我通常建議避免指數擬合，而是在對數轉換資料上使用線性擬合。

　將直線擬合到轉換資料，通常比將非線性曲線擬合到未轉換資料好。

像圖 14-9 這樣的圖，通常被稱為**對數 - 線性**（*log-linear*），因為 *y* 軸是對數的，而 *x* 軸是線性的。其他我們可能遇到的圖包括**對數 - 對數**（*log-log*），其中 *y* 軸和 *x* 軸都是對數的；以及**線性 - 對數**（*linear-log*），其中 *y* 是線性的，*x* 是對數的。在對數 - 對數圖中，$y \sim x^{a}$ 形式的冪次定律呈現為直線（範例請見圖 8-7），線性對數圖中，$y \sim \log(x)$ 形式的對數關係呈現為直線。其他函數形式可以透過專精的坐標轉換來轉成線性關係，但這三種（對數 - 線性、對數 - 對數、線性 - 對數）涵蓋了廣泛的實際應用。

去趨勢和時間序列分解

對於任何具有顯著長期趨勢的時間序列，移除此趨勢以便特別凸顯出任何顯著的偏差，可能是有幫助的。這種技巧被稱為**去趨勢**（*detrending*），在這裡我要用房價來示範。在美國，抵押貸款機構 Freddie Mac 會發布名為 *Freddie Mac* **房價指數**（*Freddie Mac House Price Index*）的月指數，追蹤房價隨時間的變化。此指數會試圖捕捉特定區域中整個房屋市場的狀態，使（舉例來說）10% 的指數增加，可以被解讀為在相應市場中 10% 的平均房價提高。該指數在 2000 年 12 月被任意設成 100。

在很長一段時間內，房價通常會呈現出穩定的年成長率，大致與通貨膨脹一致。然而，覆蓋在此趨勢之上的，是導致劇烈繁榮和蕭條週期的房地產泡沫化。圖 14-10 呈現了美國四個州的實際房價指數及其長期趨勢。我們看到，在 1980 年到 2017 年之間，加州經歷了兩次泡沫化，一次是在 1990 年，一次是在 2000 年代中期。在同一時期，內華達州在 2000 年代中期只經歷過一次泡沫化，德州和西維吉尼亞州的房價一直緊跟其長期趨勢。因為房價傾向於以增量百分比成長，也就是指數性的，所以我在圖 14-10 中選擇了對數 *y* 軸。直線對應了加州 4.7% 的每年價格上漲，以及內華達州，德州和西維吉尼亞州的 2.8% 每年價格上漲。

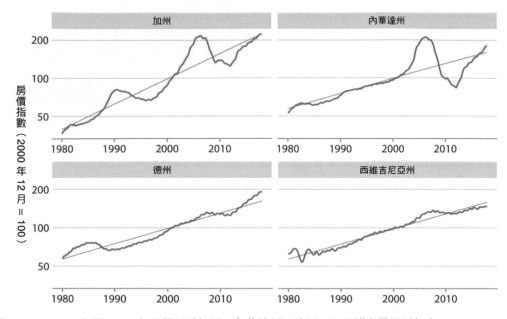

圖 14-10　1980 年至 2017 年四個州（加州、內華達州、德州，和西維吉尼亞州）之 Freddie Mac 房價格指數。房價指數是一個追蹤所選地理區域內之相對房價隨時間變化的無單位數字。該指數經過任意縮放，使指數在 2000 年 12 月等於 100。藍線代表指數的月波動，而直灰線則表示各州的長期價格趨勢。注意，y 軸是對數的，因此直灰線代表穩定的指數成長。資料來源：Freddie Mac 房價指數。

透過將每個時間點的實際價格指數除以長期趨勢中的相應值，我們將房價**去趨勢**。在視覺上，這個除法看起來像是從圖 14-10 中的藍線減去灰線，因為未轉換值的除法相當於對數轉換值的減法。據此產生的去趨勢房價，更清楚地呈現出房屋泡沫化（圖 14-11），因為趨勢強調出時間序列中的意外變動。舉例來說，在原來的時間序列中，加州在 1990 年到 1998 年的房價下跌看起來並不大（圖 14-10）。但是在同一時期，依據長期趨勢我們會預計價格上漲。相對於預期的上漲，價格下跌幅度很大，在最低點達到 25%（圖 14-11）。

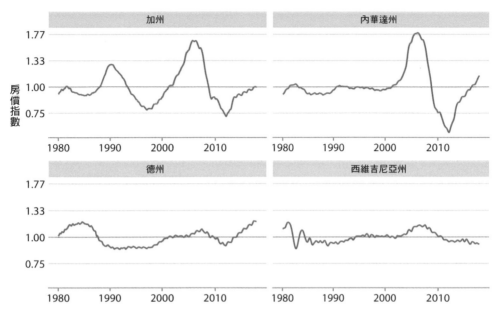

圖 14-11　圖 14-10 之 Freddie Mac 房價指數的去趨勢版本。去趨勢指數的計算方法是將實際指數（圖 14-10 中的藍線）除以基於長期趨勢的預期值（圖 14-10 中的直灰線）。這種視覺化顯示，加州經歷了兩次房地產泡沫，大約在 1990 年和 2000 年代中期，這可以透過相對於長期趨勢的預期下，實際房價的快速上漲和隨後的下降來確定。同樣，內華達州在 2000 年代中期經歷了一次房地產泡沫，德州和西維吉尼亞州都沒有經歷過太多的泡沫化。資料來源：Freddie Mac 房價指數。

除了簡單的去趨勢之外，我們還可以將時間序列分成多個不同的成分，使它們的總和恢復為原始時間序列。一般而言，除了長期趨勢外，還有三個不同的成分可能影響時間序列。首先，隨機雜訊會導致上下的微小不穩定運動。在本章所示的所有時間序列中，都可以看到這種雜訊，但可能在圖 14-9 中最為明顯。其次，可能會有獨特的外部事件在時間序列中留下痕跡，例如圖 14-10 中所示的明顯房地產泡沫。第三，週期性變化也可能存在。例如，室外溫度呈現每日週期性變化。過午的時候溫度最高，清晨溫度最低。室外溫度也呈現出每年的週期性變化，傾向於在春季上升，在夏季達到最大值，接著在秋季下降，並在冬季達到最小值（圖 3-2）。

為了示範明確時間序列成分的概念，我要在這裡分解基林曲線，它顯示了二氧化碳濃度隨時間的變化（圖 14-12）。自 1958 年以來，夏威夷的莫納羅亞天文台就持續在監測二氧化碳濃度，這最初是在查爾斯・基林（Charles Keeling）的指導下進行的。

二氧化碳的測量單位為百萬分之一（ppm）。我們看到二氧化碳濃度的長期增加略高於線性，從 1960 年代的 325 ppm 以下，到 21 世紀第二個十年的 400 以上（圖 14-12）。二氧化碳濃度也每年波動，在整體成長之上覆蓋了穩定的上下波動模式。年度波動是由北半球的植物生長推動的。植物在光合作用期間消耗二氧化碳。由於全球大部分陸地都位於北半球，而春季和夏季植物生長最活躍，因此我們看到每年全球大氣二氧化碳的下降與北半球夏季相吻合。

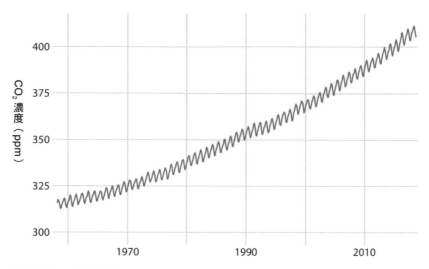

圖 14-12　基林曲線。基林曲線呈現了大氣中二氧化碳濃度隨時間的變化。此處顯示的是每月平均二氧化碳讀數，以 ppm 表示。二氧化碳讀數隨著季節而每年波動，但呈現出穩定的長期成長趨勢。資料來源：NOAA/ESRL 的 Pieter Tans 博士和 Scripps 海洋學研究所的 Ralph Keeling 博士。

我們可以將基林曲線分解為長期趨勢、季節性波動和餘數（圖 14-13）。我在這裡使用的具體方法稱為 *LOESS*（*STL*）時間序列的季節性分解（*seasonal decomposition of time series by LOESS*）[Cleveland et al. 1990]。但是還有許多其他方法可以實現類似的目標。

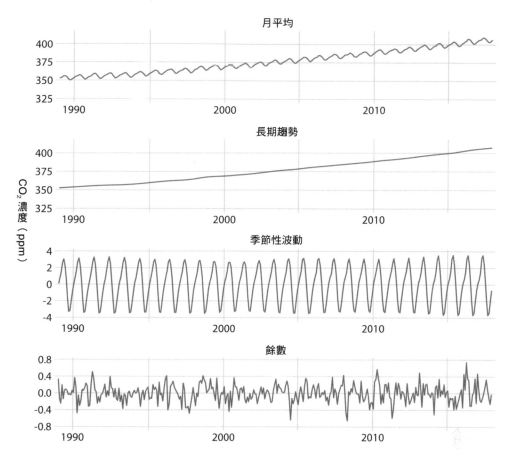

圖 14-13　基林曲線的時間序列分解，顯示月平均值（如圖 14-12）、長期趨勢、季節性波動和餘數。餘數是實際讀數與長期趨勢和季節波動之和的差異，代表了隨機雜訊。我放大了最近 30 年的資料，以強調年度波動的形狀。資料來源：NOAA/ESRL 的 Pieter Tans 博士和 Scripps 海洋學研究所的 Ralph Keeling 博士。

分解圖顯示，在過去三十年中，二氧化碳濃度增加超過 50 ppm。相較之下，季節性波動小於 8 ppm（相對於長期趨勢，它們永遠不會導致增加或減少超過 4 ppm），餘數則小於 1.6 ppm（圖 14-13）。餘數是實際讀數與長期趨勢和季節性波動之和的差異，在這裡它對應到每月二氧化碳讀數中的隨機雜訊。然而在一般情況下，餘數也可以捕獲獨特的外部事件。例如，如果大規模的火山噴發釋放出大量的二氧化碳，那麼此一事件可能會以餘數的突然飆升來表現。圖 14-13 顯示，近幾十年來沒有這種獨特的外部事件對基林曲線產生重大影響。

## 第十五章

地理空間資料之視覺化

許多資料集包含了連結到物理世界中之位置的資訊。例如在生態學研究中，資料集可能會列出特定植物或動物被發現的位置。同樣的，在社會經濟或政治背景下，資料集可能包含有關具有特定屬性（如收入、年齡或教育程度）的人之居住地，或者人造物體（如橋樑、道路、建築物）座落地點的資訊。在所有這些情況下，在適當的地理空間環境中將資料視覺化可能會有幫助，也就是在真實地圖或者類似地圖的圖表上呈現資料。

地圖對讀者來說通常很直覺，但設計起來可能很有挑戰性。我們需要考慮諸如地圖投影之類的概念，以及對具體的應用上，角度或區域何者的準確呈現更為關鍵。一種常見的製圖法，**分層設色地圖**（*choropleth map*），可將資料值呈現為不同顏色的空間區域。分層設色圖有時非常實用，但有時候相當誤導。要找替代方案的話，我們可以構建一種稱為**變形地圖**（*cartogram*）的類地圖圖表，它可以有目的地扭曲地圖區域，或以風格化的形式呈現，例如同等大小的方塊。

投影

地球大致上是一個球體（圖 15-1），更準確地說，是一個沿旋轉軸略微扁平的扁球體。旋轉軸與球體相交的兩個位置稱為極（北極和南極）。透過畫一條繞球體一周、與兩極等距的線條，我們可以將球體分成兩個半球，北半球和南半球。這條線稱為赤道。為了唯一定義地球上的位置，我們需要三筆資訊：我們位於沿著赤道方向的什麼位置（經度）；依垂直於赤道的方向移動時，我們與任一極的距離（緯度）：以及我們離地球中心有多遠（海拔高度）。經度、緯度和海拔高度之指定，是相對於稱為**基準**（*datum*）的參考系統。基準指定了地球的形狀、尺寸以及零經度、零緯度和零海拔位置等屬性。一個被廣泛使用的基準是世界大地測量系統（World Geodetic System，WGS）84，它被全球定位系統（GPS）使用。

圖 15-1　世界的正投影，呈現歐洲和北非從太空中看到的樣子。從北極連接到南極的線條稱為經線，與經線正交的線稱為緯線。所有經線都具有相同的長度，但緯線越接近兩極就越短。

雖然海拔高度是許多地理空間應用中重要的量，但在以地圖形式呈現地理空間資料時，我們主要關注的是其他兩個維度，即經度和緯度。經度和緯度都是角度，以度表示。經度測量了一個位置是在往東或往西多遠處。等長的經度線條稱為**經線**（*meridian*），所有經線終止於兩極（圖 15-1）。經度為 0° 的本初子午線貫穿英國的格林威治村。與本初子午線相對的子午線位於 180° 經度（也稱為 180°E），相當於 -180° 經度（也稱為 180°W），接近國際換日線。緯度測量了一個位置是在往南或往北多遠處。赤道對應到 0° 緯度，北極對應到 90° 緯度（也稱為 90°N），南極對應到 -90° 緯度（也稱為 90°S）。相同緯度的線被稱為**緯線**（*parallel*），因為它們平行於赤道。所有經線都有相同的長度，相當於全球大圓的一半，而緯線的長度取決於它們的緯度（圖 15-1）。最長的緯線是赤道，緯度為 0°，最短的緯線位於北極和南極，90°N 和 90°S，長度為零。

製作地圖的挑戰是我們需要將地球的球形表面攤平，以便在地圖上呈現它。這個過程稱為投影，且必然會產生扭曲，因為一個曲面無法精確地投射到平面上。具體地說，投影可以保留角度或區域，但不能同時保留兩者。前者的投影稱為**共形**（*conformal*），後者的投影稱為**等積**（*equal-area*）。其他投影可能既不保留角度也不保留區域，而是保留其他關注的量，例如到某個參考點或線的距離。最後，有些投影方法嘗試在保留角度和區域之間達成妥協。這些折衷投影經常用於以視覺呈現上美觀的方式呈現整個世界，並可接受一定程度的角度和面積失真（圖 3-11）。為了將製作特定地圖而投射部分或全部地球之不同方式進行系統化及追蹤，各種標準團體和組織，如歐洲石油調查集團（EPSG）和環境系統研究所（ESRI），保存了投影註冊表。例如，EPSG:4326 代表了 GPS 使用的 WGS 84 坐標系中未經投射的經度和緯度值。有幾個網站提供存取這些已註冊的投射，包括 *http://spatialreference.org/* 和 *https://epsg.io/*。

麥卡托（Mercator）投影是最早使用的地圖投影之一，研發於 16 世紀，用於航海導航。它是一種共形投影，能夠準確地表示形狀，但會在兩極附近產生嚴重的區域扭曲（圖 15-2）。麥卡托投影是將地球儀對應到圓柱體上，然後展開圓柱體來獲得矩形地圖。此投影中的經線是均勻間隔的垂直線，緯線是水平線，離赤道越遠，其間距越大。緯線之間的間距成比例增加的程度很大，以致它們必須拉近兩極才能保持經線完全垂直。

由於它產生了嚴重的區域扭曲，麥卡托投影已經失去了世界地圖的青睞。不過，這種投影的變體仍在繼續存在。例如，橫向麥卡托投影通常用於大尺寸地圖，在放大的情況下呈現小區域（經度跨度僅有幾度）。另一個變體「網路麥卡托投影」，是由 Google 為 GoogleMap 推出，並受到一些線上地圖程式採用。

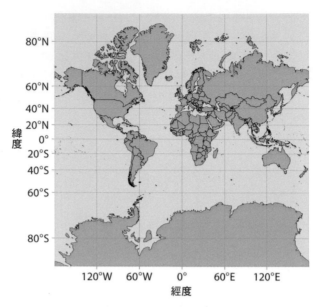

圖 15-2　麥卡托投影之世界地圖。在該投影中，緯線是直的水平線，經線是直的垂直線。它保持了局部角度的共形投影，但在兩極附近的區域造成了嚴重的失真。例如在這個投影中，格陵蘭島似乎比非洲大，而實際上非洲比格陵蘭島大 14 倍（見圖 15-1 和 15-3）。

古特分瓣投影（Goode homolosine）是一種完全保留面積的全世界投影（圖 15-3）。它通常以斷續的形式呈現，在北半球有一個切口，在南半球有三個切口，這是經過精心挑選的，以確保不會切斷主要的陸塊（圖 15-3）。這些切割使得投影能夠保留面積並大致地保留角度，它的代價是不連續的海洋、穿過格陵蘭島中部的切口，以及南極洲的幾個切口。雖然不連續的古特分瓣投影有不同尋常的視覺呈現和奇怪的名稱，但對於需要精確重現全球性區域的地圖程式來說，它是一個不錯的選擇。

當我們嘗試繪製整個世界的地圖時，地圖投影造成的形狀或區域扭曲就會特別明顯，但即使僅在各大陸或國家的規模上，它也會造成麻煩。舉例來說，看一下包括**本土 48 州**（*lower 48*，48 個連續州）、阿拉斯加州和夏威夷州的美國（圖 15-4）。雖然本土 48 州可以很容易地投射到地圖上，但是阿拉斯加州和夏威夷州離本土 48 州很遠，以致將所有 50 個州投射到一張地圖上會變得奇怪。

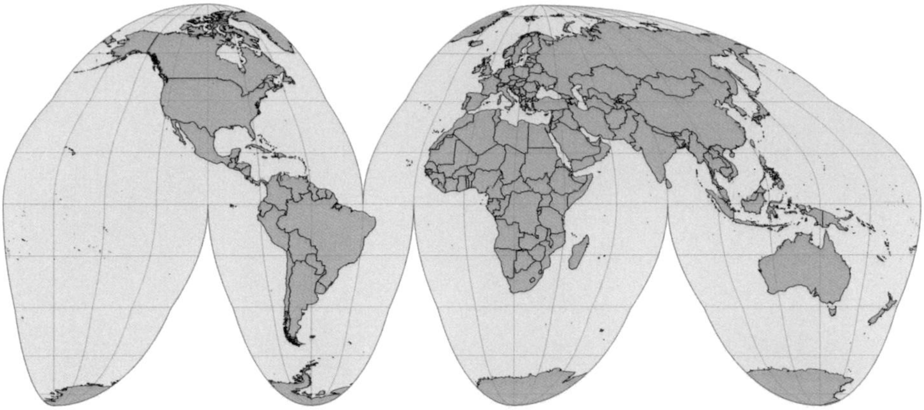

圖 15-3　不連續的古特分瓣投影之世界地圖。該投影精確地保留了面積，並將角度扭曲最小化，代價是以不連續的方式呈現海洋和部分陸地（格陵蘭、南極洲）。

圖 15-4　阿拉斯加、夏威夷和本土 48 州在地球上呈現的相對位置。

圖 15-5 呈現了使用等積亞爾勃斯（Albers）投影製作的全 50 州地圖。此投影提供了 50
個州的相對形狀、面積和位置的合理呈現，但我們注意到一些問題。首先，與圖 15-2 或
圖 15-4 相比，阿拉斯加看起來很奇怪。其次，地圖大部分被海洋／空地佔據。最好能夠
進一步放大，以使本土 48 州佔據較大比例的地圖區域。

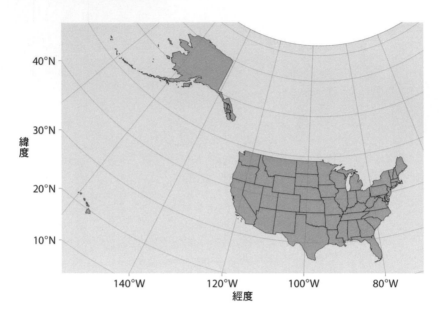

圖 15-5　美國地圖，使用保持面積的亞爾勃斯投影（ESRI：102003，通常用於投影本土 48 州）。阿
拉斯加州和夏威夷州顯示在真實位置上。

為了解決不需要的空白空間問題，通常的做法是分別投射阿拉斯加州和夏威夷州（以盡
量減少形狀扭曲），然後移動它們，將它們呈現在本圖 48 州下方（圖 15-6）。你可能會
注意到，圖 15-6 中阿拉斯加州相對於本土 48 州，看起來比圖 15-5 中的小得多。造成
這種差異的原因是，阿拉斯加不僅被移動，而且規模也被縮小到與典型的中西部或西
部各州相當。這種縮小雖然是常見的做法，但卻具有誤導性，因此我將這張圖表標記為
「不良」。

我們可以不要移動並縮小阿拉斯加，只要移動它但不改變其尺寸（圖 15-7）。這種視覺
化展露了阿拉斯加州是最大的州且面積超過德州兩倍的事實。我們不習慣看到以這種方
式呈現的美國，但在我看來，它比圖 15-6 更合理地展示了 50 州。

不良

圖 15-6　美國的視覺化，阿拉斯加州和夏威夷州被移到本土 48 州的下方。阿拉斯加被縮小，線性範圍僅為該州實際規模的 35%。（換句話說，該州的面積已減少到其真實尺寸的大約 12%。）這種縮小方式經常用在阿拉斯加上，使它在視覺上看起來與典型的中西部或西部州相似。然而，這樣的縮放是誤導性的，因此此圖表被標記為「不良」。

圖 15-7　美國的視覺化，阿拉斯加州和夏威夷州位於本土 48 州的下方。

圖層

為了在適當的上下文中呈現地理空間資料，我們通常會製作由多個圖層組成的地圖，以呈現不同類型的資訊。為了示範這個概念，我要將舊金山灣區風力渦輪機的地點視覺化。在灣區，風力渦輪機聚集在兩個地點。其中一個地點，我稱之為 Shiloh 風電場，位於 Rio Vista 附近。另一個地點位於 Hayward 以東的 Tracy 附近（圖 15-8）。

圖 15-8 由四個獨立的圖層組成。在底部是地形圖層，呈現山丘、山谷和水文。接下來一層呈現道路網。在道路層的上面，我放置了一個圖層來標示各風力渦輪機的位置。該層還包含凸顯了大部分風力渦輪機的兩個矩形。最後，頂層加上了城市的位置和名稱。圖 15-9 中個別呈現了這四層。在製作特定地圖時，我們可能要添加或刪除其中一些圖層。舉例來說，假如我們想要繪製投票區的地圖，可能會認為地形資訊無關緊要，而且分散注意力。或者如果我們想要繪製無遮蔽或被遮蔽之屋頂區域的地圖，以評估太陽能發電的潛力，我們可能會希望使用能夠顯示屋頂和實際植被狀況的衛星圖像來取代地形資訊。你可以在大多數的線上地圖程式（例如 Google 地圖）中，以互動的方式試試這些不同類型的圖層。我想強調的是，無論你決定保留或刪除哪些圖層，通常建議增加一個比例尺和向北箭頭。比例尺有助於讀者了解地圖中呈現之空間特徵的尺寸，而向北箭頭則可以標明地圖的方向。

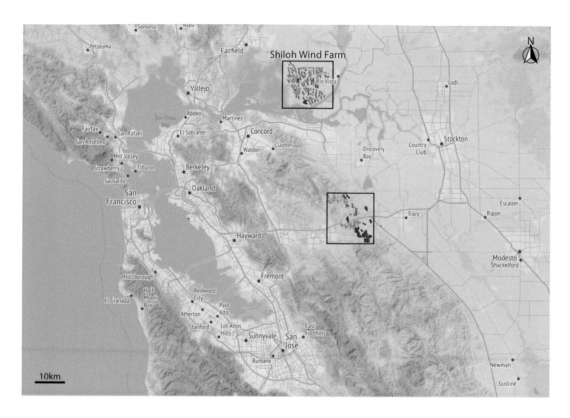

圖 15-8　舊金山灣區的風力渦輪機。單座風力渦輪機以紫色點呈現。具有高密度風力渦輪機的兩個區域用黑色矩形凸顯。我將 Rio Vista 附近的風力渦輪機統稱為 Shiloh 風電場。地圖磚來自 Stamen Design，CC BY 3.0 授權。地圖資料來自 OpenStreetMap，ODbL 授權。風力渦輪機資料來源：美國風力渦輪機資料庫。

地形

道路

風力渦輪機

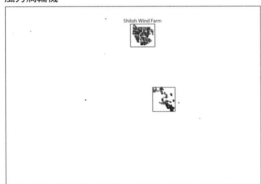

城市標籤，比例尺

圖 15-9　圖 15-8 的各圖層。由下到上，圖形的組成為地形圖層、道路圖層、呈現風力渦輪機的圖層，以及標出城市並添加比例尺和向北箭頭的圖層。地圖磚來自 StamenDesign，CC BY 3.0 授權。地圖資料來自 OpenStreetMap，ODbL 授權。風力渦輪機資料來源：美國風力渦輪機資料庫。

所有在第 2 章中討論過將資料對應到視覺呈現的概念，都延續到了地圖上。我們可以將資料點放到地理環境中，並透過顏色或形狀等視覺呈現來展示其他資料維度。例如圖 15-10 提供了圖 15-8 中標有「Shiloh 風電場」的矩形放大視圖。各座風力渦輪機以點呈現，顏色表示該渦輪機何時建造，而形狀代表風力渦輪機所屬的計畫。這樣的地圖可以快速概述一個區域的開發方式。例如在這裡我們看到，EDF 再生能源是一個相對較小的計畫，建於 2000 年之前；High Winds 是一個中等規模的計畫，建於 2000 年到 2004 年之間；而 Shiloh 和 Solano 是該地區最大的兩個計畫，都花了很長的時間建造。

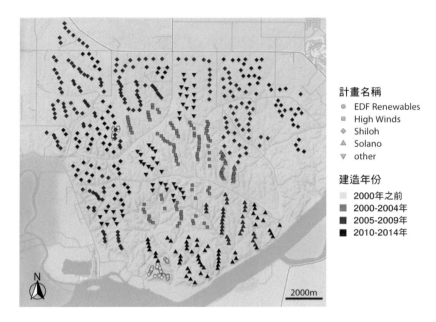

圖 15-10　Shiloh 風電場各座風力渦輪機的位置。每個點凸顯了一座風力渦輪機的位置。地圖區域對應到圖 15-8 中的頂層矩形。當風力渦輪機建成時,點會上色,而且點的形狀代表該風力渦輪機所屬的計畫。地圖磚來自 Stamen Design,CC BY 3.0 授權。地圖資料來自 OpenStreetMap,ODbL 授權。風力渦輪機資料來源:美國風力渦輪機資料庫。

分層設色地圖

我們經常會想要呈現一些量在不同地點的變化情況。這一點可以透過依據想要呈現的資料維度,對地圖中的各個區域進行上色來達成。這種地圖稱為**分層設色地圖**(*choropleth map*)。

舉一個簡單的例子,讓我們來看看美國各地的人口密度(每平方公里人數)。我們將美國各郡的人口數量,除以郡的面積,然後繪製一個地圖,每個郡的顏色對應到人口數量和面積之間的比例(圖 15-11)。我們可以看到,東岸和西岸的主要城市是美國人口最多的地區,大平原和西部各州人口密度低,而阿拉斯加是人口最少的地區。

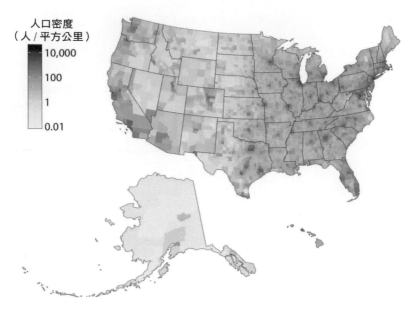

圖 15-11　美國各郡的人口密度，以分層設色圖表示。人口密度以每平方公里人數呈現。資料來源：2015 年五年美國社區調查。

圖 15-11 使用淺色表示低人口密度，深色表示高人口密度，因此高密度都會區在淺色背景上凸顯為深色。當圖形的背景顏色較淺時，我們傾向於將較暗的顏色與較高的強度相關聯。但是我們也可以選擇一個顏色尺度，讓高值在深色背景上亮起來（圖 15-12）。只要較淺的顏色介於紅黃色光譜間，看起來發光，就會讓人它們感覺代表更高的強度。一般來說，當圖表會被列印在白紙上時，淺色背景區域（如圖 15-11 所示）通常效果較好。在線上觀看或背景為深色時，深色背景區域（如圖 15-12 所示）可能較為適合。

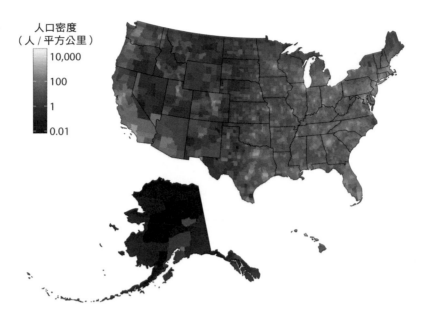

圖 15-12　美國各郡的人口密度，以分層設色圖表示。此地圖與圖 15-11 相同，不同之處在於現在顏色尺度在高人口密度使用淺色，低人口密度使用深色。資料來源：2015 年五年美國社區調查。

當顏色代表密度時（即，數量除以表面積，如圖 15-11 和 15-12 所示），分層設色圖的效果最佳。我們通常感知較大的區域對應到較大的區域，而非較小的區域（另見第 17章），依據密度上色可以校正這種效應。然而在實際應用上，我們經常看到一些不是依據密度來上色的分層設色圖。例如在圖 4-4 中，我呈現了德州的年收入中位數的分層設色圖。在準備這些分層設色圖時要謹慎。在兩種情況下，我們可以對不是密度的數量進行顏色對應。首先，如果我們上色的各區域之大小和形狀大致相同，那麼我們就不必擔心某些區域因其大小而引起不成比例的關注。其次，如果我們上色的各區域相對於地圖整體尺寸來說較小，而且如果該顏色所代表的數量的變化程度，相對個別上色區域來說較大，那麼同樣的，我們不必擔心某些區域僅僅因為尺寸而吸引到不成比例的注意力。圖 4-4 中大致滿足了這兩個條件。

在分層設色圖對應中，考慮連續顏色尺度對比離散顏色尺度的影響也很重要。雖然連續顏色尺度往往看起來具有視覺吸引力（例如，圖 15-11 和 15-12），但可能難以閱讀。人們不太擅長辨識特定的顏色值，並將它與連續尺度做比對。因此，將資料值分成使用不同顏色表示的離散組通常是恰當的。大約四到六組是不錯的選擇。分組會犧牲一些資訊，但另一方面來說，分組顏色可以被唯一識別。舉例來說，圖 15-13 將德州的收入中位數圖（圖 4-4）擴展到美國所有郡，並使用了由五個不同收入分組所組成的顏色尺度。

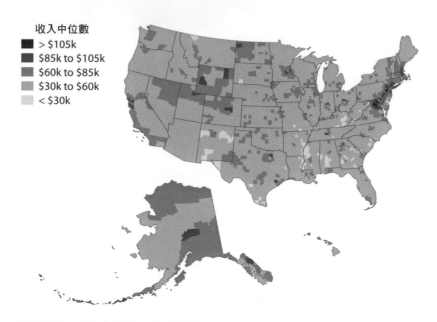

圖 15-13　美國各郡之收入中位數，以分層設色圖呈現。收入中位數值被分為五個不同的組，因為分組的顏色尺度通常比連續顏色尺度更容易閱讀。資料來源：2015 年五年美國社區調查。

雖然全美國的郡並不像德州各郡那樣有一致的大小和形狀，但我認為圖 15-13 這樣的分層設色圖仍然是有效的。沒有一個郡在地圖上過度搶眼。但是，當我們在州層級上繪製可供比較的地圖時，情況會有所不同（圖 15-14）。阿拉斯加州佔了分層設色圖的大部分，而且由於其大小的緣故，顯得收入中位數超過 70,000 美元是常見的。然而，阿拉斯加州人口稀少（見圖 15-11 和 15-12），因此阿拉斯加州的收入水平僅適用於美國人口的一小部分。絕大多數美國郡的人口收入中位數低於 60,000 美元，這些郡幾乎都比阿拉斯加州的人口眾多。

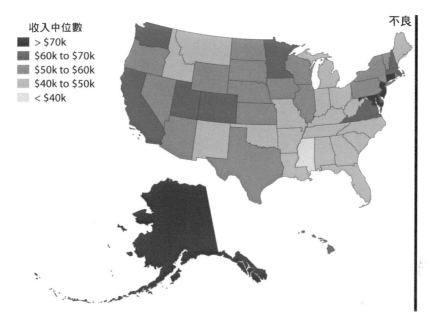

圖 15-14　美國各郡之收入中位數，以分層設色圖呈現。這張地圖在視覺上是阿拉斯加州佔大部分，其收入中位數很高但人口密度很低。與此同時，東岸人口密集的高收入州，在這張地圖上看起來並不十分突出。整體而言，這張地圖提供了糟糕的美國收入分佈視覺化，因此我將它標記為「不良」。資料來源：2015 年五年美國社區調查。

變形地圖

並非每個類地圖的視覺化都必須在地理上準確才有用。舉例來說，圖 15-14 的問題在於，某些州佔據了相對較大的面積，但人口稀少；而其他州佔據了一小塊區域，但卻擁有大量居民。如果我們對各州進行變形，以使其規模與居民人數成比例，會發生什麼事呢？這種修改後的地圖稱為**變形地圖**（*cartogram*），圖 15-15 呈現了收入中位數資料集以變形地圖呈現的樣子。我們仍然可以辨認出各州，但我們也看到人口數量的調整如何造成重要的修改。東岸各州、佛羅里達州和加州的規模變大很多，而其他西部州和阿拉斯加州則已經崩解。

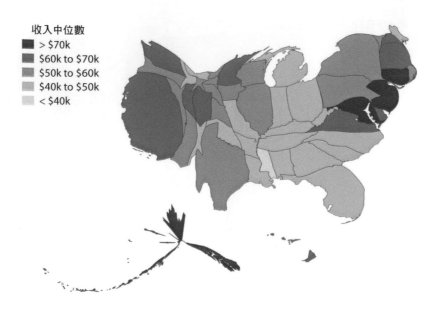

收入中位數
■ > $70k
■ $60k to $70k
■ $50k to $60k
■ $40k to $50k
□ < $40k

圖 15-15　美國各郡之收入中位數，以變形地圖呈現。各州的形狀已被修改，使得它們的面積與居民的數量成比例。資料來源：2015 年五年美國社區調查。

我們也可以繪製更簡單的變形地圖熱圖（cartogram heatmaps），其中每一州都是由彩色方塊表示（圖 15-16），作為具有扭曲形狀的變形地圖的替代方案。雖然這種呈現不能校正每州的人口數量，因而過小地呈現了人口較多的州、過大地呈現了人口較多的州，但至少它平等地對待所有州，而且不會依據其形狀或大小任意加權。

最後，我們可以透過在每個州的位置放置單獨的圖形，來繪製更複雜的變形地圖。例如，假設我們想要了解每個州的失業率隨時間的演變，那麼為每個州繪製一個獨立的圖表，然後依據各州之間的近似相對位置排列圖表（圖 15-17）會是有幫助的。對於熟悉美國地理的人來說，比起按字母順序排列，這種安排會讓人更容易找到特定州的圖形。此外，人們會期待鄰州呈現類似的模式，而圖 15-17 顯示情況確實如此。

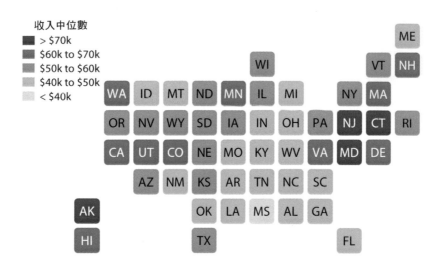

圖 15-16　美國各郡之收入中位數，以變形地圖熱圖呈現。每個狀態由相同大小的正方形表示，而且正方形依據每個州相對於其他州的近似位置來排列。這樣的呈現法為每個州提供了相同的視覺權重。資料來源：2015 年五年美國社區調查。

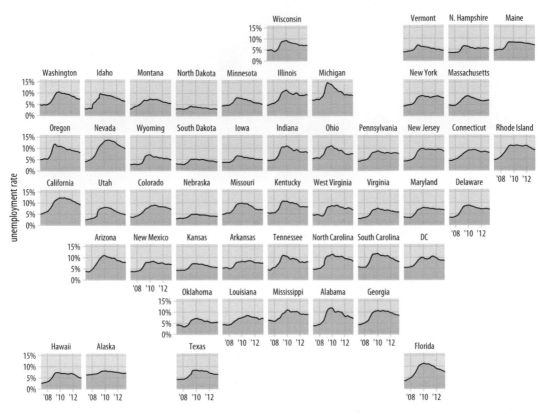

圖 15-17　2008 年金融危機前後各州的失業率。每個方塊呈現從 2007 年 1 月至 2013 年 5 月每一州的失業率，包括華盛頓哥倫比亞特區（DC）。垂直網格線標出 2008 年 1 月、2010 年 1 月和 2012 年 1 月。地理位置接近的州，往往表現出類似的失業率趨勢。資料來源：美國勞工統計局。

## 第十六章

不確定性之視覺化

資料視覺化最具挑戰性的一個面向，是不確定性的視覺化。當我們看到在繪製在特定位置上的資料點時，我們傾向於將其解讀為真實資料值的精確表示。很難想像資料點實際上可能位於尚未繪製的某個位置。然而，這種情況在資料視覺化中無處不在。幾乎我們使用的每個資料集都有一些不確定性，我們是否選擇呈現（以及如何呈現）這種不確定性，會對我們的受眾如何準確地感知資料的含義產生重大影響。

標示不確定性的兩種常用方法，是誤差線和信賴帶。這些方法是為了科學刊物開發的，需要一些專業知識才能做正確的解讀，但它們精確而且節省空間。舉例而言，透過使用誤差線，我們可以在單張圖中呈現許多不同參數估計的不確定性。然而，對於非專業觀眾而言，可以產生對不確定性之強烈直覺印象的視覺化策略是較適合的，即使代價是視覺化精度的降低，或資料密集度較低的呈現。這裡的選項包括頻率框架，在其中我們將明確地以近似比例來繪製不同的可能性場景，或在不同可能性場景之間循環的動畫。

用頻率表達機率

在討論如何將不確定性視覺化之前，我們需要定義它到底是什麼。我們可以在未來事件的背景下直覺地掌握不確定性的概念。假設我要丟硬幣，我不知道結果會是什麼。最終的結果是不確定的。但我也可能對過去的事件不確定，比如昨天我從廚房的窗戶向外看了兩次，一次是在早上 8 點，一次是在下午 4 點，早上 8 點時我看到一輛紅色的車停在對街，但下午 4 點不見了，這樣我就能下一個結論說在這 8 小時的期間，那輛車離開了，但我不確切知道何時，可能是上午 8:01、上午 9:30、下午 2 點，或者在這 8 個小時內的任何其他時間。

在數學上，我們透過使用機率概念來處理不確定性。機率的精確定義很複雜，遠遠超出了本書的範圍。然而，我們可以在不了解所有數學錯綜複雜的情況下，成功地推論機率。對於許多與實際相關的問題，思考相對頻率就足夠了。假設你要執行某種隨機試驗，例如擲硬幣或擲骰子，並想獲得一個特定結果（例如出現正面或擲出 6 點）。你可以將此結果稱為**成功**，任何其他結果則是**失敗**。接著，如果你一遍又一遍地重複隨機試驗，成功的機率大約會是你在多次試驗中看到該結果的分數值。舉例來說，如果特定結果以 10% 的機率發生，那麼我們就會預期在許多重複試驗中，此結果在十次當中會出現一次。

單一機率的視覺化很困難。你如何將中樂透或擲出 6 點骰子的機率視覺化？在這兩種情況下，機率都是單一數字。我們可以將此數字視為一個數量，並使用第 6 章中討論的任一技巧進行呈現，例如長條圖或點圖，但結果不會非常有用。大多數的人缺乏如何將機率值轉化為現實經驗的直覺理解，將機率值呈現為長條或排在一條線上的點，無濟於事。

我們可以使機率概念變得真實有形，方法是製作一張圖來強調隨機試驗之頻率和不可預測性，比如透過隨機排列來繪製不同顏色的方塊。在圖 16-1 中，我使用這種技巧將三種不同的機率視覺化：1% 的成功機率、10% 的成功機率和 40% 的成功機率。要解讀這張圖時，想像一下，你被賦予一個任務，在看不到哪些方形是深色或淺色的情況下，要選出一個深色正方形（想像閉著眼睛挑選一個正方形）。在直覺下，你應該明白你不太可能在 1% 機會的情況下，選到一個深色正方形。同樣的，你仍然不太可能在 10% 機會的情況下，選到一個深色正方形。然而，在 40% 的機會情況下，看起來就不那麼糟了。這種呈現出特定潛在結果的視覺化風格，稱為**離散結果視覺化**（*discrete outcome visualization*），將機率以頻率的方式視覺化，稱為**頻率框架**（*frequency framing*）。我們用易於理解的事件結果之出現頻率，來表達結果的或然特性。

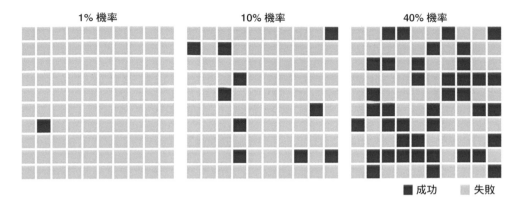

圖 16-1　將機率視覺化為頻率。每個網格中有 100 個正方形，每個正方形表示在某個隨機試驗中的成功或失敗。1% 的成功機率對應到 1 個深色和 99 個淺色方形，10% 的成功機率對應到 10 個深色和 90 個淺色方形，40% 的成功機率對應到 40 個深色和 60 個淺色方形。將深色方形隨機放置在淺色方形之間，可以營造出隨機性的視覺印象，強調單一試驗結果的不確定性。

如果我們只關心兩個離散的結果（成功或失敗），那麼如圖 16-1 的視覺化效果很好。然而，我們經常要處理「隨機試驗的結果為數字變數」這種更複雜的情況。選舉預測是個常見的例子，我們不僅關心誰會獲勝，也關心贏了多少。讓我們來假設一場即將舉行的兩黨選舉，黃黨和藍黨。假設你在廣播中聽到藍黨預計勝過黃黨 1 個百分點，誤差範圍為 1.76 個百分點。這項資訊告訴你的選舉可能結果是什麼？聽到「藍黨會贏」是人性，但現實更加複雜。首先，最重要的是，這裡面有一系列不同的可能結果。藍黨最終可能以兩個百分點的領先優勢贏得勝利，或黃黨可能以 0.5 個百分點的領先優勢獲勝。可能出現的可能性範圍與其相關的可能性稱為**機率分佈**（*probability distribution*），我們可以將它繪製成一條在可能結果的範圍內上下起伏的平滑曲線（圖 16-2）。某一特定結果的曲線越高，結果的可能性就越高。機率分佈與第 7 章中討論的直方圖和核密度有密切相關，可以回頭閱讀複習一下。

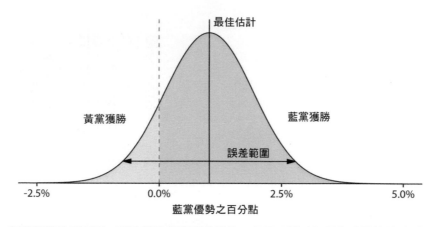

圖 16-2　假想選舉結果預測。預計藍黨將贏過黃黨約 1 個百分點（標記為「最佳估計」），但此預測存在誤差範圍（在這裡它覆蓋了 95% 的可能結果，從最佳估計往兩側方向各 1.76 個百分點）。藍色陰影區域佔總數的 87.1%，代表藍黨會勝利的所有結果。同樣，黃色陰影區域佔總數的 12.9%，代表黃黨會獲勝的所有結果。在這個例子中，藍色有 87% 的機會贏得選舉。

透過一些數學計算，我們可以計算出在這裡例子當中，黃黨獲勝的機率是 12.9%。因此，黃黨獲勝的機會比圖 16-1 中呈現的 10% 機會情況要好一些。如果你喜歡藍黨，可能就不會過度擔心，但黃黨依然有足夠的機會獲勝。如果比較圖 16-2 和圖 16-1，你可能會發現圖 16-1 比較能呈現結果的不確定性，不過圖 16-2 中的陰影區域準確呈現了藍黨或黃黨的獲勝機率。這是離散結果視覺化的力量。針對人類感知的研究顯示，比起判斷不同區域的相對大小，我們在感知、計數和判斷離散物體之相對頻率上的能力好上很多——只要它們的總數不是太大。

我們可以將圖 16-1 的離散結果性質與圖 16-2 中的連續分佈相結合，繪製出**分位點圖**（*quantile dot plots*）[Kay et al. 2016]。在分位點圖中，我們將曲線下的總面積細分為均勻大小的單位，並將每個單位繪製成圓形。接著將圓圈堆疊起來，使得它們的排列大致代表原始分佈曲線（圖 16-3）。

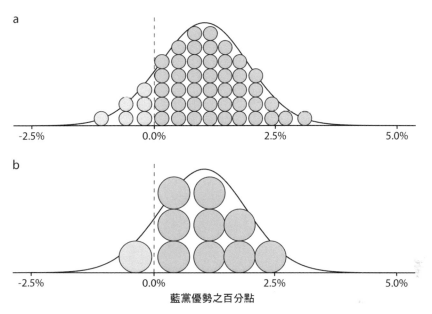

a

-2.5%　　　　0.0%　　　　2.5%　　　　5.0%

b

-2.5%　　　　0.0%　　　　2.5%　　　　5.0%

藍黨優勢之百分點

圖 16-3　圖 16-2 的選舉結果分佈之分位點圖呈現。(a) 平滑分佈估計為 50 個點,每個代表 2% 的機率。因此 6 個黃點相當於 12% 的機率,合理地接近 12.9% 的真實值。(b) 平滑分佈估計為 10 個點,每個點代表 10% 的機率。因此 1 個黃點對應 10% 的機率,仍然接近真實值。具有較少量的點的分位點圖通常較容易閱讀,因此在此範例中,10 點的版本可能優於 50 點的版本。

在一般原則下,分位點圖應該使用小到中等數量的點。如果點太多,那麼我們傾向於將它們視為連續體而不是單獨的離散單位。這就否定了離散圖的優點。圖 16-3 呈現了 50 個點(圖 16-3a)和 10 個點(圖 16-3b)的變體。雖然具有 50 個點的版本更準確地捕獲了真實的機率分佈,但是點的數量太大將導致無法輕易區分各個點。10 點的版本更立即地傳達了藍黨或黃黨獲勝的相對機會。對 10 點版本的反對意見之一,可能是它不是很精確。它對黃黨獲勝機率的呈現,低了 2.9 個百分點。然而犧牲一些數學精度的代價,來換取使人類感知更準確的視覺化,通常是值得的,尤其是在與非專業觀眾溝通時。在數學上正確但未得到正確感知的視覺化,在現實中並不是很實用。

點估計之不確定性的視覺化

在圖 16-2 中，我呈現了「最佳估計值」和「誤差範圍」，但我並未解釋這些數量究竟是什麼，或者如何獲得。為了更佳理解它們，我們需要快速介紹統計抽樣的基本概念。在統計中，我們的首要目標是透過查看世界的一小部分來了解世界。繼續以選舉的例子來說，假設有許多不同的選區，每一區的公民都要投票支持藍黨或黃黨。我們可能想要預測每一選區的投票結果，以及各地區的整體投票**平均值**（*mean*）。要在選舉前做出預測的話，我們不能對每一選區的每個公民進行民意調查，以了解他們將投給誰。相反的，我們必須對一部分選區的一部分公民進行民意調查，並使用這些資料來做出最佳預測。在統計的語言中，所有選區所有公民的可能投票總數稱為**母體**（*population*），而我們調查的公民和／或地區的子集就是**樣本**（*sample*）。母體代表了世界潛在的真實狀態，樣本則是我們進入這個世界的窗口。

我們通常會關注能夠總結母體之重要屬性的特定數量。在選舉的例子中，這些數量可能就是跨選區的平均投票結果，或者選區結果之間的標準差。描述母體的數量稱為**參數**（*parameters*），而且通常是不可知的。但是，我們可以使用樣本來猜測真實的參數值，統計學家將此類猜測稱為**估計**（estimates）。樣本均值（或平均值）是總體均值的估計，它是一個參數。各個參數值的估計也稱為**點估計**（*point estimates*），因為每個參數值可以由線上的點表示。

圖 16-4 呈現了這些關鍵概念如何相互關聯。我們關注的變數（例如，每個地區的投票結果）在母體中有一些分佈，並具有母體平均值和母體標準差。樣本將包含一組特定的觀察結果。樣本中的個體觀察數稱為**樣本大小**（*sample size*）。從樣本中，我們可以計算樣本均值和樣本標準差，這些通常與母體均值和標準差有所不同。最後，我們可以定義一個**採樣分佈**（*sampling distribution*），也就是在多次重複採樣過程後將獲得的估計分佈。採樣分佈的寬度稱為標準誤差，它告訴我們估計的精確程度。換句話說，標準誤差測量了與參數估計相關聯的不確定性。在一般情況下，樣本量越大標準誤差越小，因此估計的不確定性越小。

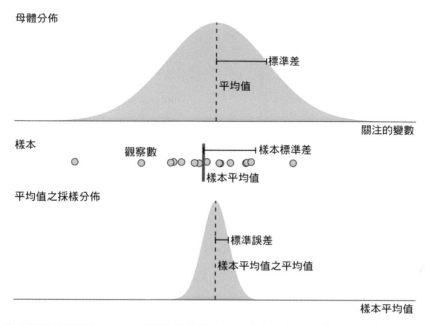

圖 16-4　統計抽樣的關鍵概念。我們關注的變數在母體中有一些真實的分佈，具有真實的母體平均值和標準差。該變數的任何有限樣本，都會具有與母體參數不同的樣本平均值和標準差。如果我們重複採樣並計算每次的平均值，則獲得的平均值應該會依據平均值的採樣分佈來分佈。標準誤差提供了有關採樣分佈寬度的資訊，讓我們知道我們對關注的參數（此為總體平均值）之估計的準確程度。

至關重要的是，不要混淆標準差（standard deviation）和標準誤差（standard error）。標準差是母體的屬性。它告訴了我們，在我們能做的個別觀察當中有多少分散。例如以各選區的人口為例，標準差告訴了我們選區之間的人口差異。相較之下，標準誤差告訴我們的是我們對參數估計的準確程度。如果我們想估計所有選區的平均投票結果，那麼標準誤差將告訴我們，我們對均值的估計有多準確。

所有統計學家都使用樣本來計算參數估計及其不確定性。然而，他們因為計算方法的不同而分為貝葉斯派（Bayesians）和頻率論者（frequentists）。貝葉斯派假設他們對世界有一些先前知識，然後使用樣本來更新這些知識。相較之下，頻率論者試圖在沒有任何先前知識的情況下，對世界做出精確的陳述。幸運的是，在將不確定性視覺化時，貝葉斯和頻率論通常能採用相同類型的策略。這裡先討論頻率論的方法，然後描述貝葉斯情境下特有的一些問題。

頻率論最常用誤差線來表示不確定性。雖然誤差線可用來呈現不確定性的視覺化，但它們有一些問題，正如我在第 9 章中所述的（見圖 9-1）。讀者很容易對誤差線代表的意義感到困惑。為了凸顯此問題，在圖 16-5 中，我呈現了同一資料集的誤差線的五種不同用法。此資料集包含了專家對各國製造的巧克力的評分，分數從 1 到 5。在圖 16-5 中，我抓出了加拿大生產的巧克力的所有評分。在以抖動點長條圖呈現的樣本下方，我們看到樣本平均值加 / 減樣本的標準差、樣本平均值加 / 減標準誤差，以及 80%、95% 和 99% 信賴區間。所有五個誤差線都來自樣本中的變化，它們都是數學上相關的，但具有不同的含義，在視覺上也非常不同。

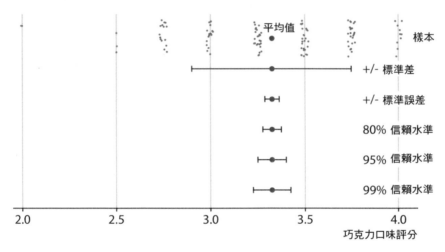

圖 16-5　巧克力評分範例之樣本、樣本均值、標準差、標準誤差和信賴區間之間的關係。構成樣本的觀察結果（以抖動的綠點呈現）顯示了來自加拿大製造商的 125 種巧克力的專家評分，評分從 1（令人不愉快）到 5（傑出）。大的橘色點代表評分的平均值。誤差線由上到下表示標準差的兩倍、標準誤差（平均值的標準差）的兩倍，以及平均值的 80%，95% 和 99% 信賴區間。資料來源：曼哈頓巧克力學會的 Brady Brelinski。

　　使用誤差線來呈現不確定性時，必須標明誤差線所代表的數量和 / 或信賴水準。

標準誤差大致是將樣本之標準差除以樣本大小的平方根而得到的，而信賴區間是透過將標準誤差乘以小的常數值來算出。例如，95% 信賴水準從平均值往兩側各延伸約為標準誤差兩倍的距離。因此，較大的樣本往往具有較窄的標準誤差和信賴區間，即使它們的標準差相同。當我們比較加拿大巧克力和瑞士巧克力的評分時，我們可以看到這種效應（圖 16-6）。加拿大和瑞士巧克力的平均評分和樣品標準差相當，但加拿大巧克力有 125 種而瑞士有 38 種，因此瑞士棒的平均信賴區間要寬得多。

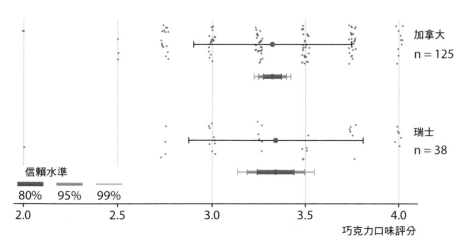

圖 16-6　隨著樣本量的減小，信賴區間變寬。來自加拿大和瑞士的巧克力具有可比較的平均等級和可比較的標準差（用簡單的黑色誤差線表示）。然而，被評比的加拿大巧克力數量，是瑞士巧克力數量的三倍多，因此瑞士評分平均值的信賴區間（用不同顏色與粗細的誤差線表示）會比加拿大評分平均值寬得多。資料來源：曼哈頓巧克力學會的 Brady Brelinski。

在圖 16-6 中，我同時呈現了三個不同的信賴區間，使用較暗的顏色和較粗的線條來表示較低的信賴水準。我將這些視覺化稱為**分級誤差線**（*graded error bars*）。分級有助於讀者了解到一系列不同可能性的存在。如果我向一組人呈現簡單的誤差線（沒有分級），則可能至少有一部分人會將誤差線視為是具確定性的，比如視為資料的最小值和最大值。或者，他們可能認為誤差線描繪了可能的參數估計的範圍——也就是，估計值永遠不會超出誤差線。這些類型的誤解稱為**確定性構造誤差**（*deterministic construal errors*）。我們越能夠將確定性構造誤差的風險降到最低，我們對不確定性的視覺化就越好。

誤差線很方便，因為它們讓我們同時呈現許多估計值及其不確定性。因此，它們的主要目標通常是向專家讀者傳達大量資訊的科學出版物。作為此類應用的範例，圖 16-7 呈現了在六個不同國家生產的巧克力之平均巧克力評分和相關信賴區間。

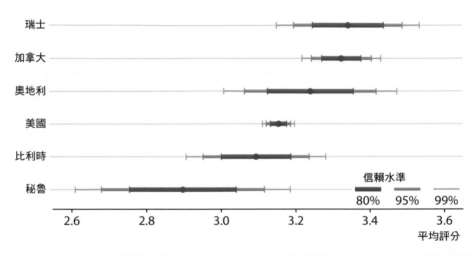

圖 16-7　來自六個不同國家的製造商的巧克力之平均巧克力風味等級和相關信賴區間。資料來源：曼哈頓巧克力學會的 Brady Brelinski。

在檢視圖 16-7 時你可能會好奇，關於平均評分之間的差異，這張圖告訴了我們什麼。加拿大、瑞士和奧地利巧克力的平均評分，高於美國巧克力的平均評分，但考慮到這些平均評分的不確定性，平均值的差異是否**顯著**（*significant*）？這裡的「顯著」一詞是統計學家使用的技術性術語。如果有一定程度的信賴水準下，我們可以排除所觀察到的差異是由隨機抽樣引起的假設，那麼這個差異就稱為顯著。由於只有有限數量的加拿大和美國巧克力受到評比，評估者有可能意外地納入了較多優質加拿大巧克力，較少的優質美國巧克力，這種隨機機率可能會造成加拿大巧克力勝過美國巧克力的系統評分優勢。

要評估圖 16-7 中的顯著程度很困難，因為加拿大平均評分和美國平均評分都存在不確定性。兩種不確定性都與平均值是否不同有關。統計教科書和線上課程有時會發表如何依據誤差線重疊與否的程度來判斷顯著程度的經驗法則。但是這些經驗法則並不可靠，應該避免。評估平均評分是否存在差異的正確方法，是計算差異的信賴區間。如果這些信賴區間不包括零，那麼我們知道在信賴水準上差異是顯著的。以巧克力評分資料集來說，我們發現只有來自加拿大的巧克力的評分明顯高於美國的巧克力（圖 16-8）。在瑞士的巧克力上，差異的 95% 信賴區間幾乎不包括零值。因此，美國和瑞士巧克力的平均評分之間觀察到的差異的機率僅略高於 5%。最後，沒有證據顯示，奧地利巧克力的平均評分比美國巧克力高。

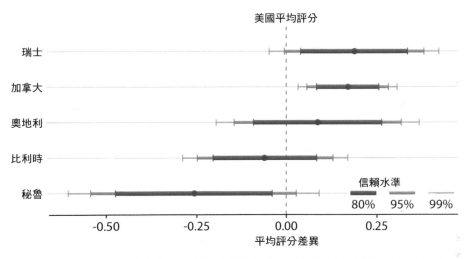

圖 16-8　來自五個不同國家之製造商的巧克力風味平均評分，與美國巧克力的平均評分相比。加拿大巧克力的評分明顯高於美國巧克力。對於其他四個國家，在 95% 信賴水準下，與美國相比，平均評分沒有顯著差異。為了多重比較，信賴水準使用 Dunnett 方法進行了調整。資料來源：曼哈頓巧克力學會的 Brady Brelinski。

在前面的圖中，我使用了兩種不同類型的誤差線，分級誤差線和簡單誤差線。更多的變化是可能的。例如我們可以在末尾繪製有終止線或沒有終止線的誤差線（圖 16-9a、c vs. 圖 16-9b、d）。這些選擇都各有優缺點。分級誤差線凸顯了對應到不同信賴水準之不同範圍的存在。然而，這項額外資訊的反面是增加了視覺雜訊。依據圖形的複雜程度和資訊密集程度，簡單的誤差線可能優於分級誤差線。是否繪製帶有終止線的誤差線，主要是個人品味的問題。終止線凸顯了誤差線兩端的確切位置（圖 16-9a、c），而沒有終止線的誤差線則強調整個區間範圍（圖 16-9b、d）。此外，終止線也同樣增加了視覺雜訊，因此在具有許多誤差線的圖中，省略終止線可能更適合。

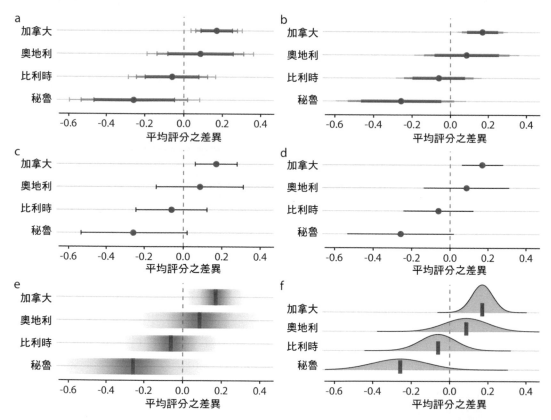

圖 16-9　來自四個不同國家之製造商的巧克力風味平均評分，相對於美國巧克力的平均評分。每個小圖使用不同的方法將相同的不確定性資訊視覺化：(a) 有終止線的分級誤差線；(b) 無終止線的分級誤差線；(c) 有終止線的單間隔誤差線；(d) 無終止線的單間隔誤差線；(e) 信賴帶；(f) 信賴分佈。資料來源：曼哈頓巧克力學會的 Brady Brelinski。

作為誤差線的替代方法，我們可以繪製淡化至透明的信賴帶（圖 16-9e）。信賴帶更佳地傳達了不同值的可能性，但它們很難閱讀。我們必須在視覺上整合不同的顏色陰影，以判斷某一信賴帶結束的位置。從圖 16-9e 我們可以得出結論，秘魯巧克力的平均評分明顯低於美國巧克力，但事實並非如此。當我們呈現明確的信賴分佈時，會出現類似的問題（圖 16-9f）。在視覺上整合曲線下的面積，並判斷某一信賴水準到達何處是很困難的。但是透過繪製分位點圖，這個問題便能稍微緩解，如圖 16-3 所示。

對簡單的二維圖形來說，誤差線比起更複雜的不確定性呈現法，有一個重要優勢：它們可以與許多其他類型的圖形組合。幾乎所有的視覺化方式，我們都可以透過添加誤差線來加入一些不確定性指示。例如我們可以透過繪製帶有誤差線的長條圖，來呈現具有不確定性的數量（圖 16-10）。這種類型的視覺化通常用於科學出版物中。我們還可以在散佈圖中沿 x 和 y 方向繪製誤差線（圖 16-11）。

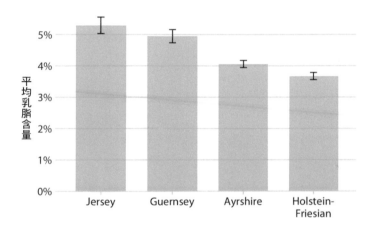

圖 16-10　四種乳牛品種的牛奶平均乳脂含量。誤差線顯示平均值的 +/– 一個標準誤差。這種視覺化在科學文獻中經常出現。雖然它們在技術上是正確的，但它們代表每個類別的變化和樣本的不確定性的效果都不是特別好。有關個別品種之乳脂含量的變化，請參見圖 7-11。資料來源：加拿大純種乳牛產能記錄。

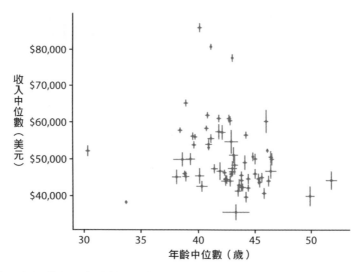

圖 16-11　賓州 67 個郡的收入中位數與年齡中位數。誤差線代表 90% 信賴區間。資料來源：2015年五年美國社區調查。

讓我們回到頻率論和貝葉斯的話題。頻率論用信賴區間來評估不確定性，而貝葉斯則是計算**事後分佈**（*posterior distributions*）和**可信區間**（*credible intervals*）。貝葉斯事後分佈告訴我們以輸入的資料來說，其特定參數估計的可能性為何。可信區間表示一個值的範圍，其中的參數值如事後分佈計算出來的，為給定機率下的預期值。例如，95% 的可信區間對應到事後分佈的中間 95%。真實參數值有 95% 的可能性會處於 95% 可信區間內。

如果你不是統計學家，可能會訝異於我對可信區間的定義。你可能以為它事實上是信賴區間的定義。但它不是。貝葉斯可信區間會告訴你真實參數可能在哪裡，而且頻率論信賴區間則告訴你真實參數可能不在哪裡。雖然這種區別可能看起來只是語義不同，但兩種方法之間有著重要的概念差異。在貝葉斯方法下，你使用資料以及你事前對系統的知識（稱為**事前**，*prior*）來計算出機率分佈（**事後**，*posterior*），以便告知你可以預期真實參數值的位置。反過來，在頻率論的方法下，你首先要假設你打算反駁的論點。此假設被稱為**零假設**（*null hypothesis*），而且通常簡單地假設參數等於零（比如兩個條件之間沒有差異）。接著你計算隨機抽樣產生之資料的機率，類似於零假設為真時觀察到的資料。信賴區間便是該機率的呈現。如果特定信賴區間排除了零假設下的參數值（即零值），則你可以在該信賴水準反駁零假設。或者你也可以將信賴區間視為，在重複採樣下捕獲了具有特定可能性之真實參數值的區間（圖 16-12）。因此，如果真實參數值為零，則 95% 信賴區間僅在 5% 的分析樣本中排除零。

總而言之，貝葉斯可信區間對真實參數值進行陳述，頻率論信賴區間對零假設進行陳述。然而，在實踐中，貝葉斯和頻率論的估計通常非常相似（圖 16-13）。貝葉斯方法的一個概念優勢在於它強調對於效應幅度的思維，而頻率論的思維強調效應的二元視角存在與否。

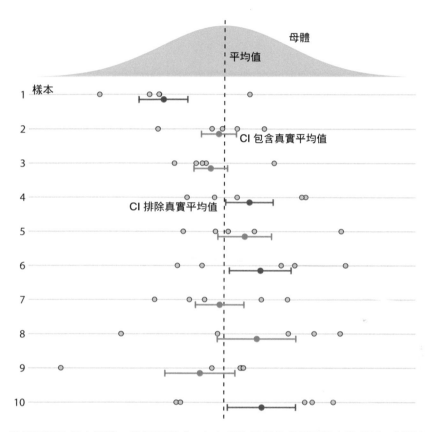

圖 16-12　信賴區間的頻率解讀。信賴區間（CI）在重複採樣的背景下最容易理解。對於每個樣本，一個特定信賴區間不是包含（綠色）就是排除（橘色）真實參數，此處為均值。但是如果我們重複採樣，那麼信賴區間（此處顯示為 68% 信賴區間，對應到樣本均值 +/- 標準誤差）在 68% 的情況下會包括真實平均值。

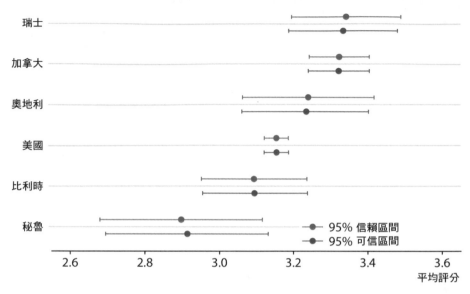

圖 16-13　巧克力平均評分之頻率論信賴區間和貝葉斯可信區間的比較。我們看到這兩種方法產生相似但不完全相同的結果。尤其是，貝葉斯估計呈現出少量的收縮，這是對整體平均值之最極端參數估計的調整。（注意一下，比起頻率論的估計，瑞士的貝葉斯估計略微向左移，秘魯的貝葉斯估計稍微向右移。）此處呈現的頻率論估計和信賴區間，和圖 16-7 所示的 95% 的結果相同。資料來源：曼哈頓巧克力學會的 Brady Brelinski。

　貝葉斯可信區間回答了這個問題：「我們在哪裡可以看到真實參數值？」頻率論信賴區間回答了這個問題：「我們對於真實參數值不是零的確定程度如何？」

貝葉斯估計的中心目標是獲得事後分佈。因此，貝葉斯通常將整個分佈視覺化，而不是將它簡化為可信區間。因此，就資料視覺化而言，第 7 章、第 8 章和第 9 章中討論的所有視覺化分佈的方法都是適用的。具體來說，直方圖、密度圖、箱形圖、小提琴和脊線圖都常用於貝葉斯事後分佈的視覺化。由於這些方法在各自章節中已經有過詳細討論，我將在這裡僅展示一個例子，使用脊線圖來呈現巧克力平均評分的貝葉斯事後分佈（圖 16-14）。在這個特定情況下，我在曲線下添加了陰影以指示事後機率的定義區域。我也可以繪製分位點圖來取代上色，或者在每個分佈下添加分級誤差線。帶有誤差線的脊線

圖稱為半眼圖（half-eye），帶有誤差線的小提琴圖稱為眼圖（eye）（請參閱第 43 頁的「不確定性」）。

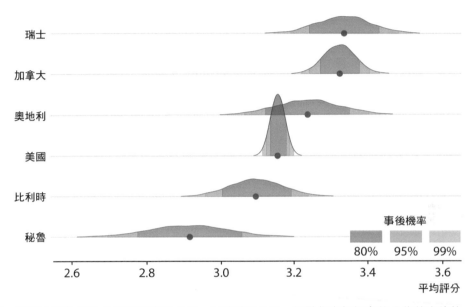

圖 16-14　巧克力平均評分的貝葉斯事後分佈，以脊線圖呈現。紅點代表每個事後分佈的中位數。由於難以透過眼圖將連續分佈轉換為特定信賴區域，因此我在每條曲線下加上了陰影，以標示每個事後分佈的中間 80%、95% 和 99%。資料來源：曼哈頓巧克力學會的 Brady Brelinski。

曲線擬合之不確定性的視覺化

在第 14 章中，我們討論了如何透過將直線或曲線擬合到資料，來呈現資料集的趨勢。這些趨勢估計也存在著不確定性，習慣上用信賴帶（confidence band）呈現趨勢線的不確定性（圖 16-15）。信賴帶為我們提供了一系列與資料兼容的不同擬合線。當學生第一次遇到碰到信賴帶時，常常會驚訝地發現，即使是完美的直線擬合也會產生彎曲的信賴帶。曲率的原因是直線擬合可以在兩個不同的方向上移動：它可以上下移動（即，具有不同的截距），也可以旋轉（即，具有不同的斜率）。我們可以繪製從擬合參數之事後分佈隨機產生的一組替代擬合線，透過視覺來呈現信賴帶是如何產生的。在圖 16-16 可以看到這個方法，它呈現了 15 個隨機選擇的替代擬合。我們看到，即使每條線都是完全筆直的，每條線的不同斜率和截距的組合也會產生一個整體形狀，看起來就像信賴帶。

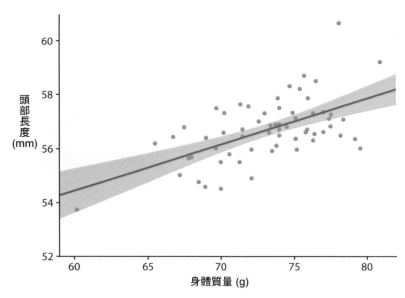

圖 16-15 雄性冠藍鴉的頭長與體重，如圖 14-7 所示。直藍線代表資料的最佳線性擬合，周圍的灰色條帶顯示了線性擬合的不確定性。灰色條帶代表 95% 的信賴水準。資料來源：歐柏林學院的 Keith Tarvin。

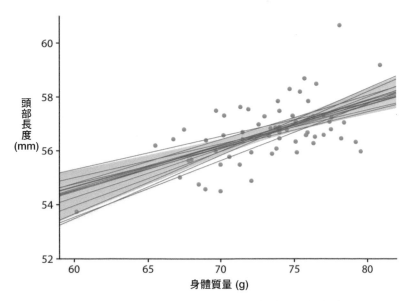

圖 16-16 雄性冠藍鴉的頭長與體重。與圖 16-15 相比，直藍線現在代表了從事後分佈中隨機抽取的同樣可能的替代擬合。資料來源：歐柏林學院的 Keith Tarvin。

為了繪製信賴帶，我們需要指定信賴水準，正如我們在誤差線和事後機率中看到的那樣，凸顯不同的信賴水準會很有用。這會產生**分級信賴帶**（*graded confidence band*），一次展示數個信賴水準（圖 16-17）。分級信賴帶增強了讀者的不確定感，並迫使讀者面對資料可能支持不同替代趨勢線的可能性。

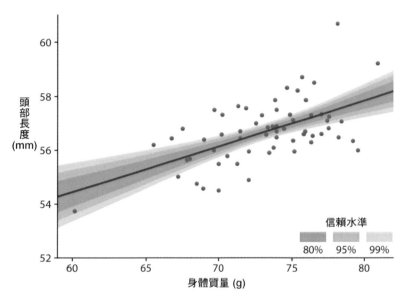

圖 16-17　雄性冠藍鴉的頭長與體重。與誤差線的情況一樣，我們可以繪製分級信賴帶以凸顯估計中的不確定性。資料來源：歐柏林學院的 Keith Tarvin。

我們還可以繪製非線性曲線擬合的信賴帶。這樣的信賴帶看起來不錯，但很難解讀（圖16-18）。如果我們看一下圖 16-18(a)，我們可能會認為信賴帶是透過上下移動藍線並稍微變形而產生的。然而如圖 16-18(b) 所示，信賴帶代表了一系列曲線，它們比 (a) 部分所示的整體最佳擬合更加晃動。這是非線性曲線擬合的一般原理。不確定性不僅對應到曲線的上下運動，還對應到增加的擺動。

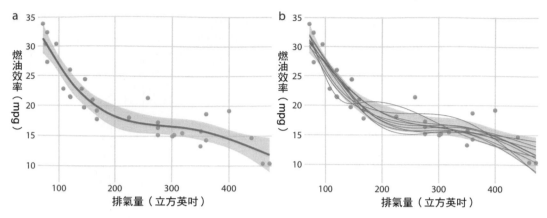

圖 16-18　32 輛汽車（1973-74 車款）的燃油效率與排氣量。每個點代表了一輛汽車，透過擬合 5 節點的立方回歸樣條來獲得平滑線。(a) 最佳擬合樣條和信賴帶。(b) 從事後分佈中得出的同樣可能之替代擬合。資料來源：Motor Trend, 1974。

假設結果圖

所有不確定性的靜態視覺化都有一個問題，那就是觀察者可能將不確定性視覺化的某些方面，解讀成資料的確定性特徵（也就是確定性的構造誤差，如先前所述）。我們可以透過循環許多不同但同樣可能的圖，以動畫將不確定性進行視覺化，來避免這個問題。這種視覺化被稱為假設結果圖（hypothetical outcome plots，HOP）[Hullman, Resnick, and Adar 2015]。雖然在印刷品上不可能出現 HOP，但它們在線上非常有效，可以透過 GIF 或 MP4 影片的形式提供動畫視覺化。HOP 在口頭陳述的情境下效果也很好。

為了說明 HOP 的概念，讓我們再回到巧克力的評分。當你到商店裡考慮購買一些巧克力時，你可能不關心某一些巧克力的風味評分平均值和相關的不確定性。相反的，你可能想知道一個更簡單的問題的答案，例如：如果我隨機各拿一根加拿大和美國製造的巧克力，我會覺得哪一根比較好吃？為了得到答案，我們可以從資料集中隨機選擇加拿大和美國的巧克力，比較他們的評分，記錄其結果，然後多次重複這個過程。如果我們這樣做，我們會發現在大約 53% 的情況下，加拿大巧克力排名較高，47% 的情況下，美國巧克力排名較高，或兩種巧克力平分秋色。我們可以透過來回循環這些隨機的抽樣，並顯示每次抽樣到的兩根巧克力的相關評分，在視覺上呈現這個過程（圖 16-19）。

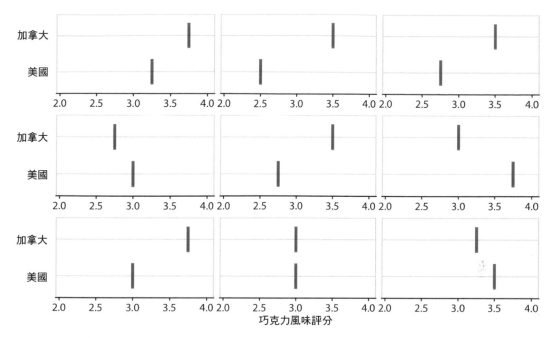

圖 16-19 加拿大和美國製造的巧克力評分之假設結果圖示意圖。每根垂直綠色條表示一根巧克力的評分，每張小圖呈現兩根隨機選擇的、各來自加拿大製造商和美國製造商的巧克力之比較。在實際的假設結果圖中，視覺呈現會在不同的小圖間循環，而非並排陳列。資料來源：曼哈頓巧克力學會的 Brady Brelinski。

第二個例子，讓我們思考一下圖 16-18(b) 中同樣可能的趨勢線之間的形狀變化。由於所有趨勢線都是相互疊加的，因此我們主要感知到的是趨勢線所涵蓋的整體區域，這與信賴帶相似。要感知各條趨勢線是困難的。透過將此圖轉換為 HOP，我們可以一次突出呈現一條趨勢線（圖 16-20）。

在製作 HOP 時，你可能會想知道，在不同結果之間進行硬切換（像幻燈片投影機一樣），或者以從一個結果平滑轉換到另一個結果，哪一個較好（例如，將一個結果的趨勢線緩慢變形直到看起來像另一個結果的趨勢線）。雖然這在某種程度上是一個持續研究中、懸而未決的問題，但是一些證據顯示，平滑的轉換會較難判斷它所代表的機率 [Kale et al. 2018]。如果你考慮將結果到結果之間製成動畫，至少讓這些動畫跑快一點，或者選擇一種動畫樣式讓結果淡入和淡出，而不是從一個變成另一個。

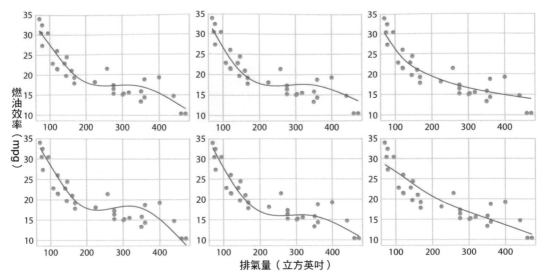

圖 16-20　燃料效率與排氣量的假設結果圖示意圖。每個點代表了一輛汽車，透過擬合 5 節點的立方回歸樣條來獲得平滑線。每張小圖的線代表了一個替代的擬合結果，從擬合參數的事後分佈中得出。在實際的假設結果圖中，視覺呈現會在不同的小圖之間循環，而非並排陳列。資料來源：Motor Trend, 1974。

在製作 HOP 時，需要注意一個關鍵面：我們必須確保我們所展示的結果，能夠代表可能結果的真實分佈。否則，我們的 HOP 可能會產生誤導。例如，回到巧克力評分的情況下，如果我隨機選擇 10 組巧克力的結果，其中美國巧克力在 7 個案例中被評為高於加拿大巧克力，那麼 HOP 會錯誤地產生美國巧克力通常評分高於加拿大巧克力的印象。我們可以透過選擇大量結果來預防這個問題，使採樣偏差變得不可能，或者透過某種形式來驗證所呈現的結果是適當的。在製作圖 16-19 時，我驗證過加拿大巧克力勝出的次數接近真實的 53% 百分比。

## 第二部分

圖表設計原理

## 第十七章

比例墨水原理

在許多不同的視覺化場景中,我們會透過圖形元素來表示資料值。例如在長條圖中,我們繪製從 0 開始,並結束在它們所代表的資料值的長條。在這種情況下,資料值不僅編寫在條的終點,也在條的高度或長度中。如果我們繪製一條起點非 0 的長條,則長條長度和長條終點將會傳達矛盾的資訊。這些圖表是本質上不一致的,因為它們在同一圖形元素上呈現兩個不同值。和我們使用點來將資料值視覺化的情況比較一下。在這種情況下,該值僅編寫在點的位置,而不是編寫在點的大小或形狀中。

每當我們使用圖形元素(如長條、矩形、任意形狀的上色區域)或任何其他具有定義的視覺範圍的元素時,都會出現類似的問題,這些元素可能與呈現的資料值一致或不一致。在所有這些情況下,我們需要確保沒有不一致。這個概念被稱為**比例墨水原理**(*principle of proportional ink*)[Bergstrom and West 2016]:

> 當上色區域用於表示數值時,上色區域的面積應與相應的值成正比。

(使用「墨水」一詞來指視覺化中任何偏離背景顏色的部分,是常見的做法。這包括線條、點、共有區和文字。然而在本章中,我們主要討論的是上色區域)。違反這個原則的情況非常普遍,尤其是在大眾媒體和金融界。

沿著直線軸的視覺化

首先我們要來看看最常見的場景：沿著線性尺度之數量的視覺化。圖 17-1 顯示了組成夏威夷州的五個郡的收入中位數。這是你在報紙文章中會看到的典型圖表。快速瀏覽圖表之後你會發現，夏威夷郡非常貧窮，而檀香山郡比其他郡富裕得多。然而圖 17-1 非常具有誤導性，因為所有的長條都始於收入中位數 50,000 美元。因此，雖然每一長條的端點都正確地代表了每個郡的實際收入中位數，但長條高度代表收入中位數超過 50,000 美元的程度，其中 50,000 是一個任意數字。而人類感知下，我們在觀察此圖時所感知的關鍵數量會是長條高度，而非長條端點相對於 y 軸的位置。

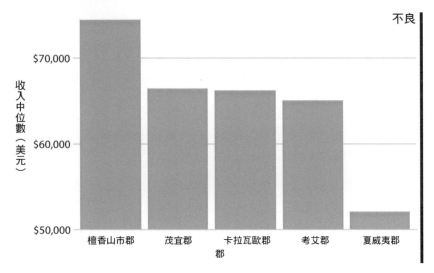

圖 17-1　夏威夷州五個郡的中位數收入。這張圖表具有誤導性，因為 y 軸刻度從 $50,000 而不是 $0 開始。結果，長條高度與所示數值不成比例，夏威夷郡與其他四個郡之間的收入差距看起來比實際大得多。資料來源：2015 年五年美國社區調查。

將這組資料集適當地視覺化之後，會得到一個比較無聊的故事（圖 17-2）。雖然各郡之間的收入中位數有差異，但遠不及圖 17-1 所示的那麼大。整體而言，各郡的收入中位數算是相當的。

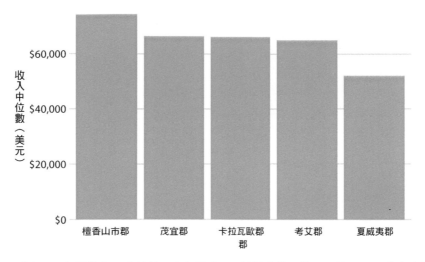

圖 17-2　夏威夷州五個郡的收入中位數。在此圖中，y 軸刻度從 0 美元開始，因此準確地呈現了五個郡的收入中位數的相對大小。資料來源：2015 年五年美國社區調查。

線性尺度上的長條都應該從 0 開始。

類似的視覺化問題經常出現在時間序列的視覺化中，例如股票價格的視覺化問題。圖 17-3 呈現 Facebook 股票價格在 2016 年 11 月 1 日左右大幅下跌。事實上，相對於股票總價格來說，價格下跌幅度並不大（圖 17-4）。即使沒有曲線下方的陰影，圖 17-3 中的 y 軸範圍也是有問題的。但有了陰影，這張圖表的問題特別大。陰影強調從 x 軸的位置到顯示的特定 y 值的距離，因此它產生一個「特定日期的上色區域高度代表了該日的股票價格」之視覺印象。但其實它只代表了股票價格與基線的差異，也就是圖 17-3 中的 110 美元。

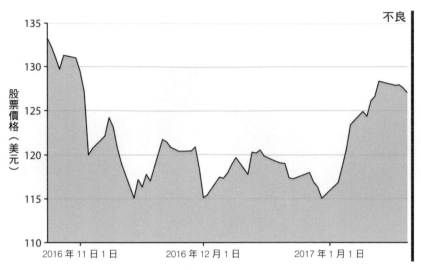

圖 17-3　Facebook（FB）的股票價格從 2016 年 10 月 22 日到 2017 年 1 月 21 日。此圖表似乎暗示 FB 股票價格在 2016 年 11 月 1 日左右暴跌。但是，這是誤導性的，因為 y 軸從 110 美元而非 0 美元起跳。資料來源：Yahoo 財經。

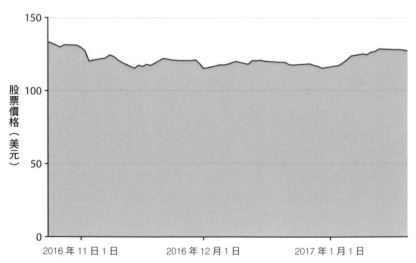

圖 17-4　Facebook（FB）的股票價格從 2016 年 10 月 22 日到 2017 年 1 月 21 日。透過呈現從 0 美元到 150 美元的股票價格，這張圖表更準確地傳達了 2016 年 11 月 1 日左右 FB 價格下跌的幅度。資料來源：Yahoo 財經。

圖 17-2 和圖 17-4 的例子可能會讓人感覺，長條和上色區域不適合用來表示隨時間的微小變化或條件之間的差異，因為我們總是必須從 0 開始繪製整個長條或區域。但是，事實並非如此。使用長條或上色區域來呈現條件之間的差異是完全有效的，只要明確說明我們想呈現的差異。舉例來說，我們可以使用長條圖來呈現 2010 年至 2015 年夏威夷郡收入中位數的變化（圖 17-5）。對於除卡拉瓦歐郡以外的所有郡，這一變化不到 5,000 美元。（卡拉瓦歐郡是一個很特別的郡，人口不到 100 人，少數居民的遷入遷出便會大幅影響收入中位數。）對夏威夷郡來說，變化是負的；也就是說，2015 年的收入中位數低於 2010 年。我們透過繪製反向的長條圖來表示負值，從 0 往下、而非往上延伸。

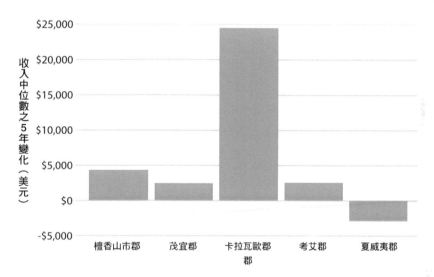

圖 17-5　2010 年至 2015 年夏威夷郡的收入中位數變化。資料來源：2010 年和 2015 年五年美國社區調查。

同樣的，我們可以將 Facebook 股票價格隨時間的變化，畫成與 2016 年 10 月 22 日之臨時高點之差異（圖 17-6）。將表示了與高點之距離的區域進行上色，我們可以準確地表示價格下降的絕對值，而不會對價格下降相對於總股價的幅度做出任何隱含的陳述。

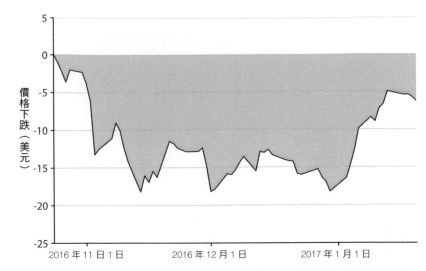

圖 17-6　Facebook（FB）股票價格相對於 2016 年 10 月 22 日的價格下跌。2016 年 11 月 1 日至 2017 年 1 月 1 日期間，價格比 10 月 22 日的高點低約 15 美元，2016 年 1 月價格開始回升。資料來源：Yahoo 財經。

沿對數軸的視覺化

當我們沿線性尺度將資料視覺化時，長條、矩形或其他形狀的區域會自動與資料值成比例。在使用對數尺度時，情況並非如此，因為資料值不是沿軸線性間隔的。有人可能會因而爭論，（舉例來說）以對數尺度來畫長條圖本質上存在著缺陷。另一方面，每個長條的面積將與資料值的對數成比例，因此對數尺度上的長條圖滿足了對數轉換坐標中的比例墨水原理。在實踐中，我認為這兩個論點都無法解釋對數尺度長條圖是否合適。相反的，問題在於是我們想要視覺化的是數量或比率。

在第 3 章中，我解釋過對數尺度是將比率視覺化的自然尺度，因為沿對數尺度的單位間距對應到一個常數因子的乘法或除法。然而在實際應用中，對數尺度通常不是專用於比率視覺化，而是因為呈現的數字差距幅度很大。例如，看一下大洋洲國家的國內生產總值（GDP）。2007 年，這些數額從不到 10 億美元（USD）到超過 3000 億美元不等（圖 17-7）。以線性尺度來視覺化這些數字是行不通的，因為 GDP 最大的兩個國家（紐西蘭和澳大利亞）將佔據圖表的絕大部分。

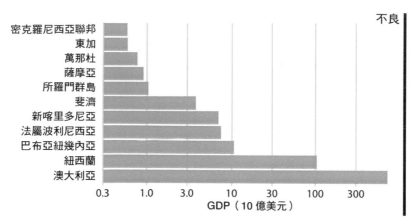

圖 17-7　2007 年大洋洲國家的 GDP。長條的長度無法準確反映所呈現的資料值，因為長條起始於 3 億美元的任意值。資料來源：Gapminder。

但是，對數尺度的長條圖視覺化（圖 17-7）也行不通。長條圖以 3 億美元的任意值開始，而且此圖遇到了與圖 17-1 相同的問題：長條長度不代表資料值。但是，對數尺度的新難度在於我們不能單純地讓長條從 0 開始。在圖 17-7 中，0 值將無限遠地位於左側。因此，如果將原點推得越來越遠，我們的長條就會任意變長，如圖 17-8 所示。當我們嘗試在對數尺度上將量（也就是 GDP 值）視覺化時，總會出現這個問題。

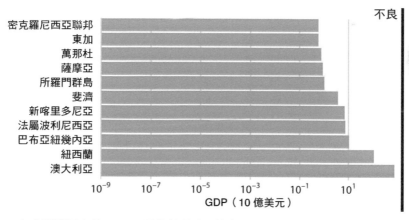

圖 17-8　2007 年大洋洲國家的 GDP。長條的長度不能準確反映所呈現的資料值，因為長條圖的起始為 1 美元（10-9 10 億美元）美元。資料來源：Gapminder。

對於圖 17-7 的資料，我認為長條圖是不合適的。相反的，我們可以簡單地在每個國家 GDP 的比例尺的適當位置放置一個點，完全避免長條長度問題（圖 17-9）。重要的是，將國家名稱放在點的旁邊而不是沿著 y 軸，避免了產生從國家名稱到點的距離所傳達的視覺幅度感紐

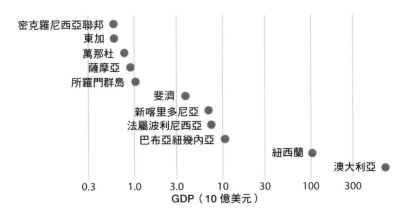

圖 17-9　2007 年大洋洲國家的國內生產總值。資料來源：Gapminder。

但是，如果我們想要呈現比率而不是數量，那麼對數尺度的長條是一個非常好的選擇。實際上，在這種情況下，它們會優於線性尺度。舉例來說，讓我們將大洋洲國家的 GDP 值相對於巴布亞紐幾內亞的 GDP 視覺化。如此產生的圖表良好地凸顯了各國 GDP 之間的關鍵關係（圖 17-10）。我們可以看到，紐西蘭的 GDP 是巴布亞紐幾內亞的 8 倍以上，澳大利亞則超過 64 倍，而東加和密克羅尼西亞聯邦的 GDP 都各自不到巴布亞紐幾內亞 GDP 的 1/16。法屬波利尼西亞和新喀里多尼亞相近，但 GDP 略低於巴布亞紐幾內亞。

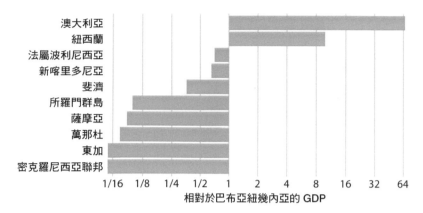

圖 17-10　2007 年大洋洲國家的 GDP，相對於巴布亞紐幾內亞的 GDP。資料來源：Gapminder。

圖 17-10 還凸顯了對數尺度的自然中點為 1，代表大於 1 的長條是朝一個方向，低於 1 的是朝另一個方向。對數尺度上的長條表示比率，永遠都應始於 1；線性尺度上的長條表示量，永遠都應始於 0。

繪製在對數尺度上的長條代表比率，必須從 1 開始，不是 0。

直接面積視覺化

所有前面的範例都是沿一個線性維度來將資料視覺化，因此每筆資料值都依區域和位置沿 x 或 y 軸編列。在這些情況下，我們可以將區域的編寫視為偶然，次要於資料值位置的編寫。然而，其他視覺化方法主要或直接由區域表示來資料值，並沒有相應的位置對應。最常見的是圓餅圖（圖 17-11）。儘管技術上而言，資料值被對應到由沿著圓軸的位置來表示的角度，但實際上我們通常不會評斷圓餅圖的角度。相反的，我們注意到的主要視覺特性是，每個圓餅切片的面積。

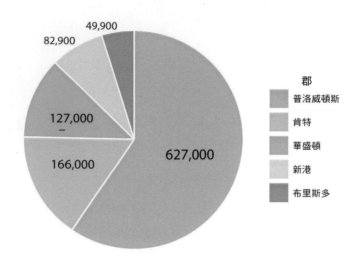

圖 17-11　羅德島各郡的居民人數，以圓餅圖呈現。每塊圓餅切片的角度和面積都與各郡的居民數量成比例。資料來源：2010 年美國人口普查。

因為每塊圓餅切片的面積與其角度成比例，也就是與切片所代表的資料值成比例，所以圓餅圖符合了比例墨水的原理。但是，我們對圓餅圖中的區域與長條圖中的相同區域之感知不同。根本原因是人類的感知主要是判斷距離而不是面積。因此，如果資料值完全以距離來呈現，如長條長度，我們對它的感知，會勝過將資料值以兩個或更多個距離的組合形成的面積來呈現。為了看出這種差異，請比較圖 17-11 與圖 17-12，後者呈現與長條圖相同的資料。普洛威頓斯郡與其他郡之間居民人數的差異，在圖 17-12 中看起來比圖 17-11 中更大。

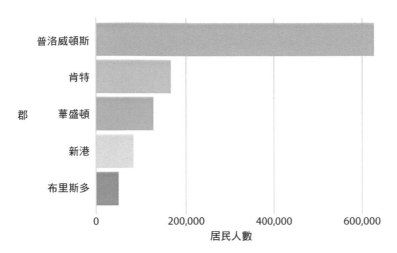

圖 17-12　羅德島郡的居民人數，以長條圖呈現。每個長條的長度與其郡的居民數量成比例。資料來源：2010 年美國人口普查。

人類感知在判斷距離方面比在判斷面積更好的問題，也出現在可以被視為圓餅圖之方形版本的樹狀圖中（圖 17-13）。同樣的，與圖 17-12 相比，各郡居民人數的差異在圖 17-13 中顯得不那麼明顯。

圖 17-13　羅德島郡的居民人數，以樹狀圖呈現。每個矩形的面積與該郡的居民數量成比例。資料來源：2010 年美國人口普查。

## 第十八章

處理重疊點

當我們想要將大型或非常大型的資料集視覺化時，我們經常遇到簡單 *x-y* 散佈圖效果不彰的情況，因為許多點是位於彼此之上，部分或完全重疊。如果以低精度或四捨五入的方式來記錄資料值，使得多個觀察值具有完全相同的數值，那麼即使小資料集也會出現類似的問題。普遍用於描述這種情況的技術術語是**重疊繪製**（*overplotting*），代表許多點重疊在一起。本章我將描述幾種遇到此挑戰時可以採取的策略。

部分透明度和抖動

首先我們來看看只有中等數量的資料點、但有大量四捨五入的狀況。此資料集包含了 1999 年至 2008 年上市的 234 種熱門車款之市區行駛的燃油效率和排氣量（圖 18-1）。在此資料集中，燃油效率以英里／加侖（mpg）為測量單位，並四捨五入到最接近的整數值。排氣量以公升為測量單位，並四捨五入到最接近的公合值。由於這樣的四捨五入，許多車款具有完全相同的值。例如，2.0 公升排氣量共有 21 輛汽車，此組當中只有四種不同的燃油效率值：19、20、21 或 22 mpg。因此在圖 18-1 中，這 21 輛汽車僅由四個不同的點代表，因此 2.0 升引擎看起來比實際上更不受歡迎。此外，該資料集包含了兩款有 2.0 升引擎的四輪驅動車，以黑點表示。然而，這些黑點完全被黃點蓋住了，因此看起來像是沒有配備 2.0 升引擎的四輪驅動車。

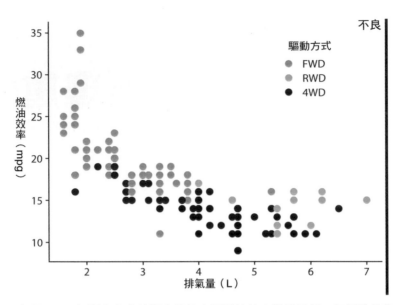

圖 18-1　1999 年至 2008 年間上市之熱門車款的市區燃油效率與排氣量。每個點代表一輛汽車。點的顏色代表了驅動方式：前輪驅動（FWD）、後輪驅動（RWD）或四輪驅動（4WD）。此圖被標記為「不良」，因為許多點重疊在其他點上，並遮蔽了它們。資料來源：美國環境保護署（EPA），*https://fueleconomy.gov*。

改善此問題的一種方法是使用部分透明度。如果我們使各個點部分透明，那麼重疊繪製的點將呈現為較暗的點，因此點的陰影會反映圖形位置上的點的密度（圖 18-2）。

然而，讓點部分透明並不一定足以解決重疊繪製的問題。舉例來說，即使我們在圖 18-2 中可以看到某些點的陰影比其他點更暗，但很難估計每個位置互相重疊的點的數量。此外，雖然陰影的差異清晰可見，但它們並非不言自明的。首次看到這張圖表的讀者可能會好奇，為什麼有些點比其他點更暗，而且不會意識到這些點實際上是多個點堆疊在一起。可以改善此情況的一個簡單技巧，是對點施加少量抖動——也就是在 *x* 或 *y* 方向或兩者間，隨機地少量移動每個點。有了抖動就可以很明顯看出，較暗的區域來自彼此重疊的點（圖 18-3）。此外，代表 2.0 升引擎的四輪驅動車的黑點，現在第一次出現了。

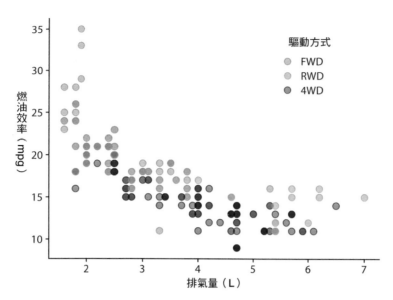

圖 18-2　市區燃油效率與排氣量。因為點已經部分透明，所以位於其他點之上的點，現在可以透過其較暗的陰影來識別。資料來源：EPA。

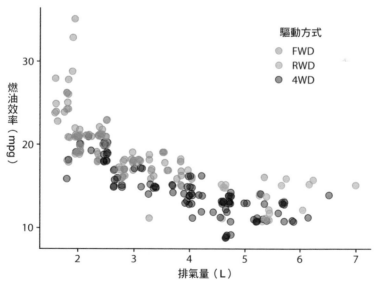

圖 18-3　市區燃油效率與排氣量。透過向每個點添加少量抖動，我們可以提高重疊繪製的點的可見性，而不會顯著地扭曲圖表的訊息。資料來源：EPA。

抖動的一個缺點是它確實會改變資料，因此必須小心謹慎。如果抖動太多，會造成點被放在不代表底層資料集的位置。這樣將誤導資料的視覺化。範例請參見圖 18-4。

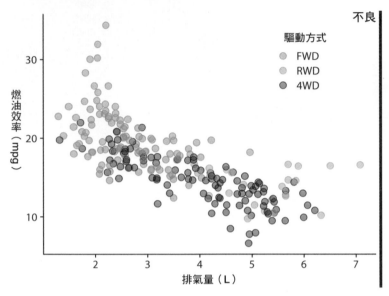

圖 18-4　市區燃油效率與排氣量。在點上加了過多的抖動效果，形成一張無法準確反映底層資料集的圖表。資料來源：EPA。

2D 直方圖

當單個點的數量變得非常大時，部分透明度（不管抖動與否）將不足以解決重疊繪製的問題。通常會發生的是，點密度高的區域將呈現為均勻的深色斑點，而在點密度低的區域中，各個點幾乎不可見（圖 18-5）。改變各點的透明度將改善部分問題，同時使另一個問題惡化；沒有透明度設定則可以同時解決這兩個問題。

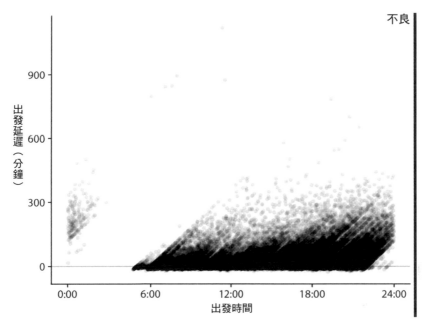

圖 18-5　2013 年所有從紐華克機場（EWR）起飛的航班的出發延遲（以分鐘為單位）vs. 航班起飛時間。每個點代表一次起飛。資料來源：美國運輸部交通運輸統計局。

圖 18-5 呈現了超過 100,000 個航班的出發延遲，每個航班代表一次航班起飛。即使我們已經使各個點相當透明，但是大多數的點只是在 0 到 300 分鐘的出發延遲之間形成黑帶。此帶模糊了大多數航班是否準時出發或大幅延遲（例如 50 分鐘或更長時間）。與此同時，由於點的透明度，延遲最多的航班（延遲時間為 400 分鐘或更長時間）幾乎看不到。

在這種情況下，我們可以不要繪製單個點，而是製作 *2D 直方圖*（*histogram*）。2D 直方圖在概念上類似第 7 章所述的 1D 直方圖，但現在我們要將資料分為二維。我們將整個 x-y 平面細分為小矩形，計算落入每個矩形的被觀察者數量，然後依照這些數量將矩形上色。圖 18-6 是以這種方法呈現出發延遲資料的結果。此視覺化凸顯了航班起飛資料的幾個重要特徵。首先，白天（從早上 6 點到晚上 9 點）絕大多數出發航班實際上沒有延遲，甚至還提前（負向延遲）。然而，有不少數量的出發航班有很大的延遲。此外，飛機出發時間越晚，延遲的時間越久。重要的是，出發時間是實際的出發時間，而不是預定的出發時間，因此此圖表並不一定告訴我們計劃提前出發的飛機從未延遲。它告訴我們的是，如果飛機很早出發，要不是沒有延遲，就是在極少數情況下延遲大約 900 分鐘。

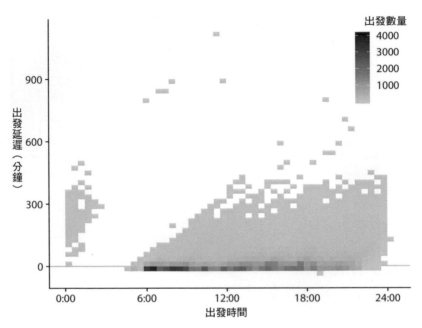

圖 18-6　以分鐘為單位的出發延遲與航班起飛時間的關係。每個彩色矩形代表了在該時間出發的所有航班和出發延遲。顏色表示該矩形代表的航班數量。資料來源：美國運輸部交通運輸統計局。

我們也可以將資料分成六邊形 [Carr et al. 1987] 來取代矩形。這種方法的優點在於，與正方形中的點與正方形的中心相比，六邊形中的點更接近六邊形中心。因此，彩色六邊形比彩色矩形稍微更準確地表示資料。圖 18-7 呈現了六邊形的航班起飛資料。

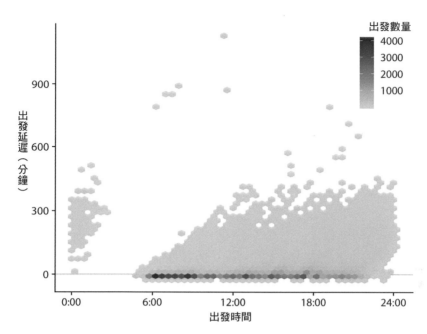

圖 18-7　以分鐘為單位的出發延遲 vs. 航班起飛時間。每個彩色六邊形代表了在該時間出發的所有航班和出發延遲。顏色表示該六邊形代表的航班數量。資料來源：美國運輸部交通運輸統計局。

等高線

除了將資料點併入矩形或六邊形之外，我們還可以估算繪圖區域上的點密度，並用等高線標示不同點密度的區域。當點密度在 x 和 y 維度上緩慢變化時，這個技巧效果很好。

為了示範這種方法，讓我們回到第 12 章的冠藍鴉資料集。圖 12-1 呈現了 123 隻冠藍鴉的頭長和體重之間的關係，而且這些點之間有一些重疊。我們可以透過使點更小且部分透明，並將它們繪製在描繪相似點密度區域的等高線之上，更清楚地突出點的分佈（圖 18-8）。我們可以透過對等高線包圍的區域上色，來進一步增強對點密度變化的感知，在點密度較高的區域使用較暗的顏色（圖 18-9）。

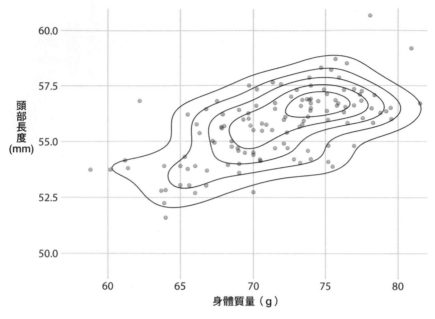

圖 18-8　123 隻冠藍鴉的頭長與體重，如圖 12-1 所示。每個點對應一隻鳥，線表示點密度相似的區域。點密度朝著圖的中心增加，接近身體質量 75 g，頭長在 55 mm 和 57.5 mm 之間。資料來源：歐柏林學院的 Keith Tarvin。

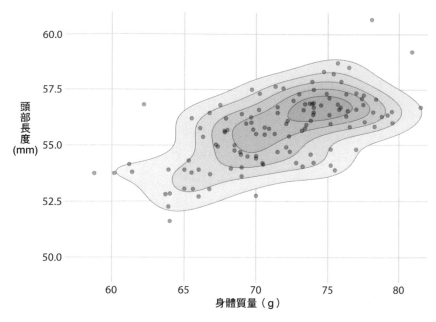

圖 18-9　123 隻冠藍鴉的頭長與體重。此圖與圖 18-8 幾乎相同，但現在等高線包圍的區域用漸暗的灰色陰影上色。這種陰影產生了更強的視覺印象，朝向點雲的中心增加點密度。資料來源：歐柏林學院的 Keith Tarvin。

在第 12 章中，我們還分別研究了雄鳥和雌鳥的頭長和體重之間的關係（圖 12-2）。我們可以用等高線來呈現，為雄鳥和雌鳥分別繪製彩色等高線（圖 18-10）。

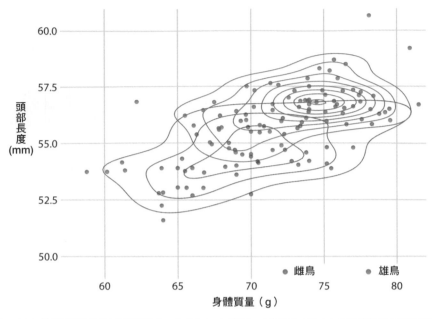

圖 18-10　123 隻冠藍鴉的頭長與體重。如圖 12-2 所示，我們也可以在繪製等高線時透過顏色來標示鳥類的性別。此圖凸顯了雄鳥和雌鳥的點分佈之差異。尤其是雄性鳥類在圖表區域的某個區域中更密集，而雌性鳥類則比較分散。資料來源：歐柏林學院的 Keith Tarvin。

繪製多組不同顏色的等高線，是一次呈現多個點雲分佈的強大策略。但是，這種技巧必須謹慎使用。它僅在不同顏色的組的數量較小（兩組到三組）而且組和組明確分開時才有效。否則最後會得到一團顏色不同的毛球，全部交織在一起，而且完全呈現不出任何特定的圖案。

為了示範這個潛在的問題，我將使用一組鑽石資料集，其中包含 53,940 顆鑽石的資訊，包括它們的價格、重量（克拉）和切工。圖 18-11 將此資料集呈現為散佈圖。此圖呈現出嚴重的重疊繪製。有許多不同顏色的點互相堆疊，除了鑽石落在價格 - 克拉帶上的整體輪廓之外，完全無法辨別出任何東西。

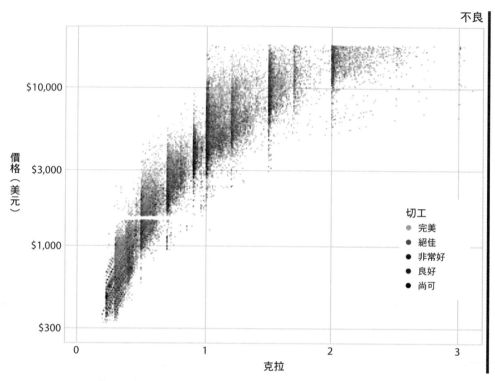

圖 18-11　53,940 顆鑽石的價格與克拉數之比較。每顆鑽石的切工都用顏色來表示。此圖被標記為「不良」，因為廣泛的重疊繪製使得讀者無法辨別出不同鑽石切工中有任何模式。資料來源：Hadley Wickham, ggplot2。

我們可以嘗試繪製不同切工品質的彩色等高線，如圖 18-10 所示。但是在鑽石資料集中有五種不同的顏色，而且這些組別強烈重疊。因此，等高線圖（圖 18-12）並不比原始散佈圖好多少（圖 18-11）。

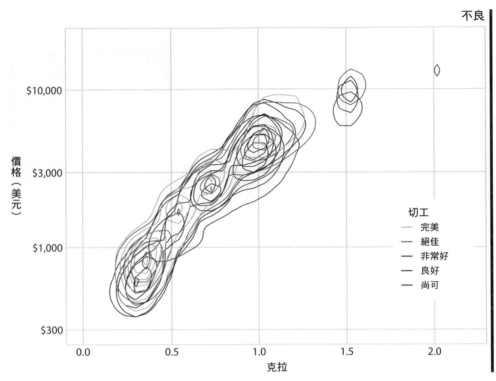

圖 18-12　鑽石價格與克拉數之比較。和圖 18-11 相同，但現在各個點已被等高線替換。得到的圖仍然被標記為「不良」，因為等高線全部彼此堆疊。無論是單個切工的點分佈還是整體的點分佈都難以辨識。資料來源：Hadley Wickham, ggplot2。

這裡的解決方案是在各自的圖表中繪製出每種切工品質的等高線（圖 18-13）。在同一張圖中繪製所有等高線的目的，可能是組別之間能夠進行視覺比較，但圖 18-12 雜亂到無法進行比較。相反的，在圖 18-13 中，背景網格使我們能夠透過觀察等高線相對於網格線的確切位置，來進行切工品質的比較。（透過在每張圖表中繪製半透明的點而非等高線，也可以達到類似的效果。）

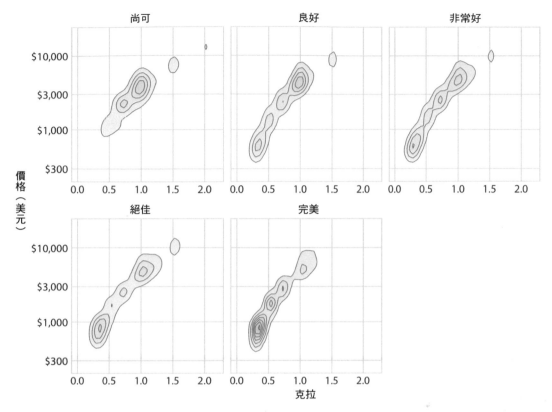

圖 18-13　鑽石價格與克拉數之比較。這裡我們採用了圖 18-12 中的密度輪廓，並為每種切工分別製圖。現在可以看到，較佳的切工（非常好、絕佳、完美）通常比較差的切工（尚可，良好）的克拉數低，但是每克拉的價格更高。資料來源：Hadley Wickham, ggplot2。

現在我們可以看出兩個主要趨勢。首先，更好的切工（非常好、絕佳、完美）往往比較差的切工（公平，良好）具有更低的克拉值。複習一下，克拉是鑽石重量的測量單位（1 克拉 = 0.2 克）。更好的切工往往會導致鑽石較輕（平均而言），因為需要去掉更多的材料。其次，在相同的克拉數下，更好的切工會造成價格的提高。要看出這種模式，請查看 0.5 克拉的價格分佈。更佳切工的分佈會向上移動，尤其完美切工的鑽石，比尚可或良好切工的鑽石顯著向上。

## 第十九章

顏色使用上的常見陷阱

顏色可以是增強資料視覺化效果之極其有效的工具。但同時，不良的顏色選擇也會破壞其他優秀的視覺化效果。顏色的應用需要有目的性，必須清晰，而且不可分散注意力。

賦予太多或不相關的資訊

常見的錯誤是將過多不同項目編寫到不同顏色上，使顏色無法擔負工作。舉例來說，請看一下圖 19-1。它呈現了美國全 50 州和哥倫比亞特區的人口成長與人口規模的對比。我試圖給每一州一種顏色來做識別。但是結果並不怎麼有用。雖然我們可以透過查看圖表和圖例中的彩色點來猜測是哪一個州，但要在兩者之間來回比對需要花費很多精力。這裡有太多不同的顏色，其中許多顏色非常相似。即使付出了很多心力之後可以準確地分辨出各州，這種視覺化也破壞了上色的目的。我們應該使用顏色來改善圖表，並使它們更容易閱讀，而不是製作視覺謎題來模糊資料。

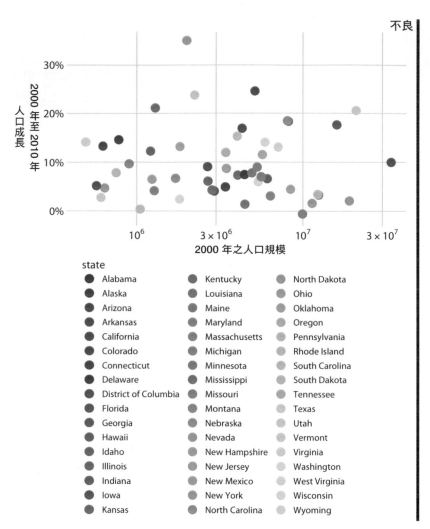

圖 19-1　美國全 50 個州和哥倫比亞特區的 2000 年至 2010 年人口成長與 2000 年的人口規模相比。每個州都以不同的顏色標記。因為有很多州，所以要將圖例中的顏色與散佈圖中的點匹配十分困難。資料來源：美國人口普查局。

依據經驗，定性顏色尺度在有三到五個不同類別需要上色的情況下最有效。一旦達到 8 到 10 個或更多個不同類別，即使顏色本質上足夠獨特、易於分辨，但是比對顏色與類別的工作將會過於繁瑣以致無效。以圖 19-1 的資料集來說，最好僅使用顏色來標示每州的地理區，並直接標註各州——也就是在資料點附近放置適當的文字標籤（圖 19-2）。即使標記每一州會使圖表顯得擁擠，但是直接標示仍是此圖表的正確選擇。通常對於諸

如此類的圖表，我們不需要標記每個資料點。標記代表性的子集就足夠了，例如我們特別想要在圖表附帶的文字中強調的一些州。如果我們想確保讀者可以得到完整訊息，可以選擇使用表格來提供隱含的資料。

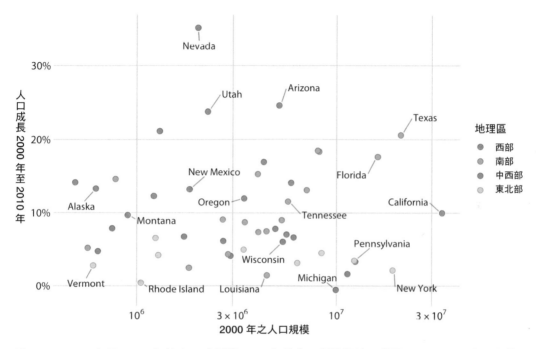

圖 19-2　2000 年至 2010 年的人口成長與 2000 年的人口規模相比。與圖 19-1 不同，我現在依照地理區將各州上色，並直接標記了一部分州。大多數州都沒有標記，以防圖表過度擁擠。資料來源：美國人口普查局。

當你需要區分大約 8 個以上的分類項目時，請直接標註而非使用顏色。

第二個常見問題是為上色而上色，而沒有明確目的。舉例來說，請看一下圖 19-3，它是圖 4-2 的變體。然而，現在我沒有依照地理區對長條進行上色，而是賦予每個長條自己的顏色，因而整體上長條產生了彩虹效果。

這個視覺效果看起來可能有趣，但它不會引發任何新的資料見解，也不會使圖形更容易閱讀。

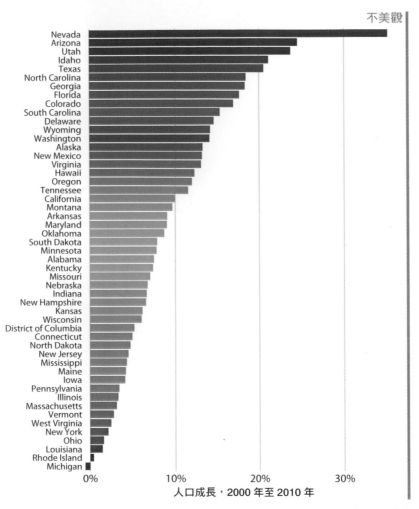

圖 19-3　2000 年到 2010 年美國的人口成長。賦予各州彩虹顏色沒有任何意義，也讓人分心。此外顏色也過度飽和。資料來源：美國人口普查局。

除了濫用各種顏色外，圖 19-3 還有第二個與顏色相關的問題：選擇的顏色過於飽和且強烈。這種顏色強度使圖表難以檢視。舉例來說，在閱讀州名時，很難不被旁邊的誇張而強烈的顏色吸引。同樣地，要將長條端點與下面的網格線進行比較也很困難。

避免大面積過度飽和的顏色區域。它們會使讀者難以仔細檢視圖表。

使用非單調顏色尺度來編寫資料值

在第 4 章中，對於用以表現資料值之順序的顏色尺度，我列出了兩個關鍵條件：1. 顏色必須清楚表現出哪些資料值大於或小於哪些資料值，以及 2. 顏色之間的差異，需要反映出資料值之間的相應差異。不幸的是，一些現有的顏色尺度（包括非常受歡迎的顏色尺度）違反了這些條件的其一或其二。這種尺度當中最熱門的是彩虹尺度（圖 19-4）。它貫穿了色譜中的所有可能顏色。這意味著此規模實際上是圓形的；開頭和結尾的顏色幾乎相同（深紅色）。如果這兩種顏色在圖中彼此相鄰，我們會本能地將它們視為表示最大範圍的資料值。此外，這種尺度是極度非單色調的。有些區域顏色變化很慢，有些區域很快。如果我們看一下轉換為灰階的顏色尺度，這種單色調性的缺乏就變得特別明顯（圖 19-4）。尺度會從中間黑，到淺，到深灰，再到中間灰，而且有一大段範圍的亮度變化很小，接著是相對狹窄的範圍中亮度變化很大。

彩虹尺度

彩虹轉為灰階

圖 19-4　彩虹顏色尺度是極度不單色調的。當顏色轉換為灰階時，這一點變得明顯。從左到右，尺度從中間灰，到淺灰，深灰，然後回到中間灰。此外，亮度的變化是不均勻的。刻度的最淺色部分（對應到黃色、淺綠色和青色）佔據了整個尺度的近三分之一，而最暗的部分（對應到深藍色）則集中在一個狹窄區域內。

在真實資料的視覺化中，彩虹尺度通常會模糊資料特徵，並任意凸顯資料的某一面向（圖 19-5）。另外，彩虹尺度中的顏色也過度飽和。長時間檢視圖 19-5 可能會非常不舒服。

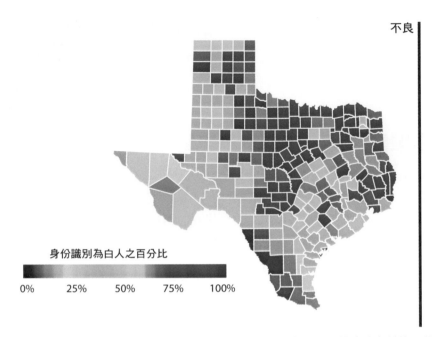

圖 19-5　在德州各郡中身份識別為白人的百分比。彩虹顏色尺度不適合將連續資料值視覺化，因為它傾向於強調資料的任意特徵。這裡強調了人口中大約 75% 為白人的郡。資料來源：2010 年美國人口普查。

未為色彩視覺缺陷者做設計

在為視覺化選擇顏色時，我們需要記住，很大一部分的讀者可能會有某種形式的色彩視覺缺陷（即色盲）。這些讀者可能無法區分大多數其他人看起來明顯不同的顏色。然而，色覺受損的人並非無法看到任何顏色。相反的，他們通常是難以區分某些類型的顏色，例如紅色和綠色（紅綠色視覺缺陷）或藍色和綠色（藍黃色視覺缺陷）。這些缺陷的技術術語是綠色弱／綠色盲（deuteranomaly/deuteranopia），和紅色弱／紅色盲（protanomaly/protanopia）（難以分辨綠色或紅色），以及藍色弱／藍色盲（tritanomaly/tritanopia）（難以感知藍色）。結尾是「anomaly」的術語，是指在該顏色之感知上有一些缺失，而且結尾是「anopia」的術語，是指完全沒有對該顏色的感知。大約 8% 的男性和 0.5% 的女性患有某種色覺缺陷（color-vision deficientcy，CVD）；綠色弱是最常見的形式，而藍色弱是相對罕見的。

如第 4 章所述，資料視覺化中使用了三種基本類型的顏色尺度：連續尺度、發散尺度和定性尺度。在這三種當中，連續尺度通常不會對 CVD 患者造成任何問題，因為設計正確的連續刻度應呈現從深色到淺色的連續漸層。圖 19-6 呈現了圖 4-3 熱度表的綠色弱、紅色弱和藍色弱模擬版本。雖然這些 CVD 模擬尺度看起來都不像原始尺度，但它們都呈現出從暗到亮的清晰漸層，都能很好地傳達資料值的大小。

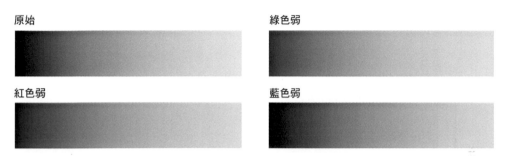

圖 19-6　連續顏色尺度熱度之顏色視覺缺陷模擬，從深紅色到淺黃色。從左到右，從上到下，我們看到原始的尺度，以及模擬為綠色弱、紅色弱、藍色弱的尺度。即使在三種類型的 CVD 下特定顏色看起來不同，但在每種情況下我們都可以看到從暗到亮的清晰漸層。因此，這種顏色尺度可安全地用於具有 CVD 的觀眾上。

對於發散性尺度，事情就變得複雜了，因為對於 CVD 患者來說，常用的顏色對比難以區分。尤其是，紅色和綠色為具有正常色覺的人提供了最強烈的對比度，但綠色弱患者或紅色弱患者幾乎無法區分它們（圖 19-7）。同樣地，對於綠色弱患者和紅色弱患者來說，藍綠色的對比是可見的，但對於藍色弱患者來說卻難以區分（圖 19-8）。

這些例子可能暗示了，要找到對所有形式的 CVD 來說都是安全的兩種對比色幾乎不可能。但是，情況並非如此糟。顏色通常可以進行輕微修改，使得它們具有所需的特性，同時對於具有 CVD 的觀眾也是安全的。例如，圖 4-5 中的 ColorBrewer PiYG（粉紅色到黃綠色）尺度對於具有正常色覺的人來說，看起來是紅色 - 綠色，但對於 CVD 患者來說仍然可以區分（圖 19-9）。

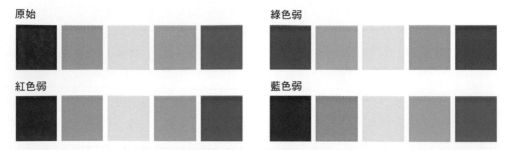

圖 19-7　在紅 - 綠 CVD（綠色弱或紅色弱）下，紅 - 綠對比會變得難以區分。

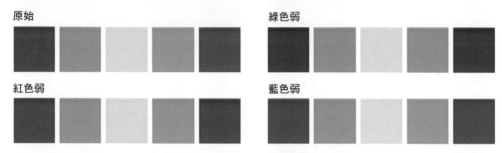

圖 19-8　在藍 - 黃 CVD（藍色弱）下，藍 - 綠色對比變得難以區分。

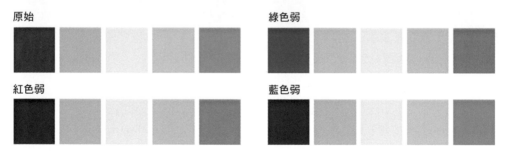

圖 19-9　圖 4-5 中的 ColorBrewer PiYG（粉紅色至黃綠色）尺度對於具有一般色覺的人來說，看起來像是紅綠對比，但它適用於患有各種形式之色覺缺陷的人。它之所以可行，是因為紅色實際上是粉紅色（紅色和藍色的混合），而綠色也包含黃色。兩種顏色之間的藍色成分的差異，可以被綠色弱患者或紅色弱患者偵測到，而紅色成分的差異可以被藍色弱患者偵測到。

定性尺度是最複雜的，因為我們需要許多不同的顏色，而且它們都需要在所有形式的 CVD 下能夠互相區分。我在本書中廣泛使用的首選定性顏色尺度，是專門為解決這一挑戰而開發的（圖 19-10）。此色盤提供八種不同的顏色，幾乎任何具有離散顏色的情況都適用。正如本章開頭所討論的，你不應該在一張圖表中對八個以上的不同項目進行顏色分配。

圖 19-10　適用於所有色覺缺陷的定性色盤 [Okabe and Ito 2008]。字母色碼代表了 RGB 空間中的顏色，為十六進制。在許多繪圖庫和影像處理程式中，你只需直接輸入這些色碼即可。如果你的軟體不直接採用十六進制，你也可以使用表 19-1 中的值。

表 19-1　色盲友善的顏色尺度 [Okabe and Ito 2008]。

名稱	色碼	色相	C, M, Y, K (%)	R, G, B (0–255)	R, G, B (%)
橘	#E69F00	41°	0, 50, 100, 0	230, 159, 0	90, 60, 0
天藍	#56B4E9	202°	80, 0, 0, 0	86, 180, 233	35, 70, 90
藍綠	#009E73	164°	97, 0, 75, 0	0, 158, 115	0, 60, 50
黃	#F0E442	56°	10, 5, 90, 0	240, 228, 66	95, 90, 25
藍	#0072B2	202°	100, 50, 0, 0	0, 114, 178	0, 45, 70
朱紅	#D55E00	27°	0, 80, 100, 0	213, 94, 0	80, 40, 0
紅紫	#CC79A7	326°	10, 70, 0, 0	204, 121, 167	80, 60, 70
黑	#000000	N/A	0, 0, 0, 100	0, 0, 0	0, 0, 0

雖然有幾種好的、對 CVD 安全的顏色尺度可以使用，但我們必須了解它們不是萬靈丹。使用了一組對 CVD 友善的尺度但還是做出 CVD 無法解讀的圖表，是非常有可能的。其中一個關鍵的參數是彩色圖形元素的大小。顏色應用在大面積上而不是小面積或細線時，比較容易區分 [Stone, Albers Szafir, and Setlur 2014]，這種效應在 CVD 下會加劇（圖 19-11）。除了本章和第 4 章中討論的各種顏色設計考慮因素外，我還建議在 CVD 模擬下查看顏色圖表，以感受 CVD 患者所看到的模樣。有幾種線上服務和電腦應用程式可讓你透過 CVD 模擬來檢查任意的圖表。

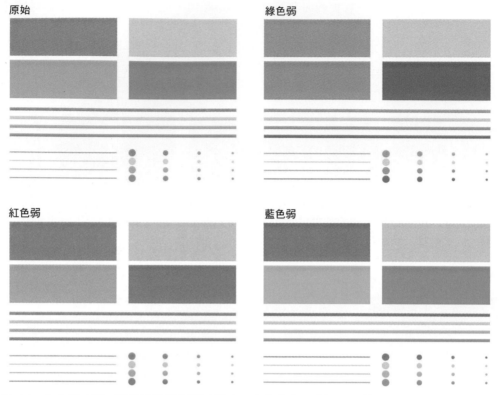

圖 19-11　在小尺寸下，彩色元素變得難以區分。左上方小圖（標記為「原始」）展示了四個矩形、四條粗線，四條細線和四組點，均以同樣的四種顏色上色。我們可以看到，視覺元素越小或越細，顏色會變得更難以區分。在大圖形元素的顏色就已經難區分的 CVD 模擬中，這個問題變得更加嚴重。

為了確保你的圖表適用於 CVD 患者，不要只依賴於特定的顏色尺度。相反的，在 CVD 模擬器中測試你的圖表。

## 第二十章

重複編碼

在第 19 章中我們看到，顏色並不能永遠像我們希望的那般有效地傳達資訊。如果想要識別許多不同的項目，那麼透過顏色來做，可能效果不彰。要比對圖表中與圖例中的顏色是很困難的（圖 19-1）。即使需要區分的項目只有兩、三個，如果有色的物件非常小（圖 19-11），或者對色覺有缺陷的人來說顏色看起來很相似，顏色也可能會失敗（圖 19-7 和 19-8）。以上這些狀況的一般解決方案，是使用顏色來增強圖形的視覺外觀，但不依賴用顏色來傳達關鍵資訊。我將此設計原則稱為**重複編碼**（*redundant coding*），因為它促使我們使用多種不同的視覺維度，對資料進行重複的編碼。

使用重複編碼來設計圖例

多組資料的散佈圖在一般的設計上，不同組的點僅在顏色上有所不同。例如，請參見圖 20-1，它呈現了三種不同鳶尾花品種之萼片寬度與萼片長度的關係。（萼片是開花植物的花的外葉。）代表不同品種的點的顏色不同，但除此之外所有點看起來完全相同。儘管這張圖表只包含了三組不同的點，但即使對於具有正常色覺的人來說也難以閱讀。問題出在兩種品種 *Irisvirginica* 和 *Irisversicolor* 的資料點混在一起，而且它們的兩種顏色（綠色和藍色）差異並不特別明顯。

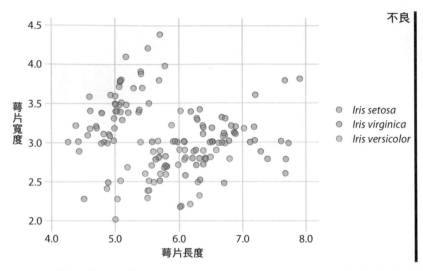

圖 20-1　三種不同的鳶尾花品種（Irissetosa、Irisvirginica 和 Irisversicolor）之萼片寬度與萼片長度比較。每個點代表一個植物樣本的測量值。所有的點的位置都施加了少量抖動，以防止重疊繪製。此圖標記為「不良」，因為 virginica 的綠色點和 versicolor 的藍色點很難區分。資料來源：[Fisher 1936]。

令人驚訝的是，比起具有正常色覺的人，綠色和藍色點對於具有紅 - 綠視覺缺陷（綠色弱或紅色弱）的人來說更容易區分（比較圖 20-2 的最上一排與圖 20-1）。另一方面來說，對於有藍 - 黃缺陷（藍色弱）的人來說，藍色和綠色點則看起來非常相似（圖 20-2 左下）。如果我們以灰階列印此圖形（也就是將圖形去飽和度），我們就無法區分出任何鳶尾花品種（圖 20-2 右下）。

我們可以對圖 20-1 進行兩項簡單的改進，以緩解這些問題。首先，我們可以將 Irissetosa 和 Irisversicolor 的顏色交換，這樣藍色就不再緊靠綠色（圖 20-3）。其次，我們可以使用三種不同的符號形狀，讓這些點看起來都不同。透過這兩項更改，圖形的原始版本（圖 20-3）和色覺缺陷版本以及灰階圖像（圖 20-4）都變得可讀。

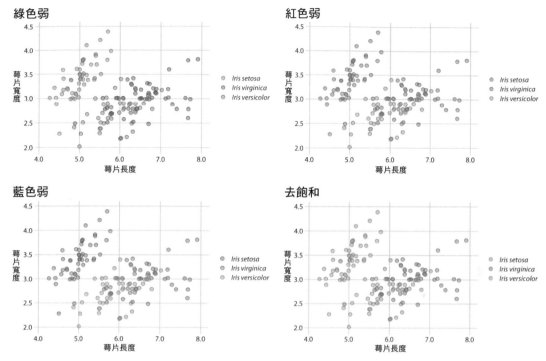

圖 20-2　圖 20-1 的色覺缺陷模擬。資料來源：[Fisher 1936]。

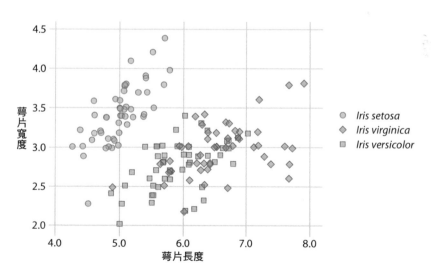

圖 20-3　三種不同的鳶尾花品種之萼片寬度與萼片長度比較。與圖 20-1 相比，我們交換了 Irissetosa 和 Irisversicolor 的顏色，並給每個鳶尾花品種不同的點形狀。資料來源：[Fisher 1936]。

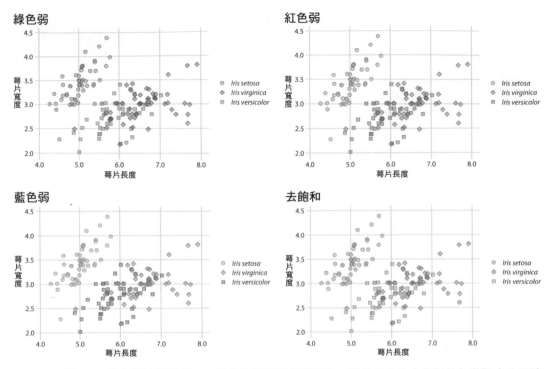

圖 20-4　圖 20-3 的色覺缺陷模擬。由於使用了不同的點形狀，即使是完全去飽和的灰階版本也很清晰。資料來源：[Fisher 1936]。

更改點的形狀是散佈圖的一種簡單策略，但它不一定適用於其他類型的圖。在線圖中，我們可以更改線型（實線、虛線、點虛線等；另請參見圖 2-1），但使用虛線或點虛線通常會產生次優的結果。尤其是，虛線或點虛線通常看起來不太好，除非它們完全筆直或僅有輕微彎曲，而且在任何一種情況下它們都會產生視覺雜訊。此外，要比對圖表和圖例的不同類型的破折號或點虛線樣式，經常需要大量的精力。那麼我們要如何處理如圖 20-5，使用線條來呈現四家主要科技公司股價隨時間變化的視覺化？

圖 20-5　四家主要科技公司隨時間變化的股價。各家公司的 2012 年 6 月股票價格已經標準化為 100。這張圖表被標記為「不良」，因為比對圖例中的公司名稱與資料曲線需要大量精力。資料來源：Yahoo 財經。

此圖包含四條線代表四家不同公司的股票價格。這些線條採用色盲友善的顏色尺度進行顏色編碼。因此將每條線與相應的公司配對，應該是相對簡單的——但事實並非如此。這裡的問題在於資料線具有視覺順序。代表 Facebook 的黃線看起來是最高線，而代表 Apple 的黑線看起來是最低的，Alphabet 和 Microsoft 介於兩者之間。然而在圖例中，四家公司的順序是 Alphabet、Apple、Facebook、Microsoft（按字母順序排列）。因此，資料線的感知順序不同於圖例中公司的順序，要比對資料線與公司名稱需要花費大量精力。

這個問題通常出現在自動產生圖例的圖表軟體上。圖表軟體沒有觀察者感知之視覺順序的概念。相反的，此軟體是依照其他順序對圖例進行排序，最常見的是字母順序。我們可以將圖例中的項目手動排序以解決此問題，讓它們與資料中的感知排序相符（圖 20-6）。得到的結果是一張更容易比對圖例和資料的圖表。

圖 20-6　四家主要科技公司隨時間變化的股價。與圖 20-5 相比，圖例中的項目已重新排序，使它們與資料線的感知視覺順序相符，Facebook 最高、Apple 最低。資料來源：Yahoo 財經。

 如果你的資料中存在視覺排序，請確保在圖例中依序排列。

使圖例順序與資料順序一致都是有幫助的，但在色覺缺陷模擬下，好處尤其明顯（圖 20-7）。例如，它有助於難以區分藍色和綠色的藍色弱版本（圖 20-7 左下）。它也有助於灰階版本（圖 20-7 右下）。雖然 Facebook 和 Alphabet 的兩種顏色幾乎具有相同的灰階值，但我們可以看到 Microsoft 和 Apple 以較暗的顏色呈現，並佔據了最底層的兩個位置。因此，我們會正確地假設最高的線對應到 Facebook，而第二條線對應到 Alphabet。

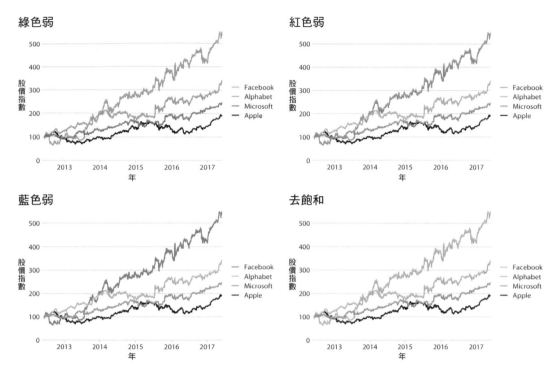

圖 20-7　圖 20-6 的色覺缺陷模擬。資料來源：Yahoo 財經。

設計沒有圖例的圖表

雖然圖例的易讀性可以透過資料的重複編碼來改善，但在多種視覺呈現中，圖例總是給讀者帶來額外的精神負擔。在閱讀圖例時，讀者需要在圖表的一部分中獲取資訊，然後將其轉移到不同的區域。如果我們整個移掉圖例，通常會讓讀者的日子輕鬆一點。然而，移除圖例並不代表完全不提供，然後在圖的標題中寫出諸如「黃點代表 Irisversicolor」之類的句子。移除圖例代表我們所設計的方式是，即使沒有明確的圖例，也能立即呈現各種圖形元素所代表的內容。

我們可以採用的一般策略稱為**直接標示**（*direct labeling*），將能夠作為圖形指南的適當文字標籤或其他視覺元素整合進來。先前我們在第 19 章（圖 19-2）中介紹過直接標示，以取代有 50 多種不同顏色的圖例。為了將直接標示概念應用於股票價格的圖表上，我們將每個公司的名稱放在其相應資料末尾的旁邊（圖 20-8）。

圖 20-8　四家主要科技公司隨時間變化的股價。各家公司的 2012 年 6 月股票價格已經標準化為
100。資料來源：Yahoo ！金融。

盡可能設計不需要獨立圖例的圖表。

我們也可以將直接標示的概念應用在本章開頭的鳶尾花資料上，尤其是圖 20-3。因為它
是分成三個不同組的許多點的散佈圖，所以我們要直接標註組別而不是單點。一種解決
方案是畫出包圍大部分點的橢圓，然後標註橢圓（圖 20-9）。

對於密度圖來說，我們可以透過類似方法直接標記曲線，而不是提供顏色編碼的圖例
（圖 20-10）。在圖 20-9 和 20-10 中，我將文字標籤加上與資料相同的顏色。上了色的
標籤可以大大提高直接標示的效果，但也可能效果不佳。如果文字標籤列印出來的顏色
太淺，則標籤會難以閱讀。而且因為文字是由非常細的線組成，所以上了色的文字通常
看起來比同色的相鄰色塊更淡。我通常會使用同色的兩種不同深淺來避免這些問題：在
色塊區域使用淺色，在線條、輪廓和文字上使用深色。如果你仔細檢查圖 20-9 或 20-
10，就會看到每個資料點或上色區域是淺色，輪廓則是以同色的深色調繪製。文字標籤
是以相同的深色繪製。

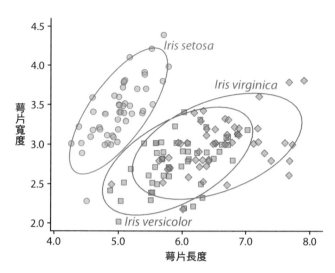

圖 20-9　三種不同鳶尾花品種之萼片寬度與萼片長度的關係。代表不同鳶尾花品種的點直接用彩色橢圓和文字標籤來標示。與圖 20-3 相比，我在這裡刪除了背景網格，因為圖表變得太亂。資料來源：[Fisher 1936]。

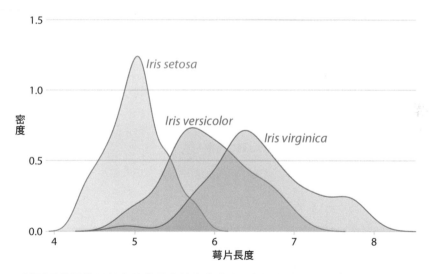

圖 20-10　三種不同鳶尾花品種之萼片長度的密度估計。每個密度估計值直接用該品種名稱來標示。資料來源：[Fisher 1936]。

我們還可以將密度圖放入散佈圖的邊緣（圖 20-11），使用如圖 20-10 的密度圖來取代圖例。這使得我們可以直接標記邊緣的密度圖而非中心的散佈圖，因此得到的圖形比直接標記橢圓的圖 20-9 更簡潔。

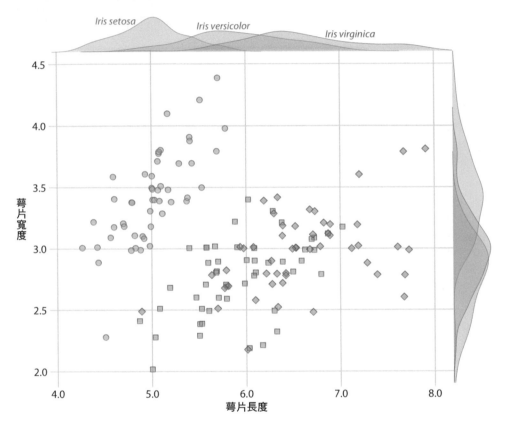

圖 20-11　三種不同鳶尾花品種的萼片寬度與萼片長度的關係，以及每一品種之每個變數的邊緣密度估計值。資料來源：[Fisher 1936]。

最後，每當我們在多種視覺呈現中加入單一變數時，我們通常不想在各個視覺上呈現多個獨立的圖例。相反的，應該是用一個類似圖例的視覺元素同時涵蓋所有的圖表。在將相同的變數對應到沿主軸位置和顏色的情況下，這意味著參考的顏色條，應該沿著同一個軸並整合起來。圖 20-12 顯示了我們將溫度對應到沿 x 軸的位置和顏色，因此將顏色圖例整合到 x 軸上的情況。

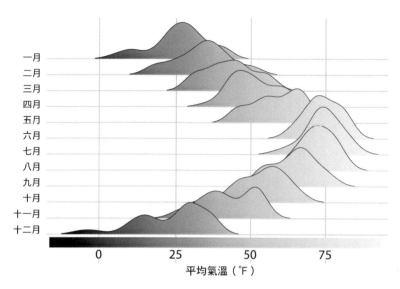

圖 20-12　2016 年內布拉斯加州林肯市的氣溫。這張圖表是圖 9-9 的變化。氣溫同時透過沿 x 軸的位置和顏色呈現，沿 x 軸的顏色條將溫度轉換為顏色的尺度視覺化。資料來源：Weather Underground。

## 第二十一章

多圖圖表

當資料集變得龐大而複雜時,它們通常包含的資訊會比能夠合理地在單一的圖表中呈現的多上很多。要將此類資料集視覺化,製作多圖圖表會很有幫助。這是由多張小圖組成的圖表,其中每張小圖各別呈現資料的一些子集。這種圖表有兩種不同的類別:多重小圖和複合圖。**多重小圖**(*small multiples*)是由以規則的網格排列的多張小圖組成的圖。每張小圖呈現資料的不同子集,但所有小圖都使用相同類型的視覺化。**複合圖**(*compound*)包括了以任意排列(不一定依照網格排列)而且呈現完全不同的視覺化、或甚至可能不同的資料集的個別圖表小圖。

在本書的許多地方,我們遇到過兩種類型的多重小圖圖表。通常這些圖表直覺且易於理解。但是,在準備這些圖表時,我們需要注意一些問題,例如適當的軸縮放、對齊以及獨立小圖之間的一致性。

多重小圖

「多重小圖」一詞在 [Tufte 1990] 中受到推廣。同時期貝爾實驗室的克利夫蘭、貝克爾及其同事([Cleveland 1993];[Becker, Cleveland, and Shyu 1996])推廣了另一個術語「格子圖」(trellis plots)。無論術語為何,它的關鍵概念是依據一個或多個資料維度將資料切成部分,分別將每個資料切片視覺化,然後將各個視覺化排列成網格。網格中的欄、行或單個小圖,是以定義了資料切片的維度值來做標示。近來,這種技巧有時也被稱為「分面」(faceting),名稱來自受到廣泛使用的 ggplot2 繪圖庫中製作此類圖表的方法(ggplot2 的 facet_grid() 函數)[Wickham 2016]。

第一個例子，我們要將這種技巧應用在鐵達尼號乘客的資料集上。我們可以依據每位乘客的艙等以及是否倖存來細分該資料集。在這六個資料切片中的每一切片中，都有男性和女性乘客，我們可以使用長條圖來呈現這些數字。得到的結果是六張長條圖，我們將它們分為兩列（一列為死亡的乘客，一列為倖存者），三行（每艙等一行）（圖 21-1）。列和行都有標籤，因此六張圖各自對應了哪一個生存狀態和艙等的組合，是顯而易見的。

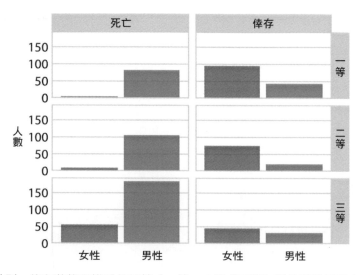

圖 21-1　依照性別、倖存狀態和搭乘的艙等（一等、二等或三等）劃分鐵達尼號上的乘客。資料來源：鐵達尼號百科全書。

這種視覺化提供了直覺且易解讀的鐵達尼號乘客之命運的視覺化。我們立即看到大多數男性死亡，大多數女性倖免於難。此外，幾乎所有死亡的女性都在三等艙。

多重小圖是一次視覺化大量資料的強大工具。圖 21-1 使用了六個單獨的小圖，但我們可以使用更多的小圖。圖 21-2 呈現了網路電影資料庫（IMDB）上的電影的平均分數與電影得票數之間的關係，以 100 年間上映的電影區分。在這裡，資料集僅依照一個維度（也就是年份）進行切片，每年的小圖依照從左上到右下的順序排列。此視覺化顯示出平均分數和投票數之間有一個整體的關係，也就是投票數高的電影傾向於有更高的分數。然而，這種趨勢的強度隨著年份的不同而變化，對於 21 世紀初期發行的電影來說，兩者之間並沒有任何關係，甚至是負向的關係。

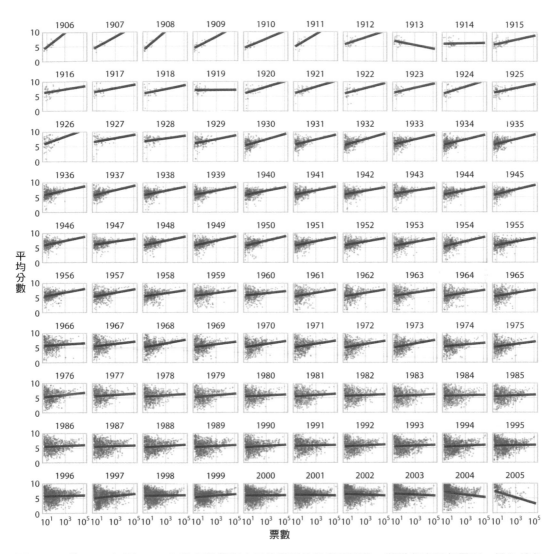

圖 21-2　從 1906 年到 2005 年發行的電影之平均電影分數與投票數。藍點代表單部電影，橘色線代表每部電影的平均分數對比電影得到之投票數的對數線性回歸。在大多數年份中，有較高票數的電影平均有較高的平均分數。然而，這種趨勢在 20 世紀末減弱了，而且在 21 世紀初期發行的電影中可以看到負向的關係。資料來源：IMDB（ *http://imdb.com* ）。

為了使這些大圖易於理解，在每個小圖上使用相同的軸範圍和尺度是很重要的。人類的頭腦會預期這樣的狀況。如果不是，讀者很有可能會誤解圖中呈現的內容。舉例來說，看一下圖 21-3，其中呈現了不同學位領域的學士學位比例隨時間的變化情況。此圖呈現了 1971 年至 2015 年間，平均佔了所有學位 4% 以上的九個學位領域。每個小組的 y 軸按比例縮放，使每個學位的曲線涵蓋整個 y 軸範圍。因此，對圖 21-3 的粗略檢視之後會得到結論，九個領域都同樣受歡迎，而且都具有相似程度的熱門程度變化。

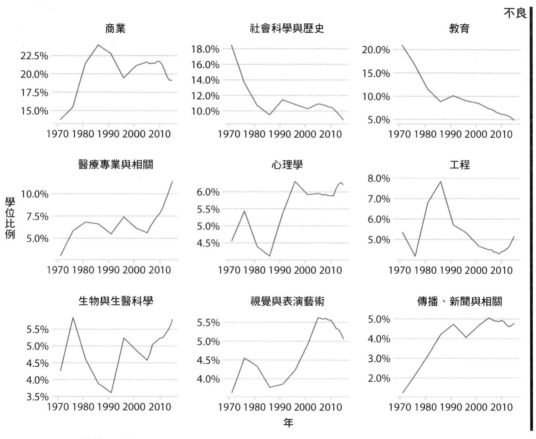

圖 21-3　美國高等教育機構頒發的學士學位趨勢。呈現的是佔了所有學位的 4% 以上的所有學位領域。此圖被標記為「不良」，因為所有的小圖使用不同的 y 軸範圍。這種選擇模糊了不同學位區域的相對大小，而且過度誇大了某些學位領域的變化。資料來源：國家教育統計中心。

然而，將所有的小圖放上相同的 y 軸之後發現，先前的解讀方式具誤導性（圖 21-4）。某些學位領域比其他領域更受歡迎，同樣的，某些領域的受歡迎程度也比其他領域大幅增加或減少。例如，教育學位急劇下降，而視覺與表演藝術學位的比例大致保持不變，或可能略有增加。

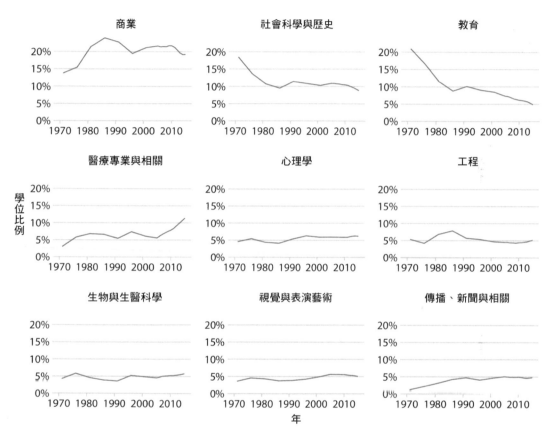

圖 21-4　美國高等教育機構頒發的學士學位趨勢。呈現的是平均佔所有學位的 4% 以上的所有學位領域。資料來源：國家教育統計中心。

我通常建議，不要在多重小圖的個別小圖中使用不同的軸尺度。但是，有時候這個問題確實是無法避免的。如果遇到這種情況，那麼我認為至少要在圖標題中引起讀者注意這個問題。例如，你可以加上類似這樣的句子：「請注意，此圖中不同小圖之間的 y 軸縮放比例不同。」

在多重小圖中的各小圖的排序也很重要。如果排序遵循一些邏輯原則，則圖表會更容易理解。在圖 21-1 中，行列是從最高級（一等艙）排到最低級（三等艙）。在圖 21-2 中，小圖是依年份從左上到右下遞增排列。在圖 21-4 中，我依照熱門程度遞減的順序來排列小圖，使得最熱門的學位排在第一行和／或左側，最不熱門的學位排在最後一行和／或右側。

 要依照有意義的邏輯順序來排列多重小圖中的小圖。

複合圖

並非每種具有多張小圖的圖形都符合多重小圖的模式。有時我們只是想將幾張獨立的小圖組合成一張傳達出整體觀點的圖形。在這種情況下，我們可以將各張圖依照行、列或其他更複雜的排列方式進行排列，並將整個排列稱為一張圖表。例如，看看進一步分析了美國高等教育機構頒發的學士學位之趨勢的圖 21-5。圖 21-5 的小圖 (a) 顯示了從 1971 年到 2015 年頒發的學位總數的成長，在這段期間內大約翻了一倍。(b) 小圖顯示了同一時期五個最受歡迎的學位領域中，受頒學位百分比的變化。我們可以看到社會科學、歷史和教育從 1971 年到 2015 年經歷了大幅下降，而商業和醫護專業則出現了大幅成長。

注意一下複合圖和多重小圖範例不同，它的各小圖是按字母順序標示的。這種標示通常使用拉丁字母表中的小寫或大寫字母來標記，以便唯一標示個別小圖。舉例來說，當我想談談圖 21-5 顯示的頒發學位百分比變化之部分時，我可以指向此圖的小圖 (b)，或簡單地說成「圖 21-5b」。如果沒有標籤，我就得笨拙地指出圖 21-5 的「右側小圖」或「左側小圖」，而且對於更複雜的小圖排列而言，要指定特定小圖會更加笨拙。多重小圖不需要也通常沒有做標記，因為每個小圖都由作為圖形標籤的刻面變數唯一指定了。

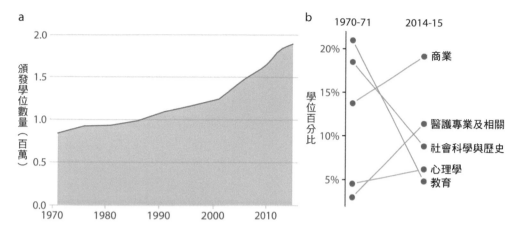

圖 21-5　美國高等教育機構頒發的學士學位趨勢。(a)1970 年到 2015 年頒發的學位總數幾乎翻了一番。(b) 在最受歡迎的學位領域中，社會科學、歷史和教育經歷了大幅衰退，而商業和醫護專業越來越受歡迎。資料來源：國家教育統計中心。

在標記複合圖的不同小圖時，請注意標籤是否適合整體圖形設計。我經常看到像是事後隨便貼上去的標籤。過於龐大和突出、被放在一個尷尬的位置，或者字體排版與圖中其他部分都不同的情況，並不少見。（範例請參見圖 21-6。）當你檢視複合圖時，標籤不應該是你看到的第一樣東西。事實上，它們完全不需要脫穎而出。我們通常知道哪個圖形小圖的標籤是什麼，因為一般都是從左上角由「a」開始，然後從左到右、從上到下連續標記。我認為這些標籤等同於頁碼。你通常不會去讀頁碼，哪個頁面是哪個號碼也是毫無疑問的，但有時使用頁碼來引用書籍或文章中的特定位置會很有幫助。

我們還需要注意複合圖的各個小圖如何組合在一起。做出一組個別看起來都很好，但是放在一起就行不通的小圖是可能的。尤其，我們需要採用一致的視覺語言。「視覺語言」是指我們用來呈現資料的顏色、符號、字體等。簡而言之，保持語言一致意味著相同的事物在圖表上看起來要相同或至少基本上相似。

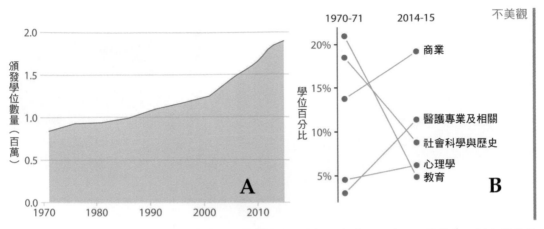

圖 21-6　圖 21-5 的變化與不良的標籤。小圖標籤太大太粗，字體不正確，而且放在一個奇怪的位置。此外，雖然用大寫字母標記沒有問題而且實際上很常見，但文件中的所有圖表的標籤必須保持一致。本書的慣例中，多圖圖表都使用小寫標籤，因此此圖表與本書中的其他圖表不一致。資料來源：國家教育統計中心。

讓我們來看一個違反此原則的例子。圖 21-7 有三張小圖，將男性和女性運動員之生理和身體組成的資料集視覺化。小圖 (a) 顯示資料集中的男性和女性數量，小圖 (b) 顯示男性和女性的紅血球和白血球數量，小圖 (c) 顯示男性和女性的體脂率，依運動類型分組。每張小圖都是可接受的圖表。但是，三個小圖組合起來後效果不佳，因為它們沒有共同的視覺語言。首先，小圖 (a) 在男性和女性運動員上都使用相同的藍色，小圖 (b) 僅用於男性運動員上，小圖 (c) 只用於女運動員上。此外，小圖 (b) 和 (c) 加入了額外的顏色，但這兩張小圖彼此顏色不同。若能在男性和女性運動員上使用相同的兩種顏色，並將相同的上色方案應用於小圖 (a) 會是最好的。其次，在圖 (a) 和 (b) 中，女性在左側，男性在右側，但在圖 (c) 中，順序是相反的。小圖 (c) 中的箱型圖順序應該調換過來，使它符合小圖 (a) 和 (b)。

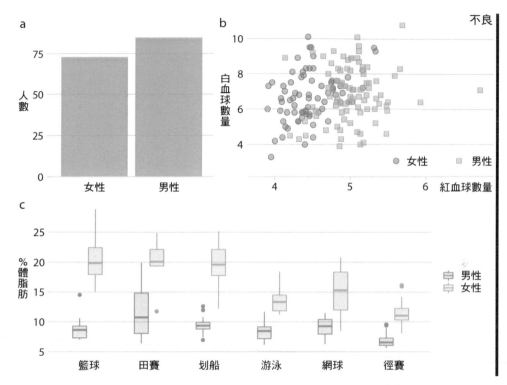

圖 21-7　男女運動員的生理和身體組成。(a) 資料集包括 73 名女性和 85 名男性職業運動員。(b) 男性運動員的紅血球數（RBC，以每升 10^{12} 個單位報告）的數量往往高於女性運動員，但白血球數量沒有這種差異（WBC，以每升 10^9 個單位報告）。(c) 男運動員的體脂率往往低於同一運動領域的女運動員。此圖被標記為「不良」，因為 (a)、(b) 和 (c) 未使用一致的視覺語言。資料來源：[Telford and Cunningham 1991]。

圖 21-8 修復了所有這些問題。在這張圖中，女運動員一致以橘色呈現，並放在以藍色呈現的男性運動員之左側。注意觀察，閱讀此圖比圖 21-7 要容易許多。當我們使用一致的視覺語言時，要判斷各小圖中哪些視覺元素代表女性、哪些代表男性，並不需要花費太多精力。另一方面，圖 21-7 可能非常混亂。尤其是乍看之下，可能會得到男性的體脂率高於女性的印象。另外注意一下，圖 21-8 只需要一個圖例，但在圖 21-7 需要兩個。由於視覺語言是一致的，因此相同的圖例也適用於小圖 (b) 和 (c)。

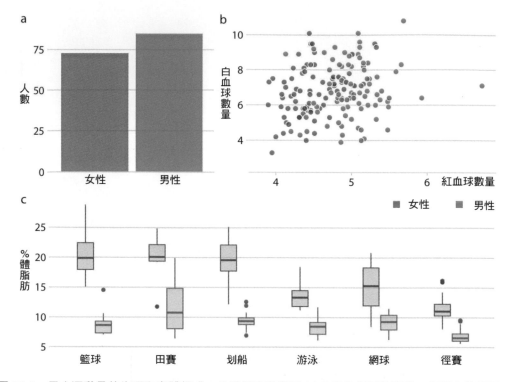

圖 21-8　男女運動員的生理和身體組成。此圖呈現了與圖 21-7 完全相同的資料，但現在使用了一致的視覺語言。女性運動員的資料總是呈現在男性運動員的資料的左側，而且性別在圖的所有元素中都使用了相同的顏色。資料來源：[Telford and Cunningham 1991]。

最後，我們需要注意複合圖中各個小圖的對齊。各小圖的軸和其他圖形元素應全部彼此對齊。要正確對齊可能相當具有挑戰性，尤其如果單獨的小圖是由不同的人和／或在不同的程式中準備，再使用影像處理程式貼在一起。為了引起你對這種對齊問題的注意，圖 21-9 呈現了圖 21-8 的變體，當中所有的圖形元素都稍微不對齊。我加了軸線到圖 21-9 的所有小圖上，以強調這些對齊問題。請注意，圖表中任一小圖的任一軸線都沒有相互對齊。

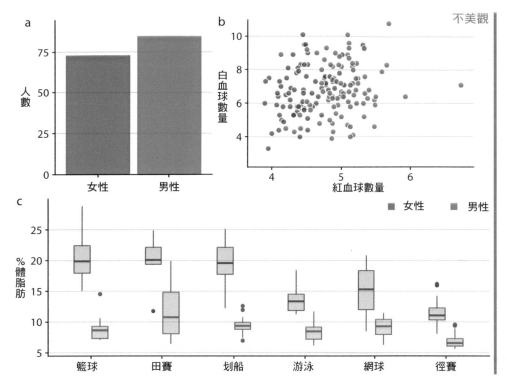

圖 21-9　圖 21-8 的變化，其中所有圖形小圖都略微未對準。不對稱是不美觀的，應該避免。資料來源：[Telford and Cunningham 1991]。

## 第二十二章

標題、圖說和表格

資料視覺化不是一件只因視覺美觀的特徵而獲欣賞的藝術品。相反的，它的目的是傳達資訊並提出觀點。為了在準備視覺化時能確實實現此目標，我們必須將資料放到上下文中，並提供附帶的標題、圖說和其他註釋。本章將討論如何正確地為圖表下標題和標註，以及如何以表格的形式呈現資料。

圖表標題和圖說

每張圖表的一個關鍵組成部分是標題。每張圖表都需要一個標題。標題的工作是準確地向讀者傳達這張圖表要表達的重點與觀點。但是，圖表標題可能不一定會出現在你預期看到它的位置。看一下圖 22-1。它的標題是「腐敗和人類發展：最發達國家的腐敗現象最少。」這個標題沒有出現在圖表上方。相反的，它是圖說文字方塊的第一個部分，位於圖形下方。這是我在本書中使用的風格。我一致性地呈現了沒有標題、但有獨立圖說的圖表（一個例外是第 5 章中的風格化圖表範例，它相反地有標題但無圖說）。

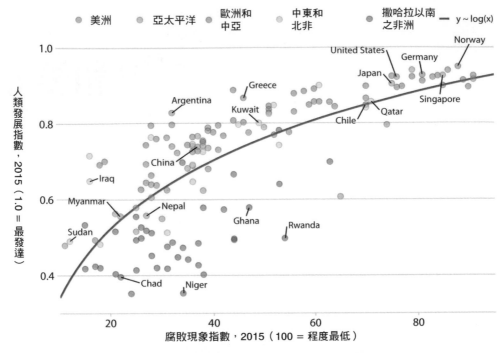

圖 22-1　腐敗與人類發展：最發達國家的腐敗現象最少。原始圖概念：[The Economist online 2011]。資料來源：透明國際和聯合國人類發展報告。

或者，我可以將圖標題及圖說的其他元素（例如資料來源聲明）整合到主視覺中（圖 22-2）。在直接比較下，你可能會發現圖 22-2 比圖 22-1 更美觀，並好奇為什麼我在書中選用後者風格。我這樣做是因為這兩種風格有不同的應用領域，具有整合標題的圖表並不適合傳統的書籍排版。基本原則是一張圖表只能有一個標題。標題若不是整合到實際的圖表中，就是成為圖形下方圖說的第一個元素。如果出版物的排版方式是每張圖形下面都有一般的圖說文字區塊，那麼標題就**必須**出現在該文字區塊中。出於此一原因，在傳統書籍或文章出版的情境下，我們通常不會將標題整合到圖表中。然而，如果圖表是要當作獨立的資訊圖表（infographic），或貼在社群媒體或沒有圖說文字的網頁中，那麼有整合標題、副標題和資料來源聲明的圖表便是合適的。

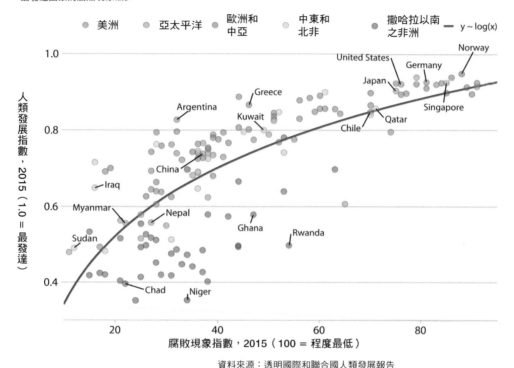

腐敗與人類發展
最發達國家的腐敗現象最少

資料來源：透明國際和聯合國人類發展報告

圖 22-2　圖 22-1 的資訊圖表版本。標題、副標題和資料來源聲明已整合到圖中。此圖表可以如實貼在網上，也可以在沒有單獨的圖說區塊的情況下使用。

如果你的文件排版是在每個圖形下方使用圖說區塊，那就將圖形標題當作圖說區塊的第一個元素，而不是放在圖形的頂部。

我在圖說中看到的最常見的錯誤之一，就是缺少一個適當的圖表標題作為圖說的第一個元素。回顧一下圖 22-1 中的圖說。它的開頭是「腐敗與人類發展」，而非「這張圖表呈現腐敗與人類發展如何相關」。圖說的第一部分永遠是標題，而非圖中內容的描述。標題不一定是完整的句子，但做出明確斷言的短句也可以作為標題。舉例來說，對於圖 22-1，諸如「最發達的國家最不腐敗」這樣的標題效果是好的。

軸和圖例標題

就像每張圖表都需要標題一樣，軸和圖例也需要標題。（軸標題通常被稱為**軸標籤** *[axis labels]*。）軸和圖例標題和標籤，說明了顯示的資料值以及它們如何對應到圖表的視覺上。

為了展示所有軸和圖例都經過適當標註和下標題的圖表範例，我要使用第 12 章中討論過的、視覺化為氣泡圖（圖 22-3）的藍色冠藍鴉資料集。在此圖中，軸標題標明 *x* 軸為以 g 為單位的體重，*y* 軸為 mm 為單位的頭長。同樣的，圖例標題顯示點的顏色代表鳥類的性別，點大小代表鳥類的頭骨大小，以 mm 為單位。我要強調，對於所有數值變數（體重、頭長和頭骨大小），相關標題不僅要說明所呈現的變數，還說明變數的測量單位。這是一個很好的習慣，應該盡可能這樣做。分類變數（例如性別）不需要單位。

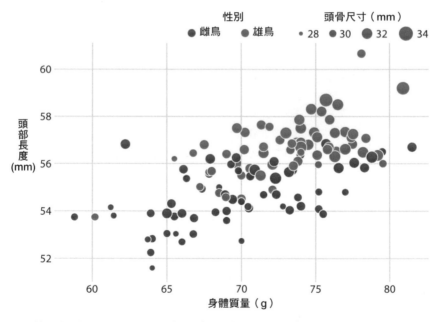

圖 22-3　123 隻冠藍鴉的頭長與體重。鳥的性別用顏色表示，鳥的頭骨大小用圓形大小表示。頭部長度包括了鳥喙的長度，而頭骨尺寸則不包括。資料來源：歐柏林學院的 Keith Tarvin。

但是有些情況下可以省略軸或圖例標題，那就是當標籤本身完全不言自明時。例如，標記為「雌性」和「雄性」兩個不同顏色的點的圖例，已經表示顏色代表性別。此時就不需要再用標題「性別」來解釋，而且事實上在本書中我經常省略表示性別的圖例標題（參見圖 6-10、12-2 或 21-1）。同樣的，國家名稱通常也不需要用標題標明它們是什麼（圖 6-11），電影片名（圖 6-1）或年份（圖 22-4）也不需要。

圖 22-4　四家主要科技公司隨時間變化的股價。各家公司的 2012 年 6 月股票價格已經標準化為 100。這張圖表是第 20 章圖 20-6 的略微修改版本。這裡代表時間的 x 軸沒有標題。從上下文中可以明顯看出，2013、2014 等數字是指年份。資料來源：Yahoo 財經。

但是，在省略軸或圖例標題時我們必須要小心，因為很容易誤判上下文中哪些內容是否顯而易見。我經常看到大眾媒體中的圖表將軸標題省略到讓我感到不舒服的程度。例如，有些出版物可能會製作一張如圖 22-5 所示的圖表，並假定軸的含義在圖表標題和副標題中是顯而易見的（在這裡是：「四家主要科技公司隨時間變化的股價。各家公司的 2012 年 6 月股票價格已經標準化為 100」。我不同意「上下文已經定義了軸」的觀點。因為圖說通常不包括諸如「x/y 軸顯示了」之類的字眼，所以總是需要某程度的猜測來解讀圖表。依據我自己的經驗，沒有正確標記軸的圖表往往會讓我感到不安——即使我 95% 確定我了解圖表所展示的內容，我也不敢 100% 肯定。作為一般原則，我認為要讓讀者猜測是一種不好的做法。為什麼要讓讀者產生不確定感呢？

不良

圖 22-5　四家主要科技公司隨時間變化的股價。各家公司的 2012 年 6 月股票價格已經標準化為 100。圖 22-4 的這個變體被標記為「不良」，因為 y 軸現在沒有標題了，因此沿 y 軸呈現的值是什麼，並不是立即從上下文就能看出的。資料來源：Yahoo 財經。

反過來說，我們也可能過度標註。如果圖例列出了四家知名公司的名稱，那麼寫了「公司」的圖例標題是多餘的，不會添加任何有用的資訊（圖 22-6）。同樣的，雖然我們通常應該聲明所有定性變數的單位，但如果 x 軸顯示的是最近幾年，那麼將標題寫上「時間（AD 年）」是很怪異的。

最後，在某些情況下，不僅可以省略軸標題，也可以省略整個軸。圓餅圖通常沒有明顯的軸（例如圖 10-1），樹狀圖也沒有（圖 11-4）。如果圖的含義清楚，馬賽克圖或長條圖可以省略一個或兩個軸（圖 6-10 和 11-3）。省略明確帶有軸刻度和刻度標籤的軸，便是向讀者發出信號，表示圖的定性特徵比特定資料值更為重要。

圖 22-6　四家主要科技公司隨時間變化的股價。各家公司的 2012 年 6 月股票價格已經標準化為 100。圖 22-4 的這個變體被標記為「不美觀」，因為它被過度標記。尤其，為沿 x 軸的值提供單位（「AD 年」）是笨拙且不必要的。資料來源：Yahoo 財經。

表格

表格是視覺化資料的重要工具。然而，由於它們看起來淺顯簡單，而可能未必得到應有的關注。我在本書中展示過一些表格；例如，表 6-1、7-1 和 19-1。請花點時間找到這些表格，查看它們的格式，並將它們與你或同事最近製作的表格進行比較。雖然很相似，但是它們有重要的差異。據我的經驗，如果沒有適當的表格格式訓練，很少有人可以本能地選擇出正確的格式。在自行發表的文件中，格式不佳的表格比設計不佳的圖表更為普遍。此外，大多數常用來製作表格的軟體都提供了不推薦的預設值。例如我的 Microsoft Word 版本提供了 105 種預定義的表格樣式，其中至少 70 或 80 違反了我將在這裡討論的一些表格規則。因此，如果你隨機選擇 Microsoft Word 表格配置，則大約有 80% 的機會會選到一個有問題的表格。如果你選擇預設值，那麼每一次都會得到一張格式不佳的表格。

表格配置的一些關鍵規則如下：

1. 不要使用垂直線。

2. 不要在資料行之間使用水平線。（用水平線當作標題行和第一行資料之間的分隔線，或作為整個表的外框是可以的。）

3. 文字列應該靠左對齊。

4. 數字列應該靠右對齊，而且統一使用相同位數的小數點。

5. 包含單一字元的列，應該居中對齊。

6. 標題文字應與其資料對齊；意即：文字列的標題靠左對齊，數字列的標題靠右對齊。

圖 22-7 以四種不同方式重新製作了表 6-1 中的資料，其中兩個（a、b）違反了上述幾個規則，其中兩個（c、d）沒有違反。

a　　　　　　　　　　　　　　　　　　不美觀

Rank	Title	Amount
1	*Star Wars: The Last Jedi*	$71,565,498
2	*Jumanji: Welcome to the Jungle*	$36,169,328
3	*Pitch Perfect 3*	$19,928,525
4	*The Greatest Showman*	$8,805,843
5	*Ferdinand*	$7,316,746

b　　　　　　　　　　　　　　　　　　不美觀

Rank	Title	Amount
1	*Star Wars: The Last Jedi*	$71,565,498
2	*Jumanji: Welcome to the Jungle*	$36,169,328
3	*Pitch Perfect 3*	$19,928,525
4	*The Greatest Showman*	$8,805,843
5	*Ferdinand*	$7,316,746

c

Rank	Title	Amount
1	*Star Wars: The Last Jedi*	$71,565,498
2	*Jumanji: Welcome to the Jungle*	$36,169,328
3	*Pitch Perfect 3*	$19,928,525
4	*The Greatest Showman*	$8,805,843
5	*Ferdinand*	$7,316,746

d

Rank	Title	Amount
1	*Star Wars: The Last Jedi*	$71,565,498
2	*Jumanji: Welcome to the Jungle*	$36,169,328
3	*Pitch Perfect 3*	$19,928,525
4	*The Greatest Showman*	$8,805,843
5	*Ferdinand*	$7,316,746

圖 22-7　格式不佳和格式適當的表格，使用了第 6 章的表 6-1 中的資料。(a) 此表違反了許多適當的表格格式慣例，包括使用垂直線、在資料行之間使用水平線，以及將資料列置中對齊。(b) 此表有 (a) 的所有問題，而且在非常暗色和非常淺色的行之間交替，產生了視覺雜訊。此外，表頭在視覺上與表身並沒有明顯的區隔。(c) 這是一個格式適當的表格，設計極簡。(d) 顏色可以有效地將資料分組成行，但顏色差異應該微弱。表頭可以使用更強的顏色來區分。資料來源：Box Office Mojo（*http://www.Box Office Mojo.com*）。經授權使用。

當作者繪製資料行之間有水平線的表格時，目的通常是幫助視線跟隨各行移動。但是，除非表格非常寬且稀疏，否則通常不需要這種視覺輔助。我們也不會在一般文字段落的行與行之間繪製水平線。水平（或垂直）線的代價是視覺混亂。比較圖 22-7 的 (a) 和 (c) 部分。(c) 部分比 (a) 部分容易閱讀許多。如果我們覺得需要一個視覺輔助工具來分隔表格各行，那麼交替深淺色背景通常效果良好，且不會產生太多混亂（圖 22-7d）。

最後，在圖和表的說明在顯示位置上有關鍵性的區別。習慣上，圖的標題會放在圖的下方，而表格標題通常放在表格上方。這個標題位置是受到讀者處理圖形和表格的方式所影響。以圖來說，讀者傾向於首先查看圖形呈現，然後再閱讀圖說來了解上下文，因此標題在圖的下方是合理的。相較之下，表格往往是像文字一樣從上到下閱讀的，先讀取表格內容再看說明通常沒有幫助。因此，標題會位於表格上方。

## 第二十三章

平衡資料和上下文

我們可以將任何圖表中的圖形元素大致細分為：代表資料的元素，和不代表資料的元素。前者是例如散佈圖中的點、直方圖或長條圖中的長條，或熱圖中的上色區域等元素；後者是諸如圖表軸、軸刻度和標籤、軸標題、圖例和圖表註釋等元素。這些元素通常為圖的資料和／或視覺結構提供上下文。在設計圖表時，考慮用於表示資料和上下文的墨水量（第 17 章）會很有幫助。一個常見的建議是減少非資料墨水的量。遵循這些建議往往可以產生較不雜亂，而且更優雅的視覺化。同時，上下文和視覺結構是重要的，過度地將提供上下文和視覺結構的圖表元素極簡化，可能導致難以閱讀、混淆，或不引人注目的圖表。

提供適當的上下文量

愛德華·圖夫特（Edward Tufte）在他的著作《定量資訊的視覺呈現》（The Visual Display of Quantitative Information）[Tufte 2001] 中，推廣了「將資料和非資料墨水區分開來是有益的」的想法。Tufte 推出了「資料 - 墨水比」的概念，將它定義為「用於資料資訊的非多餘呈現之圖形墨水比例。」然後他寫道（斜體字是我想強調的）：

在合理範圍內，將資料墨水比最大化。

我強調了「在合理範圍內」這句話，因為這很關鍵，卻經常被遺忘。事實上，我認為Tufte 在自己書的其他部分也忘記了這點，因為他在書裡提倡過於簡約的設計，在我看來，這些設計既不優雅也不容易破譯。如果我們將「將資料墨水比最大化」這句話解釋成「消除混亂並努力做出乾淨和優雅的設計」，那麼我認為這是合理的建議。但如果我們將其解釋為「盡你所能去掉非資料墨水」，那麼它將導致不良的設計選擇。如果我們在任何一個方向走得太遠，最終會得到不美觀的圖表。然而，除了極端之外，各式各樣的設計都是可以接受的，而且可能適用於不同的環境。

為了探索極端的情況，讓我們來看看一個具有太多非資料墨水的圖表（圖 23-1）。此圖表小圖（含有資料點的被框起中心區域）中的彩色點是資料墨水。其他一切都是非資料墨水。非資料墨水包括了圍繞整張圖表的外框、圍繞小圖的外框，以及圍繞圖例的外框。這些外框都不是必要的。我們還看到一個明顯且密集的背景網格，分散了觀眾對實際資料點上的注意力。將外框和次要網格線移除，並以淺灰色繪製主要網格線後，我們得到了圖 23-2。在此版本的圖中，實際資料點更加凸顯出來，而且被視為此圖中最重要的組成部分。

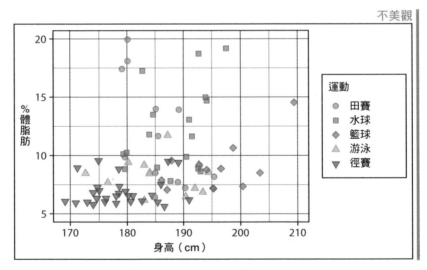

圖 23-1　澳大利亞專業男性運動員的體脂率與身高的關係。每個點代表一名運動員。這張圖表為非資料投入了太多的墨水。整張圖表周圍、小圖周圍和圖例周圍，都有不必要的外框。坐標網格過於突出，將注意力從資料點移開。資料來源：[Telford and Cunningham 1991]。

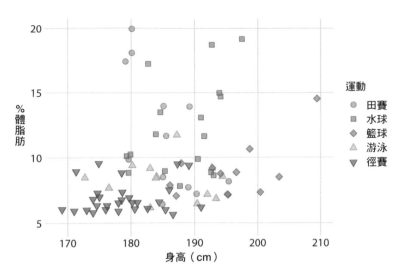

圖 23-2　澳大利亞專業男性運動員的體脂率與身高的關係。此圖是圖 23-1 清理後的版本。不必要的外框刪掉了，較小的網格線也刪掉了，主要網格線以淺灰色繪製，相對於資料點來說是退居幕後的。資料來源：[Telford and Cunningham 1991]。

在另一個極端下，我們可能會得到如圖 23-3 所示的圖表，這是圖 23-2 的極簡主義版本。在這張圖表中，軸刻度標籤和標題已經淡到幾乎看不見。如果我們只是瞄一下此圖，並無法立即看到實際呈現的資料。我們只看到漂浮在空間中的點。此外，圖例註釋也非常微弱，以至於圖例中的點可能會被誤認為是資料點。因為繪圖區域和圖例之間沒有視覺上的區隔，因此這種效應被放大了。注意圖 23-2 中的背景網格錨定了空間中的點，並且區分開資料區和圖例區。這兩種效果在圖 23-3 中已經不見了。

在圖 23-2 中，我使用的是開放式的背景網格，而且在小圖周圍沒有軸線或外框。我喜歡這種設計，因為它向觀察者傳達，可能的資料值範圍超出軸限制之外。例如，儘管圖 23-2 未顯示高於 210 公分的運動員，但可以想像這樣的運動員存在。然而，一些作者更喜歡透過在其周圍畫一個外框來描繪小圖的範圍（圖 23-4）。這兩種選擇都是合理的，要選擇哪一個純粹是個人意見。有框版本的一個優點，是它可以在視覺上將圖例與小圖分開。

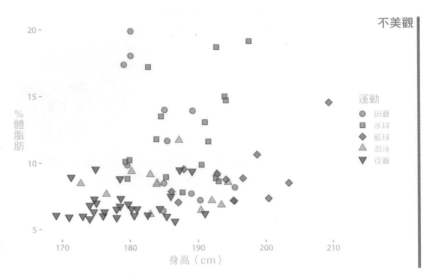

圖 23-3　澳大利亞專業男性運動員的體脂率與身高的關係。在這個例子中，刪除非資料墨水的概念進行過頭了。軸刻度標籤和標題太朦朧，幾乎看不到。資料點似乎漂浮在太空中。圖例中的點不夠強烈，無法與資料點區分開來，不注意的讀者可能會認為它們是資料的一部分。資料來源：[Telford and Cunningham 1991]。

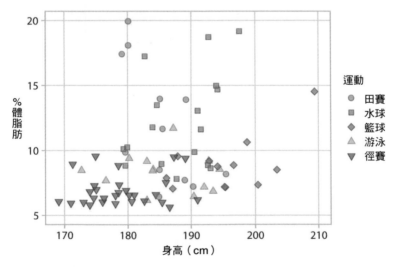

圖 23-4　澳大利亞專業男性運動員的體脂率與身高的關係。此圖在圖 23-2 的小圖周圍加上了一個框架，此框架有助於將圖例與資料分開。資料來源：[Telford and Cunningham 1991]。

非資料墨水太少的圖表，通常會令人感覺圖形元素似乎漂浮在空間中，沒有明確的連結或與任何東西有關連。在多重小圖中，這個問題往往特別嚴重。圖 23-5 呈現了一張比較了六種不同長條圖的多重小圖，但它看起來更像是一種現代藝術，而非有用的資料視覺化。長條沒有錨定到基線，個別小圖沒有清楚勾勒出來。我們可以在每個面板上加上淺灰色背景和細水平網格線，來解決這些問題（圖 23-6）。

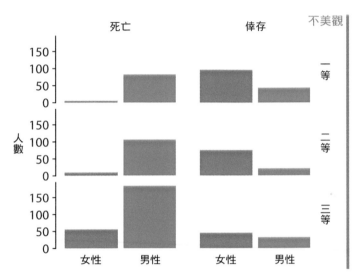

圖 23-5　鐵達尼號乘客的存活狀況，依性別和艙等劃分。這個多重小圖太簡約了。各小圖都沒有框起來，很難看出此圖的哪部分屬於哪張小圖。此外，個別長條都沒有定位到基線，看起來像在漂浮。資料來源：鐵達尼號百科全書。

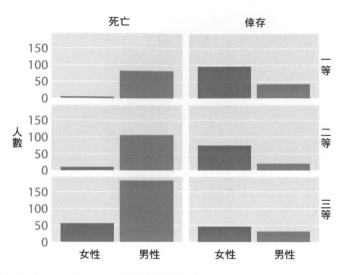

圖 23-6　鐵達尼號乘客的存活狀況，依性別和艙等劃分。這是圖 23-5 的改良版。每張小圖的灰色背景清楚地界定了構成此圖的六個分組（一等、二等或三等艙中的倖存或死亡）。背景中的水平細線為長條高度提供了參考值，並方便比較各小圖的長條高度。或者，我們也可以為每張小圖加外框，並使用灰色條凸顯分組變數（參見圖 21-1）。資料來源：鐵達尼號百科全書。

背景網格

圖表背景中的網格線可以幫助讀者判斷特定資料值，並將圖中某一部分的值與另一部分的值做比較。但同時，網格線也會增加視覺雜訊，尤其是當它們很明顯或間隔密集時。著重邏輯的人們對於是否要使用網格，以及如果要用、要使用什麼的格式和間隔密度，都有不同意見。在本書中，我使用了各種不同的網格樣式來強調，這不一定有單一最佳選擇。

R 軟體的 ggplot2 推廣了一種風格，在灰色背景上使用相當突出的白線背景網格。圖 23-7 呈現了此樣式的範例。此圖顯示了 2012 至 2017 的五年期間，四家主要科技公司的股價變化。在此我要向我非常尊重的 ggplot2 作者 Hadley Wickham 致歉，我不覺得白色 - 灰色背景網格特別吸引人。在我看來，灰色背景會不利於實際資料，而且具有主線和次線的網格可能太過密集。我也認為圖例中的灰色方塊令人困惑。

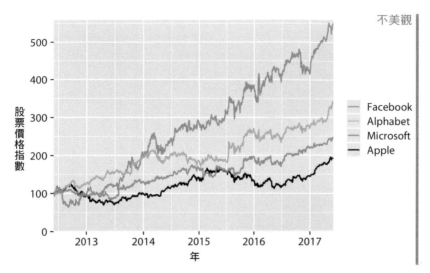

圖 23-7　四家主要科技公司隨時間變化的股價。各家公司的 2012 年 6 月股票價格已經標準化為 100。此圖模仿了 ggplot2 的預設外觀，灰色背景上有白色主要和次要網格線。在這個範例中，我認為網格線壓倒了資料線，產生了一張不平衡的圖表，並沒有充分強調資料。資料來源：Yahoo 財經。

贊成灰色背景的論點包括：它既有助於將圖表視為單一視覺整體，又可避免圖表在黑色文字環繞下呈現為白色方塊 [Wickham 2016]。我完全同意第一點，這就是我在圖 23-6 中使用灰色背景的原因。對於第二點，我要提醒的是，文字感知上的明暗度取決於字體大小、字體和每行間距，而圖形感知上的明暗度則取決於所用墨水的絕對量和顏色，包括所有資料墨水。以密集的 10 點 Times New Roman 字型排版的科學論文，看起來會比用 14 點 Palatino 字型排版、行間距為 1.5 行的精裝圖冊還要暗上許多。同樣的，黃色的 5 個資料點的散佈圖，看起來要比黑色的 10,000 個資料點的散佈圖輕得多。如果要使用灰色圖形背景，請考慮圖形前景的顏色強度，以及圖形周圍文字的預期排版和字體設計，並相對地調整背景灰色的選擇。否則，你的圖表可能會變成被較輕的文字圍繞的暗色方塊。此外也請記得，用於繪製資料的顏色必須和灰色背景搭配。在不同背景下，我們對顏色感知會有不同，而且灰色背景比白色背景需要更暗且更飽和的前景色。

讓我們反其道而行，將背景和網格線都移除（圖 23-8）。在這種情況下，我們需要可見的軸線來將圖表框起來，使它保持為單一視覺單位。對於這張圖來說，我認為這是更糟的選擇，我將它標記為「不良」。在沒有任何背景網格的情況下，曲線似乎在空間中漂浮，而且很難將右邊的結果值對照到左邊的軸刻度。

圖 23-8　四家主要科技公司隨時間變化的股價。在這張圖 23-7 的變體中，資料線錨定得不夠。這使得我們難以確定它在涵蓋的時間末端偏離指數值 100 多少。資料來源：Yahoo 財經。

在最低限度上，我們需要加一條水平參考線。由於圖 23-8 中的股票價格在 2012 年 6 月被指數為 100，因此在 y = 100 處用水平細線標註此值，會有很大的幫助（圖 23-9）。或者我們可以使用最少的水平線「網格」。對於主要關注點是 y 值變化的圖表，我們不需要垂直網格線。此外，只位在主要軸刻度處的網格線通常就足夠了，而且軸線可以省略或畫得非常細，因為水平線已經標出圖表的範圍（圖 23-10）。

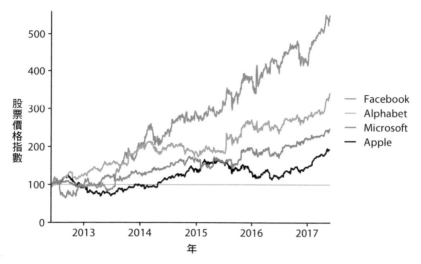

圖 23-9　四家主要科技公司隨時間變化的股價。在圖 23-8 的指數 100 處加上水平細線，有助於在圖表跨越的整個時間段內提供重要參考點。資料來源：Yahoo 財經。

圖 23-10　四家主要科技公司隨時間變化的股價。在所有 y 軸主要刻度上加上細水平線，提供了比圖 23-9 的單條水平線更好的參考點。此設計還消除了對明顯的 x 軸和 y 軸線的需要，因為均勻間隔的水平線為小圖建立了視覺架構。資料來源：Yahoo 財經。

對於這樣極簡的網格，我們通常會繪製線條垂直於所關注之數量變化的方向。因此，我們如果繪製的不是隨著時間變化的股票價格，而是以水平長條呈現五年後的上漲百分比，那就要使用垂直線來取代（圖 23-11）。

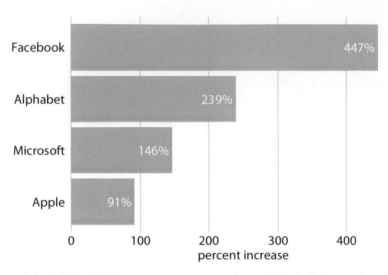

圖 23-11　四家主要科技公司從 2012 年 6 月至 2017 年 6 月的股價上漲百分比。由於長條是水平延伸的，因此垂直網格線是適當的。資料來源：Yahoo 財經。

　垂直於關鍵變數走向的網格線往往是最實用的。

對於如圖 23-11 所示的長條圖，Tufte 建議在長條圖上方繪製白色網格線，而不是在下方繪製黑色網格線 [Tufte 2001]。這些白色網格線會有將長條分成等長區段的效果（圖 23-12）。我對這種風格有兩種想法。一方面，針對人類感知的研究表明，將長條分割成不連續的部分有助於觀察者感知長條長度 [Haroz, Kosara, and Franconeri 2015]。另一方面，在我看來，長條看起來像是被切開了，不形成單一視覺單位。事實上，我在圖 6-10 中有目的地使用這種風格來直覺地分割代表男性和女性乘客的堆疊長條。哪種效應占了主導地位，可能取決於長條寬度、長條之間的距離，和白色網格線的粗細等具體選擇。因此，如果你打算使用此樣式，我建議你更改這些參數，以便得到能夠產生所需視覺效果的圖形。

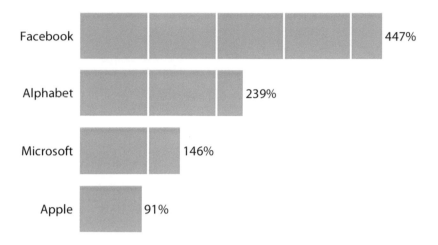

Facebook 447%

Alphabet 239%

Microsoft 146%

Apple 91%

圖 23-12　四家主要科技公司從 2012 年 6 月至 2017 年 6 月的股價上漲百分比。長條頂部的白色網格線可以幫助讀者感知長條的相對長度。但與此同時，也會營造出長條被分割的感覺。資料來源：Yahoo 財經。

我想指出圖 23-12 的另一個缺點。因為標籤放不進好幾個長條的最後一段，我不得不將百分比值移到長條之外。然而，這種選擇不適當地在視覺上拉長了長條，應該盡可能避免。

沿兩軸方向的背景網格，最適合用在沒有主要關注軸的散佈圖上。在本章開頭的圖 23-2 提供了一個範例。當圖形具有完整的背景網格時，軸線通常是不需要的。

成對資料

對於相對參考值是 $x = y$ 線的圖表，例如成對資料的散佈圖，我偏好繪製對角線而不是網格。例如，看一下圖 23-13，它比較了突變與非突變（野生型）病毒變種的基因表現量。對角線使我們立即看出，突變種相對於野生型，哪些基因表現更高或更低。當圖形有背景網格但沒有對角線時，就很難做出這樣的觀察（圖 23-14）。因此，即使圖 23-14 看起來美觀，我還是將其標記為不良。尤其是相對於野生型病毒，在突變體中具有顯著降低的表現量的基因 10A（圖 23-13），在圖 23-14 中在視覺上不突出。

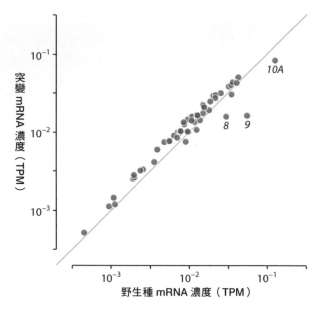

圖 23-13　突變噬菌體 T7 相對於野生型的基因表現量。基因表現量透過 mRNA 濃度測量，以每百萬的轉錄本條數（transcripts per million，TPM）表示。每個點對應一個基因。在突變噬菌體 T7 中，基因 9 前面的啟動子被刪除，這導致基因 9 以及相鄰基因 8 和 10A（圖中有標示）的 mRNA 濃度降低。資料來源：[Paff et al. 2018]。

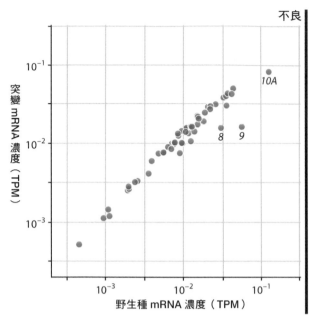

圖 23-14　突變噬菌體 T7 相對於野生型的基因表現量。透過將該資料集繪製在背景網格而不是對角線上，我們模糊了突變體中哪些基因比野生型細菌噬菌體更高或更低。資料來源：[Paff et al. 2018]。

當然，我們可以將圖 23-13 中的對角線加到圖 23-14 的背景網格上，以確保它有相關的視覺參考值。然而，這樣產生的圖表變得非常雜亂（圖 23-15）。我必須將對角線加深，使它在背景網格上突出，但現在資料點幾乎融入背景了。我們可以將資料點變大或變暗來改善這個問題，但綜合以上，我寧可選擇圖 23-13。

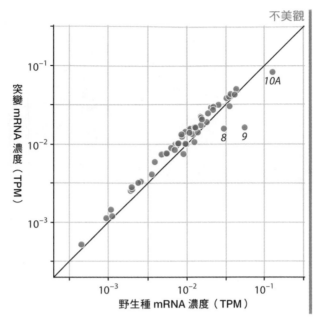

圖 23-15　突變噬菌體 T7 相對於野生型的基因表現量。此圖結合了圖 23-14 中的背景網格與圖 23-13 中的對角線。在我看來，與圖 23-13 相比，這張圖表在視覺上太混亂了，我偏好圖 23-13。資料來源：[Paff et al. 2018]。

總結

過度使用和過度移除非資料墨水，都會導致圖形設計不良。我們需要找到一個適當的中間點，使資料點成為圖表的主要重點，同時提供足夠的上下文以解釋所顯示的資料、各個點的相對位置，以及它們的含義。

關於背景和背景網格，沒有一種選擇可以適用於所有情況。我建議審慎對待網格線。仔細考慮哪些網格或引導線對你正在製作的圖表最有用，然後只呈現那些線。我偏好白色背景上的極簡淡色網格，因為白色是紙張的預設中性色，幾乎支持任何前景色。但是，陰影背景色可以幫助圖表呈現為單一視覺整體，這在多重小圖中可能特別有用。最後，我們必須考慮這些選擇和視覺品牌與識別的關係。許多雜誌和網站都喜歡立即可辨識的內部風格，有色背景和特定背景網格的選擇，可以協助營造獨特的視覺識別。

## 第二十四章

使用較大的軸標籤

如果你從本書中只學到一件事，我希望是這件事：注意軸標籤、軸刻度標籤，和其他各種繪圖註釋。很可能它們都太小了。依據我的經驗，幾乎所有的圖表軟體和繪圖庫都有不良的預設值。如果你使用預設值，幾乎可以肯定你正在做不良的選擇。

舉例來說，請看看圖 24-1。我經常看到這樣的圖表。軸標籤、軸刻度標籤和圖例標籤都非常小。我們幾乎看不到它們，可能需要放大頁面來閱讀圖例中的註釋。

此圖的一個較佳版本請參見圖 24-2。我認為字體仍然太小，這就是為什麼我把這張圖表標記為不美觀。不過我們正朝著正確的方向前進。在某些情況下，這張圖表可能是可接受的。因為圖表並不平衡，因此我在這裡的主要批評並不是標籤不清晰；而是與圖的其餘部分相比，文字元素太小。

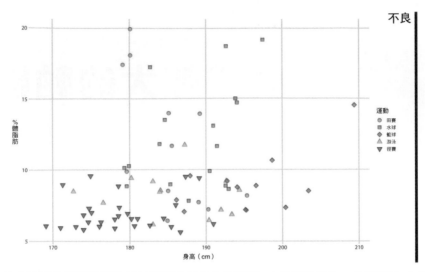

圖 24-1　澳大利亞專業男性運動員的體脂率與身高的關係。（每個點代表一名運動員。）這張圖表有同樣的問題，文字元素太小而且幾乎無法辨識。資料來源：[Telford and Cunningham 1991]。

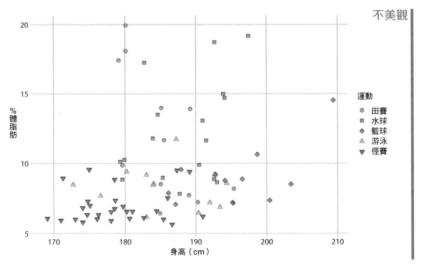

圖 24-2　男性運動員的體脂率與身高的關係。這張圖表是圖 24-1 的改良版，但是文字元素仍然太小，而且圖表不平衡。資料來源：[Telford and Cunningham 1991]。

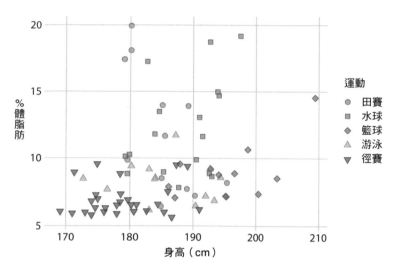

圖 24-3　男性運動員的體脂率與身高的關係。所有圖表元素都適當地縮放了。資料來源：[Telford and Cunningham 1991]。

圖 24-3 使用了我在本書中應用的預設設定。我覺得它很平衡；文字清晰易讀，也符合圖表的整體尺寸。

重要的是，我們也有可能矯枉過正，使標籤過大（圖 24-4）。有時候我們需要大標籤（舉例來說，假如圖表將被縮小使用），但是圖表的各種元素（尤其是標籤文字和圖表符號）需要相互配合。在圖 24-4 中，相對於文字來說，用於視覺化資料的點太小。一旦這個問題解決，這張圖表就是可行的（圖 24-5）。

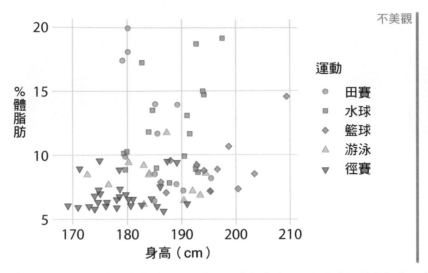

不美觀

圖 24-4　男性運動員的體脂率與身高的關係。文字元素相當大，如果圖表要縮得很小，它們的大小可能是合適的。但是，這張圖表整體上並不平衡；這些點相對於文字元素來說太小了。資料來源：[Telford and Cunningham 1991]。

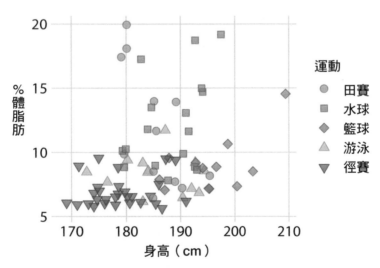

圖 24-5　男性運動員的體脂率與身高的關係。所有圖表元素都縮放了，使得圖表看起來平衡，而且能被縮小重製。資料來源：[Telford and Cunningham 1991]。

看到圖 24-5 時你可能會覺得一切都太大了。但是請記住它是要按比例縮小的。將圖表縮小至寬度僅為 2 到 3 英寸時，看起來還是很好。實際上在這種縮小程度下，這是本章中唯一會看起來不錯的圖表。

 要查看圖形的縮小版本，以確保軸標籤尺寸合適。

我認為有一個簡單的心理原因，使我們經常製作軸標籤太小的圖表，它與大型、高解析度的電腦螢幕有關。我們經常在電腦螢幕上預覽圖表，而且通常這樣做時，圖表在螢幕上佔了大量空間。在這種觀看模式中，即使相對較小的文字看起來也非常精細和清晰，大文字則看起來笨拙又巨大。事實上，如果你拿本章的第一張圖表，並將它放大到填滿整個螢幕的程度，你很可能會覺得它看起來很好。解決方案是以真實的列印尺寸查看圖表。你可以縮小圖表，使它們在螢幕上只有三到五英寸的寬度，或者站遠一點，檢查這張圖表是否在相當遠的距離外看起來仍然不錯。

## 第二十五章

避免使用線條圖

盡可能使用實心的彩色形狀來呈現資料，而不是使用勾勒出這些形狀的線條。實體形狀更容易被視為連貫的物件，較不會產生視覺殘影或錯覺，而且比輪廓更容易傳達數量。依據我的經驗，使用實體形狀的視覺化，比使用同版本的線條圖更清晰，也更美觀。因此，我都盡可能避免使用線條圖。但我想強調的是，這項建議並不取代比例墨水的原則（第 17 章）。

線條圖在資料視覺化領域有著悠久的歷史，因為在 20 世紀的大部分時間裡，科學領域的視覺化都是手工繪製的，且必須能夠以黑白重製。這排除了使用實色的區域，包括實心灰階填色。相反的，有時會透過運用斜線、交叉斜線或點畫模式來模擬填色區域。早期圖表軟體會模仿手繪模擬，並同樣廣泛使用線條圖、虛線或點虛線圖樣，以及陰影斜線。雖然現代視覺化工具以及現代的重製和出版平台已經沒有了先前的限制，但許多圖表應用程式的預設仍然是輪廓和空心形狀，而非填色區域。為了提高你對這個問題的重視，在這裡我將示範幾張用線條和填色形狀繪製的相同圖表。

最常見、同時也最不適合使用線條圖的情況，可以在直方圖和長條圖中看到。將長條繪製為輪廓的問題在於，線的哪一側是長條內部、哪一側是外部，並不是顯而易見的。因此，尤其是當長條之間有間隙時，會產生一個令人困惑的視覺圖樣，不利於圖表的主要資訊（圖 25-1）。用淺色填滿長條，或者在無法用彩色重製時用灰色填滿，避免了這個問題（圖 25-2）。

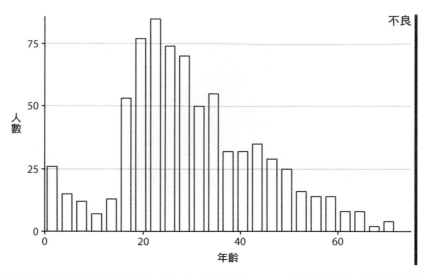

圖 25-1　鐵達尼號乘客年齡的直方圖，以空白長條繪製。空白長條造成了令人困惑的視覺模式。在直方圖的中心，很難分辨出哪些部分是長條內部、哪些是外部。資料來源：鐵達尼號百科全書。

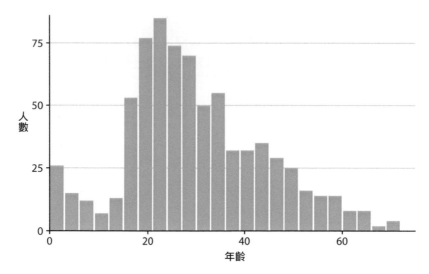

圖 25-2　鐵達尼號乘客年齡的直方圖。這與圖 25-1 中的直方圖相同，但現在以填色長條繪製。在此變體中，年齡分佈的形狀更容易辨別。資料來源：鐵達尼號百科全書。

接下來，讓我們來看看老派的密度圖。我要示範完全以黑白繪製為線條圖的三種鳶尾花的萼片長度分佈的密度估計值（圖 25-3）。分佈僅透過輪廓呈現，而且因為此圖是黑白，所以我使用不同的線條樣式來區分它們。這張圖表有兩個主要的問題。首先，虛線樣式無法為曲線上下區域之間提供清晰的界線。雖然人類視覺系統非常善於將各個線條元素連接成連續線，但虛線看起來仍然是多孔的，無法作為封閉區域的紮實邊界。其次，因為線相交而且它們所包圍的區域沒有上色，所以難以從六個不同的形狀輪廓中區分出不同的密度。如果三個分佈都使用實線而不是虛線，這種效應會更強。

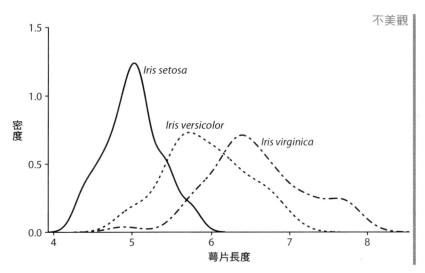

圖 25-3　三種不同鳶尾花品種的萼片長度之密度估計。用在 Irisversicolor、Irisvirginica 上的虛線樣式降低了「曲線下方區域與上方區域不同」的感知。資料來源：[Fisher 1936]。

我們可以嘗試透過使用彩色實線而非虛線來解決多孔邊界的問題（圖 25-4）。然而如此一來，圖中的密度區域仍然幾乎沒有視覺存在感。整體而言，我發現填色區域的版本（圖 25-5）最為清晰而具直覺性。不過，重要的是使填色區域部分透明，以便看到每個品種的完整分佈。

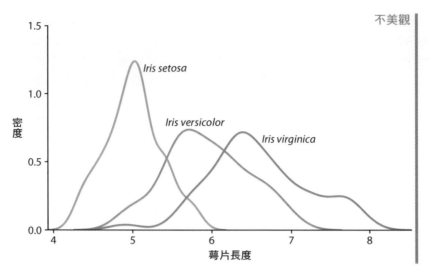

圖 25-4　三種不同鳶尾花品種的萼片長度之密度估計。透過使用彩色實線，我們解決了圖 25-3 中線條上下的區域似乎連接在一起的問題。但是，我們仍然無法強烈感知每條曲線下的面積大小。資料來源：[Fisher 1936]。

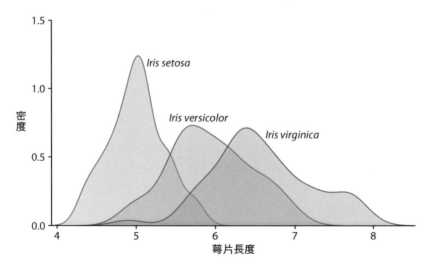

圖 25-5　三種不同鳶尾種的萼片長度之密度估計，以部分透明的上色區域呈現。上色有助於我們將三條密度曲線視為三個不同的物件。資料來源：[Fisher 1936]。

線條畫也會出現在散佈圖的情境下，其中不同的點類型會繪製為空心圓、三角形、十字形等。舉例來說，請看一下圖 25-6。此圖包含許多視覺雜訊，而且不同的點類型彼此之間沒有強烈的區別。用填色形狀來繪製相同的圖表，解決了這個問題（圖 25-7）。

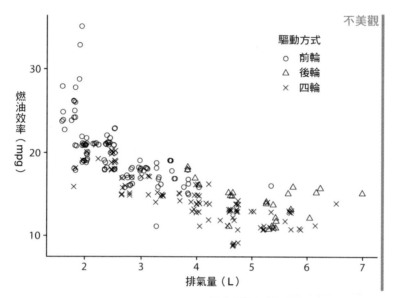

圖 25-6　前輪驅動（FWD）、後輪驅動（RWD）和四輪驅動（4WD）汽車之市區燃油效率與排氣量。不同的點樣式、用黑白線條畫的所有符號，都會產生大量的視覺雜訊，使圖表難以閱讀。資料來源：美國環境保護署（EPA），*https://fueleconomy.gov*。

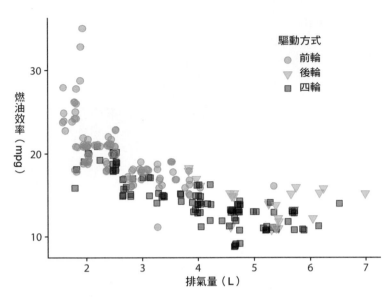

圖 25-7　市區燃油效率與排氣量。在不同的驅動方式上使用不同的顏色和不同的實心形狀，此圖在視覺上區分了各個驅動類型，同時也能夠在需要時以灰階重製。資料來源：EPA。

我強烈偏好實心點勝過於空心點，因為實心點有更多的視覺存在感。我有時聽到支持空心點的論點是它們有助於重疊繪製，因為每個點中間的空白區域允許我們看到可能位於下方的其他點。在我看來，能夠看到重疊繪製點的好處，通常不會超過空心符號所增加的視覺雜訊的損害。處理重疊繪製有其他的方法；若需建議，請參閱第 18 章。

最後，讓我們來看一下箱形圖。箱形圖通常繪製成空心箱子，如圖 25-8 所示。我偏好為箱子上淺色，如圖 25-9 所示。上色會使箱子與圖的背景區隔開來，尤其是將許多箱形圖放在一起時，它會有所幫助，如圖 25-8 和 25-9。在圖 25-8 中，大量的箱子和線條同樣也會產生「箱子內的背景區事實上是其他形狀之內部」的幻覺，和圖 25-1 類似。圖 25-9 中消除了此問題。我有時會聽到這樣的批評：箱子內部的顏色，會給中心 50% 的資料帶來了太多的重量，但我不接受這個論點。不管箱子有沒有上色，箱形圖的本質就是會強調中心 50% 的資料。如果你不想強調這一點，那麼請不要使用箱形圖。相反的，使用小提琴圖、抖動點，或 Sina 圖（第 9 章）。

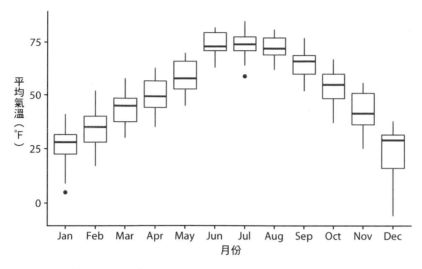

圖 25-8　2016 年內布拉斯加州林肯市的日均溫分佈。箱子採用傳統方式繪製，沒有陰影。資料來源：Weather Underground。

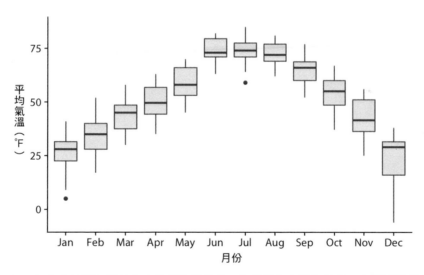

圖 25-9　2016 年內布拉斯加州林肯市的日均溫分佈。為箱子加上淺灰色後，它們更能從背景中凸顯出來。資料來源：Weather Underground。

## 第二十六章

不要走 3D 路線

3D 圖很受歡迎，尤其是在商業簡報，而在學術界中亦然。它們也幾乎都被不恰當地使用。幾乎所有 3D 圖表轉換成一般 2D 圖表都能夠改善。本章會說明為什麼 3D 圖表存在問題，為什麼我們通常不需要它們，以及在哪些有限的情況下 3D 圖表可能是合適的。

避免不必要的 3D

許多視覺化工具都能讓你將圖表的圖形元素轉換為 3D 物件來提升吸引力。最常見的是圓餅圖變成了在空間中旋轉的圓盤，長條圖變成了柱子，線圖變成了彩帶。值得注意的是，在這些情況中，第三維都沒有傳達任何實際資料。3D 僅用於裝飾和妝點圖表。我認為 3D 的使用是不必要的。它非常糟糕，應該從資料科學家的視覺詞彙中刪除。

不必要 3D 的問題在於，將 3D 物件投影成 2D 以便列印出來或在螢幕顯示，會使資料失真。當人類的視覺系統將 3D 影像的 2D 投影，對應回到 3D 空間時，會試圖校正這種失真。但是，這種修正只能是局部的。舉個例子，讓我們來看看一張有兩個切片的簡單圓餅圖，一片代表 25% 的資料，一片代表 75%，然後在空間中旋轉這張圓餅圖（圖 26-1）。當我們改變我們看圓餅圖的角度時，每個切片的大小似乎也會改變。尤其是，當我們從平面角度觀察圓餅時，位於圓餅前部分的 25% 切片似乎佔據了超過 25% 的面積（圖 26-1a）。

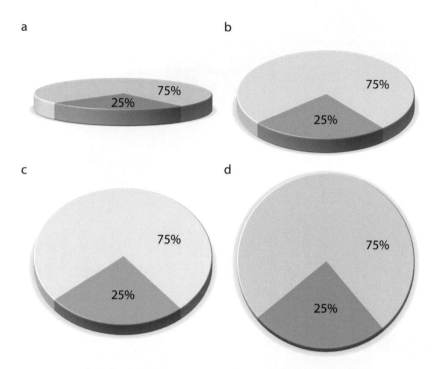

圖 26-1 從四個不同的角度呈現同樣的 3D 圓餅圖。將圓餅圖旋轉到第三個維度會使前面的圓餅圖切片看起來比實際大，後面的圓餅切片看起來較小。在這裡的 (a)、(b) 和 (c) 中，對應到 25% 的資料的藍色切片在視覺上佔據了圓餅區域的 25% 以上。只有 (d) 部分是資料的準確呈現。

其他類型的 3D 圖表也有類似的問題。圖 26-2 呈現了使用 3D 長條圖按類別和性別劃分鐵達尼號乘客的情況。由於長條相對於軸線的排列方式，長條都看起來比實際上短。例如，一等艙共有 322 名乘客，但圖 26-2 顯示這個數字小於 300。這種錯覺的產生是因為代表資料的柱子，距離灰色水平線所在的兩片背板有一段距離。要查看此效果，請延伸任一柱子的底邊，直到它碰到最低的灰線（表示 0）。然後，想像對任何柱子頂邊執行相同操作，你將發現所有柱子都比第一眼看上去要高。（此圖的較合理 2D 版本，請參閱第 6 章中的圖 6-10。）

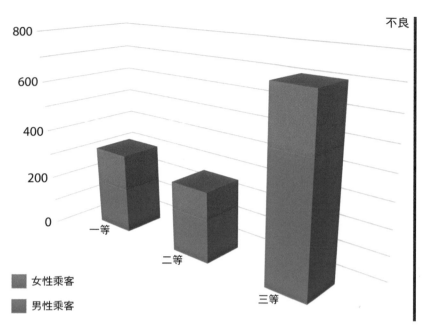

圖 26-2　搭乘鐵達尼號一等、二等和三等艙的女性和男性乘客人數，以 3D 堆疊長條圖呈現。一等、二等和三等艙的乘客總數分別為 322、279 和 711 人（見圖 6-10）。然而在這張圖表中，一等艙的長條似乎代表不到 300 名乘客，三等艙長條似乎代表不到 700 名乘客，而二等艙長條似乎更接近 210 名乘客而非實際的 279 名。此外，三等艙長條在視覺上占主導地位，並使得二等艙乘客的數量看起來比實際大。

避免使用 3D 定位尺度

雖然不必要的 3D 視覺化可以輕易地被視為不良，但要如何看待使用三個定位尺度（x、y 和 z）來表示資料的視覺化，卻沒有明確準則。在這種情況下，第三維的使用必須有實際目的。然而，這樣產生的圖表經常難以解讀，依我看來應該要避免。

想想一張 32 輛汽車的燃油效率 vs. 排氣量 vs. 馬力的 3D 散佈圖。我們先前在第 2 章（圖 2-5）中看過這個資料集。這裡我們沿 x 軸繪製排氣量，沿 y 軸繪製馬力，沿 z 軸繪製燃油效率，然後用點來表示每輛車（圖 26-3）。儘管這張 3D 視覺化展示了四個不同的角度，但要想像這些點在空間中的確切分佈情況是很困難的。我發現圖 26-3 的 (d) 部分特別令人困惑。雖然除了點的角度之外沒有其他改變，但它呈現的幾乎像是一個不同的資料集。

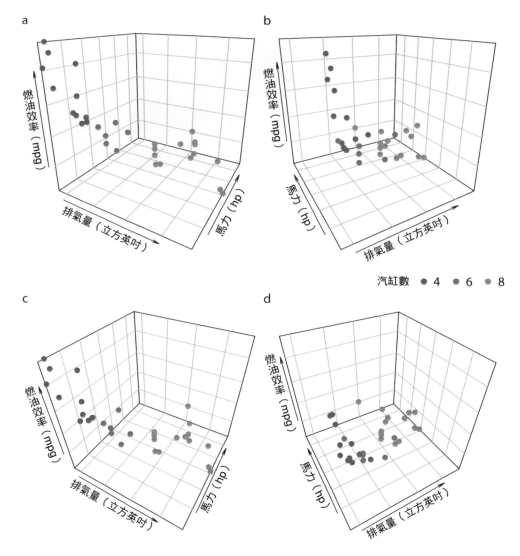

圖 26-3　32 輛汽車的燃油效率 vs. 排氣量 vs. 馬力（1973-74 年的車款）。每個點代表一輛汽車，點顏色代表汽車的汽缸數。四個小圖 (a)-(d) 呈現完全相同的資料，但使用不同的視角。資料來源：Motor Trend, 1974.

這樣的 3D 視覺化之根本問題是，它們需要兩個獨立、連續的資料轉換。第一個轉換將資料從資料空間對應到 3D 視覺化空間，如第 2 章和第 3 章在定位尺度的上下文中所討論的；第二個轉換將來自 3D 視覺化空間的資料，對應到最終圖形的 2D 空間。（對於真實 3D 環境中呈現的視覺化，顯然不會發生第二次轉換，例如當它呈現為實體雕塑或 3D 列印物件時。我的主要目標是在 2D 螢幕上呈現 3D 視覺化。）第二次轉換是不可逆的，因為 2D 螢幕的每個點會對應到 3D 視覺化空間中的一排點。因此，我們無法唯一地確定任何特定資料點在 3D 空間中的位置。

不過，我們的視覺系統會試圖反轉 3D 到 2D 的轉換。然而，這個過程不可靠，充滿了錯誤，而且強烈依賴於圖像中傳達的一些三維感的適當線索。當我們刪除這些提示時，反轉就變得完全不可能。這可以在圖 26-4 中看到，除了所有深度線索都被刪除之外，它與圖 26-3 都相同。得到的結果是四個我們根本無法解釋、甚至不容易相互關聯的隨機排列的點。你能說出 (a) 部分中哪些點對應 (b) 部分中的哪些點？我完全不能。

與其套用兩個個別的資料轉換，且其中一個是不可逆的，我認為通常較好的做法是只套用一個適當的可逆轉換，並將資料直接對應到 2D 空間。由於變數也可以對應到顏色、大小或形狀尺度上，因此很少需要增加第三維來當作定位尺度。例如在第 2 章中，我同時繪製了燃油效率資料集的五個變數，但僅使用了兩個定位尺度（圖 2-5）。

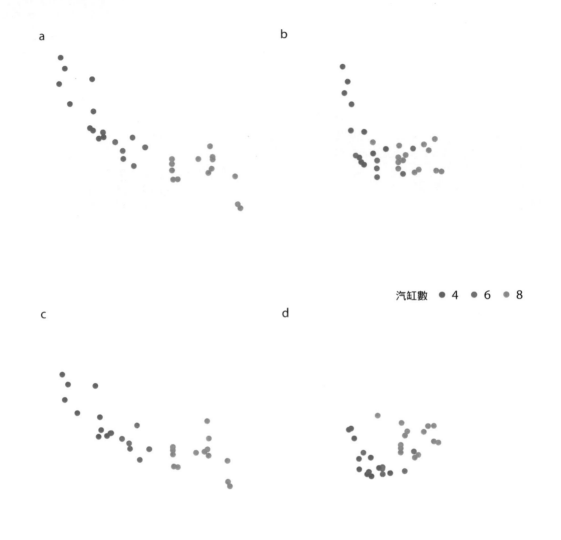

圖 26-4　32 輛汽車的燃油效率 vs. 排氣量 vs. 馬力（1973-74 年車款）。四張小圖 (a)-(d) 對應到圖 26-3 中的相同小圖，但是已經移除了提供深度提示的所有網格線。資料來源：Motor Trend, 1974。

在這裡，我想展示兩種替代方法來精確繪製圖 26-3 中使用的變數。首先，如果我們主要關注的是以燃油效率作為反應變數，我們可以繪製兩次，一次對比排氣量，一次對比馬力（圖 26-5）。其次，如果我們對排氣量和功率之間的關係比較有興趣，而燃油效率是

次要變數，我們可以繪製馬力與排氣量的關係，並將燃油效率對應成點的大小（圖 26-6）。這兩張圖表比圖 26-3 更實用也更少混淆。

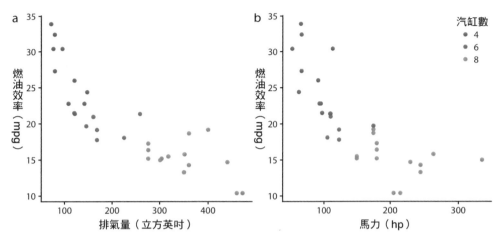

圖 26-5 32 輛汽車的燃油效率與排氣量 (a) 和馬力 (b)。資料來源：Motor Trend, 1974。

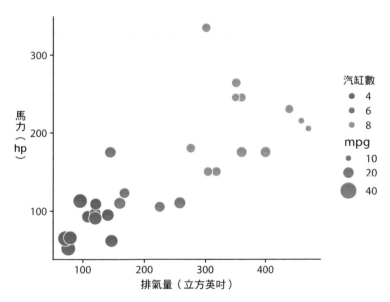

圖 26-6 32 輛汽車的馬力與排氣量，燃料效率以點尺寸表示。資料來源：Motor Trend, 1974。

你可能會好奇，3D 散佈圖的問題是否是因為實際資料的呈現（點）本身並未傳達任何 3D 資訊。舉例來說，如果我們使用 3D 長條會發生什麼事？圖 26-7 呈現了一個可以用 3D 長條圖呈現的典型資料集：1940 年維吉尼亞州的死亡率，依年齡組、性別和住家位置來分組。我們可以看到 3D 條確實協助解釋了圖表。人們不太可能將前景中的長條圖誤認為是背景中的長條圖，反之亦然。然而，這裡也存在圖 26-2 中討論的問題。各長條的高度很難準確判斷，也很難進行直接比較。例如，65-69 歲年齡組的城市女性死亡率是高於還是低於 60-64 歲年齡組的城市男性？

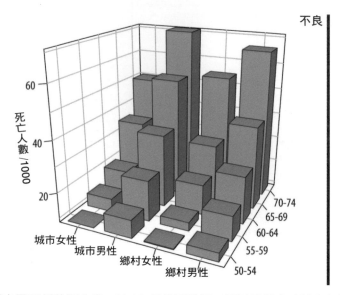

圖 26-7　1940 年維吉尼亞州的死亡率，以 3D 長條圖呈現。顯示四組人（城市和鄉村之女性和男性）和五個年齡組（50-54、55-59、60-64、65-69、70-74）的死亡率，以每 1000 人之死亡人數為單位。這張圖表標記為「不良」，因為 3D 視角使得圖表難以閱讀。資料來源：[Molyneaux, Gilliamm, and Florant 1947]。

一般情況下，使用多重小圖（第 21 章）會勝過 3D 視覺化。維吉尼亞州死亡率資料集在以多重小圖呈現時，僅需要四張小圖（圖 26-8）。我認為這張圖表清晰易懂。很明顯的，男性的死亡率高於女性，城市男性的死亡率似乎高於農村男性，而這個趨勢在城市和農村女性間並不明顯。

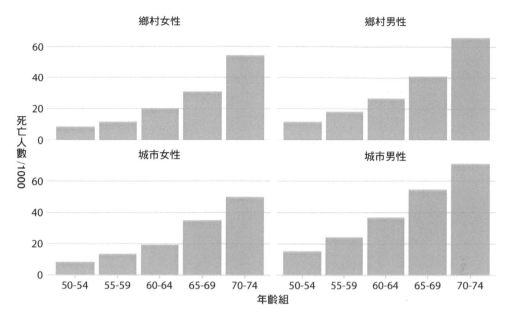

圖 26-8　1940 年維吉尼亞州的死亡率，以多重小圖呈現。顯示四組人（城市和鄉村之女性和男性）和五個年齡組（50-54、55-59、60-64、65-69、70-74）的死亡率，以每 1000 人之死亡人數為單位。資料來源：[Molyneaux, Gilliam, and Florant 1947]。

3D 視覺化的適當運用

不過，有時使用 3D 定位尺度的視覺化是恰當的。首先，如果視覺化是互動式的，而且可以由觀看者進行旋轉，或者如果它在 VR 或擴增實境的環境中呈現，可以從多個角度進行檢視，那麼前一單元中描述的問題就不那麼重要了。其次，即使視覺化不是*互動式*的，如果不是以單一角度靜態圖像，而是慢慢旋轉的方式，觀看者便能夠辨別不同圖形元素在 3D 空間中的位置。人腦非常擅長從不同角度拍攝的一系列圖像重建 3D 場景，而圖形的慢速旋轉恰好能提供這樣的圖像。

最後，當我們想要呈現實際的 3D 物件和／或對應到它們的資料時，使用 3D 視覺化是有意義的。例如，呈現多山島嶼的地形起伏便是一個合理的選擇（圖 26-9）。同樣的，如果我們想將蛋白質的演化序列保留程度對應其結構來進行視覺化，則將結構呈現為 3D 物件是合理的（圖 26-10）。不過，不管是哪一種情況，這些視覺化如果以旋轉動畫方式呈現，仍然是比較容易解讀的。雖然這在傳統印刷出版物中是不可能的，但是在網路上發佈圖表或進行簡報時，很容易就能做到。

圖 26-9　位於地中海的科西嘉島之地形起伏。資料來源：Copernicus Land Monitoring Service。

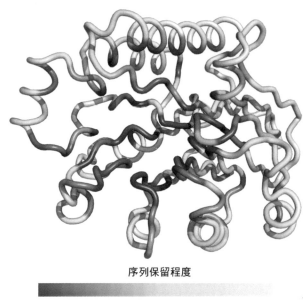

序列保留程度

高度保留   高度變化

圖 26-10　蛋白質演化變異的模式。彩色管狀代表來自大腸桿菌的 Exonuclease III 蛋白質之骨架。顏色表示了該蛋白質各位點的演化保留程度，暗色表示保留的氨基酸，淺色表示變異的氨基酸。資料來源：[Marcos and Echave 2015]。

## 第三部分

其他主題

## 第二十七章

了解最常用的影像檔案格式

任何一個為資料視覺化製作圖表的人，都必須多少了解一下圖表是如何儲存在電腦上的。影像檔案格式有許多種，每種格式都有優缺點。選擇正確的檔案格式和正確的工作流程，可以減少許多圖表準備上的頭痛問題。

我自己的偏好是，盡可能在高品質的出版物檔案上使用 PDF 檔，在網路文件和其他需要點陣圖的情況下使用 PNG 檔，如果 PNG 文件太大，則使用 JPEG 作為最終方案。在以下單元中，我將解釋這些檔案格式之間的主要區別，以及它們各自的優缺點。

點陣圖和向量圖形

各種圖形格式之間最重要的區別，在於它們是點陣圖還是向量圖（表 27-1）。點陣圖（*bitmaps*）或柵格圖（*raster graphics*）將圖像儲存為點（稱為像素）的網格，每個點都具有指定的顏色。相較之下，向量圖形儲存的是圖像中各個圖形元素的幾何排列。因此，向量圖像包含的資訊會像是「從左上角到右下角的黑線，以及從左下角到右上角的紅線」，而且實際圖像是在螢幕上呈現或列印時，當場重製而成的。

表 27-1　常用影像檔案格式

縮寫	名稱	類型	應用
PDF	可攜式檔案格式（Portable Document Format）	向量	通用
EPS	封裝 PostScript（Encapsulated PostScript）	向量	通用，過時；使用 PDF
SVG	可縮放向量圖形（Scalable Vector Graphics）	向量	線上使用
PNG	可攜式網路圖形（Portable Network Graphics）	點陣	針對線條優化
JPEG / JPG	聯合圖像專家組（Joint Photographic Experts Group）	點陣	針對照片影像優化
TIFF	標記圖像檔案格式（Tagged Image File Format）	點陣	印刷製作，準確的色彩重製
RAW	原始影像檔（Raw Image File）	點陣	數位攝影，需要後製處理
GIF	圖形交換格式（Graphic Interchange Format）	點陣	靜態過時，動畫 OK

向量圖形也被稱為「與解析度無關」，因為它們可以縮放到任意大小也不會流失細節或清晰度。相關示範，請參見圖 27-1。

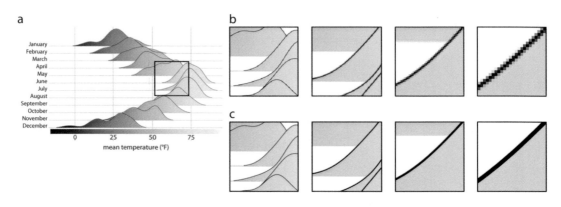

圖 27-1　向量圖和點陣圖之關鍵區別的示範。(a) 原始圖像。黑色方框表示我們在 (b) 和 (c) 部分放大的區域。(b) 圖像儲存為點陣圖後，(a) 圖被框起之區域的逐步放大圖。隨著影像一步步放大，我們可以看到它變得越來越像素化。(c) 該影像之向量版本的逐步放大圖。圖像在任意放大倍率下都能保持完美清晰度。

向量圖形有兩個缺點，可能會、也經常會在實際應用上造成麻煩。首先，因為向量圖形是由呈現它們的圖形程式現場立即重新繪製的，所以可能發生相同圖形在兩個不同軟體或兩台不同電腦上的外觀差異。文字最常出現此問題，例如因為缺乏所需的字型所以軟

體用不同字型來替換時。字型替換通常只是讓觀看者能夠閱讀預期的文字，但是這樣得到的影像通常看起來不佳。有些方法可以避免這些問題，例如在 PDF 文件中，將所有字型轉外框或嵌入，但這可能需要特別的軟體和／或特別的技術知識才能達成。相較之下，點陣圖影像永遠看起來一樣。

其次，對於非常大或複雜的圖表來說，向量圖形的檔案可能會變得很大，使得運算呈現速度變慢。舉例來說，數百萬個資料點的散佈圖將包含每個點的 x 和 y 坐標，而且即使點有重疊或被其他圖形元素蓋住了，在運算圖像時還是需要繪製每個點。因此，檔案的大小可能是好幾 MB，而且運算軟體可能要花不少時間來呈現此圖表。我在 2000 年初期做博士後研究時，曾經製作了一個 PDF 檔案，當時花了將近一個小時才能在 Acrobat Reader 中呈現。雖然現代電腦速度更快，要花幾分鐘的運算時間幾乎是聞所未聞的，但如果你想將圖形嵌入更大的文件中，而且每次遇到這張圖表時 PDF 閱讀器就會卡住，那麼即使是幾秒鐘的運算時間也是很擾人的。當然，反過來說，只有少量元素（一些資料點和一些文字，比方說）的簡單圖表，通常製作成向量圖形會小得多，而且瀏覽軟體在運算這些圖表時，甚至可以比點陣圖版本快速。

點陣圖之無失真與可失真壓縮

大多數點陣圖檔案格式採用某種形式的資料壓縮，來保持檔案大小方便處理。壓縮有兩種基本類型：無失真（lossless）和失真（lossy）。無失真壓縮可確保壓縮圖像與原始圖像完全相同，而失真壓縮則接受一些圖像品質的下降，以換取較小的檔案大小。

若要了解適合使用無失真或可失真壓縮的時機，對這些不同的壓縮運算法如何運作有基本的了解，將會有所幫助。首先我們來看看無失真壓縮。想像一下一張有黑色背景的影像，其中大部分的區域是純黑色，因此許多黑色像素緊靠著出現。每個黑色像素可以由行中的三個零表示：0 0 0，代表圖像的紅色、綠色和藍色色頻之的零強度。影像中的黑色背景區，對應到圖像檔案中的數千個零。現在假設影像中某處有 1000 個連續的黑色像素，對應到 3,000 個零。我們可以不需寫出所有的零，而是簡單地儲存我們需要的零的總數，例如透過寫入 3000 0。如此一來，我們只用兩個數字就能傳遞完全相同的資訊，數量（範例中的 3000）和值（範例中的 0）。多年來，許多此類的巧妙技巧已經被開發出來，而現代無失真圖像格式（如 PNG）可以以極高的效率來儲存點陣圖資料。但是，所有無失真壓縮算法是在圖像具有大面積均勻顏色時表現最佳，因此表 27-1 將 PNG 列為「針對線條優化」。

攝影影像很少有許多相同顏色和亮度的像素彼此相鄰。相反的，它們具有許多不同程度的漸變和其他規律性的圖樣。因此，這些影像的無失真壓縮通常效果不彰，而失真壓縮已經被開發出來當作替代方案。失真壓縮的關鍵概念是，影像中的某些細節對於人眼來說是微弱到不可見的，而丟棄那些細節也不會明顯降低圖像品質。例如，想一下有 1000 個像素的漸變色，每個像素的顏色值都略有不同。如果僅使用 200 種不同顏色來繪製漸變，很可能漸變看起來幾乎相同，而每組 5 個相鄰像素都是完全相同的顏色。

最廣泛使用的失真圖像格式是 JPEG（表 27-1），而且實際上許多數位相機的輸出影像預設都是 JPEG。JPEG 壓縮特別適用於攝影圖像，而且通常可以達到檔案大小的大幅減少，且影像品質幾乎沒有降低。但是，當影像包含銳利邊（例如由線條圖或文字製作的邊）時，JPEG 壓縮就會失敗。在這些情況下，JPEG 壓縮會導致非常明顯的殘影（圖 27-2）。

即使 JPEG 殘影微小到肉眼無法立即看見，它們也會造成麻煩，例如在印刷生產中。因此最好盡量避免使用 JPEG 格式。尤其是對於包含線條圖或文字的影像（就像資料視覺化或螢幕截圖），你應該避免使用它。這些影像的適當格式是 PNG 或 TIFF。我將 JPEG 格式專門用在攝影影像上。如果影像包含照片元素和線條圖或文字，你仍應使用 PNG 或 TIFF。這些檔案格式的最壞情況是影像檔案變大，而 JPEG 最壞的情況是最終成品看起來很不美觀。

圖 27-2　JPEG 殘影的示範。(a) 同一影像使用逐次增強的 JPEG 壓縮重製數次。產生的檔案大小在每個影像上方以紅色文字呈現。檔案大小從原始影像中的 432KB 減少到被壓縮影像的 43KB，但影像品質只有略微降低。不過當檔案進一步減少 2 倍至剩下 25KB，就導致了大量可見的殘影。(b) 將壓縮最多的影像放大，發現了各種壓縮殘影。照片來源：Claus O. Wilke。

在影像格式之間轉換

將任何影像格式轉換為任何其他影像格式一般都是可能的。例如在 Mac 上，你可以使用「預覽」打開一張影像，然後轉成多種不同的格式。但是在這個過程中，重要資訊可能會遺失，而且是無法失而復得的。例如，將向量圖形儲存為點陣圖格式（例如，PDF 文件轉存為 JPEG）之後，向量圖形之「與解析度無關」的關鍵特徵便已失去。相反的，將 JPEG 影像儲存為 PDF 文件，並不會將影像神奇地轉換為向量圖形。影像仍然是點陣圖影像，只是儲存在 PDF 文件中。同樣的，將 JPEG 檔案轉換為 PNG 檔案，並不會刪除 JPEG 壓縮演算法可能造成的任何殘影。

因此，永遠以最大解析度、準確性和靈活度的格式來儲存原始影像是一個很好的經驗法則。所以對於資料視覺化，一來是將圖形製作為 PDF，然後在必要時將它轉換為 PNG 或 JPEG，再者是將它們儲存為高解析度 PNG。同樣的，對於僅以點陣圖方式存在的影像（如數位照片），請將它們儲存為不使用失真壓縮的格式；或者，如果無法這樣做時，就盡可能不去壓縮它們。此外，盡可能以高解析度儲存影像，需要時再縮小。

## 第二十八章

選擇正確的視覺化軟體

在本書中，我刻意避免了資料視覺化的一個關鍵性問題：我們應該使用哪些工具來產生圖表？這個問題可能會引發激烈的討論，因為許多人對他們熟悉的特定工具有強烈的情緒性連結。我經常看到人們大力捍衛他們自己喜歡的工具，即使新方法有客觀上的好處，也不花時間學習新方法。我會說，堅持使用你知道的工具並非完全不合理。學習任何新工具都需要時間和精力，而且你將不得不經歷一個痛苦的過渡期，因為使用新工具完成任務比使用舊工具要困難得多。這一過程是否值得付出努力，通常只能在人們投入學習新工具之後才有辦法回顧。因此，無論不同工具和方法的優缺點如何，最重要的原則是必須選擇適合你的工具。如果你能夠製作出想要的圖表而不需要花費過多的努力，那就是最重要的。

最好的視覺化軟體，就是讓你做出所需圖表的那一個。

話雖如此，我認為我們可以使用一般原則來評估使用不同方法來產生視覺化的相對優點。這些原則大致是依照視覺化的可重製程度、快速瀏覽資料的難易度，以及輸出的視覺外觀有多少調整彈性來劃分的。

重製性和可重複性

在科學實驗的背景下，如果不同的研究小組進行相同類型的研究，但主要的科學發現將保持不變，我們會將此工作稱為**可重製的**（*reproducible*）。舉例來說，如果一個研究小組發現一種新的止痛藥可以顯著減輕感受到的頭痛，而不會引起明顯的副作用，而且不同的小組隨後在不同的患者組中研究相同的藥物而且具有相同的發現，那麼此工作就是可重製的。相反的，如果同一個人在同一設備上重複完全相同的測量程式，可以獲得非常相似或相同的測量結果，則工作就是**可重複的**（*repeatable*）。舉例來說，如果我幫我的狗量體重，發現她重 41 磅，然後我在相同的秤上再幫她量一次，並再次發現她重 41 磅，那麼這個測量就是可重複的。

做微小的修改之後，我們可以將這些概念應用於資料視覺化。如果用來繪製的資料可用，而且在繪製之前可能已套用的任何資料轉換都被精確地指定了，則視覺化是可重製的。例如，如果你製作了一張圖表，然後向我傳送你用來繪製的確切資料，那麼我便能做出一張看起來非常相似的圖表。我們或許會使用稍微不同的字體，或顏色，或點大小來呈現相同的資料，因此這兩張圖表可能不完全相同，但你的圖表和我的圖表傳達了相同的資訊，是彼此的複製品。另一方面，如果可以從原始資料重建完全相同的視覺外觀（分毫不差），則視覺化是可重複的。嚴格地說，可重複性會要求即使圖中有隨機元素，例如抖動（第 18 章），這些元素也必須是以可重複的方式指定的，而且可以在未來的日子重新產生。對於隨機資料的可重複性，通常我們必須指定一個特定的隨機數產生器，並為其設置和記錄種子。

在本書中，我們已經看到許多重製其他圖表但非重複的圖表範例。例如，第 25 章呈現了幾組圖，每組都呈現相同的資料，但看起來有些不同。同樣的，圖 28-1a 是圖 9-7 的重複，連每個資料點的隨機抖動都是，但圖 28-1b 僅是此圖的重製。圖 28-1b 具有與圖 9-7 不同的抖動，而且它還使用了完全不同的視覺設計，即使它們傳達關於資料的相同資訊，這兩張圖看起來也非常不同。

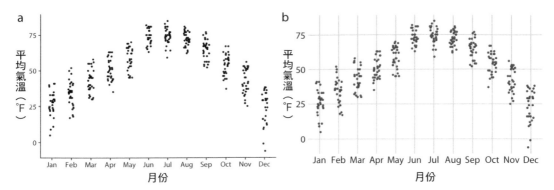

圖 28-1　一張圖表的重複和重製。(a) 部分是圖 9-7 的重複。兩張圖表相同，連每個點的隨機抖動都是。相較之下，(b) 部分是重製而不是重複。尤其是 (b) 部分的抖動與 (a) 部分或圖 9-7 中的抖動不同。資料來源：Weather Underground。

當我們使用互動式圖表軟體時，很難實現可重製性和可重複性。許多互動式程式可以讓你轉換或以其他方式操縱資料，但不會記錄你執行的每次獨立的資料轉換，只會追蹤最終成果。如果你使用這種程式來製作一張圖表，然後有人要求你重現圖表或用不同的資料集製作一張類似的圖表，你可能很難辦到。在我擔任博士後研究和年輕助理教授的這些年裡，我使用了一個互動式程式來完成我所有的科學視覺化，而這一問題出現了好幾次。例如，我為科學手稿製作了幾張圖表。幾個月之後，當我想要修改手稿並需要重製其中一張圖表的略微修改版本時，我才意識到我不太確定當初是如何製作原始圖表的。這個經歷讓我學會盡可能遠離互動程式。我現在以程式設計的方式編寫圖表，編寫能夠從原始資料產生圖表的程式碼（script）。任何能夠取得可產生圖表的程式碼、程式設計語言，以及圖表使用的特定資料庫的人，通常都可以重複程式設計所產生的圖表。

資料探索 vs. 資料展示

資料視覺化有兩個不同的階段，它們有著非常不同的要求。首先是資料探索。每當你開始使用新的資料集時，你需要從不同角度查看它，並嘗試各種方式對它進行視覺化，以便了解資料集的關鍵特徵。在這個階段，速度和效率至關重要。你需要嘗試不同類型的視覺化、不同的資料轉換，以及資料的不同子集。你能夠越快地瀏覽過不同的資料查看方式，你探索到的就越多，你注意到資料中你可能忽略的關鍵特徵的可能性就越大。第二階段是資料呈現。一旦你了解了資料集，並知道要向觀眾展示的內容，你就進入了這個階段。這一階段的關鍵目標是準備一張高品質、準備就緒的圖表，可以列印在文章或書籍中、放在簡報中，或發佈在網際網路上。

在探索階段中，你製作的圖表是否具有吸引力是次要的。如果缺少軸標籤、圖例混亂或符號太小，只要可以評估資料中的各種模式就沒問題。然而，至關重要的是，你是否能輕鬆地更改資料的呈現方式。要真正探索資料，你應該要能夠快速從散佈圖，移動到重疊密度分佈圖，到箱圖，到熱圖。在第 2 章中，我們看到所有視覺化都包含從資料到視覺呈現的對應。精心設計的資料探索工具將允許你輕鬆更改哪些變數對應到哪個視覺呈現，而且它將在單個一致框架內提供各種不同的視覺化選項。然而依據我的經驗，許多視覺化工具（尤其是用在產生程式設計圖形的資料庫）並沒有以這種方式設計。相反的，它們依照繪圖類型進行分類，其中每種不同類型的繪圖需要稍微不同的資料輸入，而且具有自己專屬的介面。這些工具可能會妨礙快速的資料探索，因為要記住所有不同的繪圖類型是如何運作是很難的。我鼓勵你仔細評估你的視覺化軟體是否允許快速資料探索，或者它是否會妨礙你。如果它更常妨礙你，探索視覺化替代選項可能對你是有益的。

一旦確定了我們想要將資料視覺化的方式、要進行什麼樣的資料轉換，以及使用什麼類型的圖表，我們通常會希望準備一張高品質的圖表用於發表。到了這一步，我們有幾種不同的途徑可以去做。首先，我們可以使用與最初探索所用的相同軟體平台來完成圖表。其次，我們可以切換到一個平台，可以讓我們更精細地控制最終成果，即使該平台更難以探索。第三，我們可以使用視覺化軟體來產生草圖，然後使用影像處理或繪圖程式（如 Photoshop 或 Illustrator）手動對它進行後處理。第四，我們可以手動重繪整張圖表，不管用筆和紙或使用繪圖程式。

所有這些途徑都是合理的。但是我想提醒你，不要在一般資料分析過程或科學出版物中，手動修改資料。圖形準備過程中的手動步驟，會使得重複或重製圖表本身變得困難且耗時。依據我從事自然科學工作的經驗，我們很少只做一次圖表。在研究過程中，我們可能會重做實驗、擴展原始資料集，或者在稍微改變條件的情況下重複幾次實驗。我在出版過程的後期已看過很多次，當我們認為一切都已完成並最終確定時，我們還是對我們分析資料的方式進行了一些小修改，因此所有圖表都必須重新繪製。我也見過在類似的情況下，由於必須花費很多心力，或者因為製作原始資料的人已經離開，所以決定不重做分析或不重繪圖表。在以上這些場景中，不必要的複雜且不可重現的資料視覺化過程，干擾了產生最佳的科學成果。

話雖如此，我對手工繪製的圖表或手動後製處理（例如更改軸標籤，添加註釋或修改顏色）的圖表，沒有任何原則上的擔心。這些方法可以產生美麗而獨特、無法以其他方式輕鬆製作出來的圖表。事實上，隨著複雜精緻的電腦生成的視覺化變得越來越普遍，我觀察到手動繪製的圖表正在復蘇（參見圖 28-2）。我認為之所以有這樣的情況，是因為相較於有點無聊和制式化的資料呈現，這些圖表呈現了一種獨特的個性化視角。

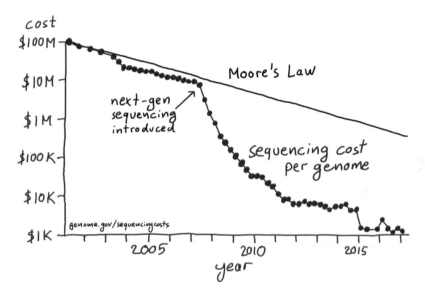

圖 28-2　在推出新一代測序方法後，每個基因組的測序成本下降得比摩爾定律預測的要快得多。這張手繪的圖表，是美國國立衛生研究院製作的一張廣泛宣傳的視覺化之重製。資料來源：美國國家人類基因組研究院。

內容與設計的分離

良好的視覺化軟體應該允許你分別思考圖表的內容和設計。說到內容，我指的是圖表所呈現的特定資料集、已套用的資料轉換（如果有的話）、從資料到美觀呈現的特定對應、尺度、軸範圍和圖表類型（散佈圖、線圖、長條圖、箱形圖等）。而設計，則描述了諸如前景色和背景色、字體規格（例如字體大小、字型和字型家族）、符號形狀和尺寸、圖表是否具有背景網格，以及圖例、軸刻度、軸標題和圖標題等特徵。在我進行新的視覺化時，通常會先使用上一單元描述的快速探索來確定內容應該是什麼。內容確定之後，我可能會調整設計，或者更可能的是我會套用我喜歡的預定義設計，使圖表在更大的作品中具有一致的外觀。

在本書使用的軟體 ggplot2 中，內容和設計的分離是透過**佈景主題**（*themes*）進行的。佈景主題指定了圖表的視覺外觀，而且要將現有的圖表套用不同的佈景主題（圖 28-3）是很簡單的。佈景主題可以由第三方編寫，以 R 包方式發佈。透過這種機制，一個蓬勃發展的外掛佈景主題生態系統已圍繞著 ggplot2 開發出來了，它涵蓋了各種不同的風格和應用場景。如果你使用 ggplot2 來製作圖表，幾乎一定可以找到滿足你設計需求的佈景主題。

內容和設計的分離，使資料科學家和設計師能夠專注於他們最擅長的事情。大多數資料科學家不是設計師，因此他們主要關注的是資料，而不是視覺化的設計。同樣，大多數設計師不是資料科學家，他們應該為圖表提供獨特且吸引人的視覺語言，而不必擔心某些資料、適當的轉換等。書籍、雜誌、報紙和網站的出版界，長期以來一直遵循相同的內容和設計分離原則，作家提供內容，但配置和設計則由專門從事這一領域、並確保出版物能以視覺上一致和吸引人的風格出現的專業人員處理。這個原則是合乎邏輯且有用的，但在資料視覺化領域尚未普及。

總而言之，在選擇視覺化軟體時，請考慮如何輕鬆地重製圖表、如何使用更新後或以其他方式更改的資料集來重製它們、是否能夠快速瀏覽相同資料的不同視覺化，以及你可以在多大程度上單獨調整視覺設計，而非圖表內容。依據你的技術等級和對於程式設計的熟稔度，也許你會覺得在資料探索和展示階段使用不同的視覺化工具是有益的，然後使用互動軟體或手動方式進行最終的視覺調整。如果你必須以互動方式製作圖表，尤其當你使用的軟體無法追蹤所有資料轉換和已套用的視覺調整時，請考慮仔細記錄你如何製作每張圖表，讓所有工作都可以重製。

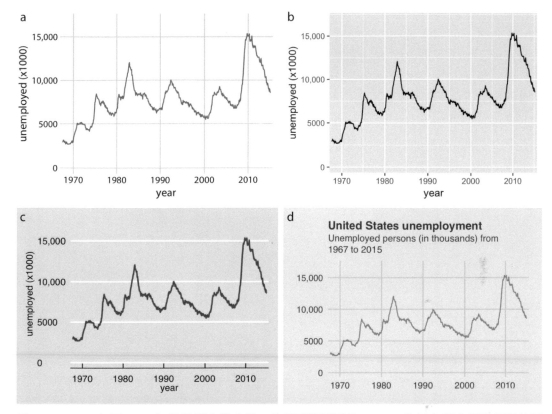

圖 28-3　1970 年至 2015 年的美國失業人數。使用四種不同的 ggplot2 佈景主題來呈現相同的圖表：(a) 本書的預設佈景主題；(b)ggplot2 的預設佈景主題，ggplot2 是我用來繪製本書中所有圖表的圖表軟體；(c) 模仿《經濟學人》中所示之視覺化的佈景主題；(d) 模仿 FiveThirtyEight 所示之視覺化的佈景主題。FiveThirtyEight 經常放棄軸標籤，偏好圖表標題和圖說，因此我相應地調整了圖表。資料來源：美國勞工統計局。

## 第二十九章

講故事並提出論點

大多數資料視覺化都是為了溝通而做的。我們對資料集有深刻的見解，我們有潛在的受眾，我們希望將它傳達給觀眾。為了成功傳達我們的見解，我們必須向觀眾呈現一個有意義且令人興奮的故事。對於科學家和工程師來說，要講一個故事似乎令他們感到不安，對他們來說，這可能等同於編造事實、加油添醋，或誇大其詞。然而，這種觀點忽略了故事在推理和記憶中所扮演的重要角色。當我們聽到一個好故事時，我們會很興奮；當故事很糟或乏善可陳時，我們會感到無聊。此外，任何的溝通都會在觀眾心中創造出一個故事。如果我們不自己提供一個清晰的故事，那麼觀眾就會自己編出一套。在最佳情況下，他們編造的故事與我們對所呈現材料的看法相當接近。然而，情況可能也通常更糟。被編造出來的故事可能是「這很無聊」，「作者錯了」或「作者無能。」

講故事的目的，應該是用事實和邏輯推理來讓你的觀眾感到有趣和興奮。讓我告訴你一個關於理論物理學家霍金（Stephen Hawking）的故事。他在 21 歲（博士班的第一年）被診斷出患有運動神經元疾病，而且只剩兩年的生命。霍金並沒有接受這種困境，而是開始將全部精力投入到科學中。他最終活到 76 歲，成為同時期最有影響力的物理學家之一，並在嚴重殘疾的狀況下完成了他所有的開創性工作。這是一個很具說服力的故事，也完全忠於事實。

故事是什麼？

在我們討論將視覺化轉為故事的策略之前，我們需要了解故事究竟是什麼。故事是一組觀察、事實，或事件，也許是真實也許是創造出來的，以特定的順序呈現，以便激起觀眾的情緒反應。情緒反應的產生，是來自故事開頭緊張感的累積，以及故事結束時的某種解決。我們將緊張到解決的流程稱為**故事弧**（*story arc*），每個好的故事都有清晰，可識別的弧度。

經驗豐富的作家知道，講故事的標準模式與人類的思考方式產生共鳴。例如，我們可以使用「開場 - 挑戰 - 行動 - 解決」（Opening-Challenge-Action-Resolution）的格式來講述故事。事實上，這正是我用在霍金故事上的格式。我透過介紹物理學家霍金的話題，開啟了這個故事。接下來，我提出了挑戰，也就是 21 歲時運動神經元疾病的診斷。然後是行動，也就是他對科學的熱情奉獻。最後，我提出了解決：霍金度過了漫長而成功的人生，最終成為他那個時代最有影響力的物理學家之一。其他故事格式也是常用的。新聞報紙的文章經常遵循「導言 - 發展 - 解決」（Lead-Development-Resolution）格式，或者甚至更短的，只有「導言 - 發展」（Lead-Development），其中導言預先給出主要觀點，隨後的材料則提供更多細節。如果我們想以這種形式講述霍金的故事，可能會用一句話來開頭，例如「徹底改變我們對黑洞和宇宙學之理解的物理學家霍金，比醫生判定的多活了 53 年，並在嚴重殘疾的情況下，完成了他所有最具影響力的工作。」這是導言。在發展中，我們可以對霍金的生活、疾病，以及對科學的熱愛進行更深入的描述。

另一種形式是「行動 - 背景 - 發展 - 高潮 - 結束」（Action-Background-Development-Climax-Ending），它發展故事的速度比「開場 - 挑戰 - 行動 - 解決」更快，但不像「導言 - 發展」那麼快。在這種格式中，我們可能會用一句話做開頭，如「年輕的霍金，面對衰弱的殘疾和早逝的前景，決定將他所有的努力投入到他的科學中，決心在他尚有能力時留下他的印記。」這種格式的目的是吸引觀眾並儘早建立情感聯繫，但不會立即洩露最後的結尾。本章的重點，不是更詳細地描述這些寫作的標準形式。關於這類材料有很多的資源可以取得；對於科學家和分析師，我特別推薦 Joshua Schimel 的書《寫作科學》（Writing Science）[Schimel 2011]。相反的，我想討論如何將資料視覺化帶進故事弧中。最重要的是，我們必須意識到，單一（靜態）視覺化很少能夠講述整個故事。視覺化可以說明開場、挑戰、動作或解決方案，但不太可能同時傳達故事的所有部分。要講一個完整的故事，我們通常需要多個視覺化。例如在進行簡報時，可能先展示一些背景或動機的材料，然後是製作挑戰的圖表，最後是提供解決方案的其他圖表。同樣的，在一篇研究論文中，我們可能會呈現一系列圖表來共同創造令人信服的故事弧。然而，

也將整個故事弧濃縮到一張圖表也是可能的。這樣的圖表必須同時包含挑戰和解決方案，而且它等同於以導言開頭的故事弧。

為了提供一個將圖表整合到故事中的具體例子，現在我要依據兩張圖表講述一個故事。第一張是挑戰，第二張是解決。這個故事背景是生物科學中預印本的成長（另見第 13章）。預印本是草稿形式的手稿，科學家在進行正式的同行評審和官方出版之前，會先分享給同事。打從有科學手稿的存在，科學家就一直在分享手稿草稿。然而，在 20 世紀 90 年代早期，隨著網際網路的出現，物理學家意識到在中央儲存庫儲存和發佈稿件草稿，效率要高得多。他們發明了預印本伺服器，這是一個網路伺服器，可以讓科學家上傳、下載和搜索稿件草稿。

由物理學家開發出來，直至今日仍在使用的預印本伺服器稱為 arXiv.org。在它成立不久後，arXiv.org 開始拓展出去，並在相關的定量領域受到歡迎，包括數學、天文學、電腦科學、統計學、定量金融和定量生物學。在這裡，我關注的是 arXiv.org 的定量生物學（q-bio）區的預印本投稿。從 2007 年到 2013 年底，每月投稿的數量呈指數成長，但隨後突然停止成長（圖 29-1）。2013 年末一定發生了一些事情，從根本上改變了定量生物學預印本投稿的狀況。是什麼原因導致了投稿成長的巨大變化？

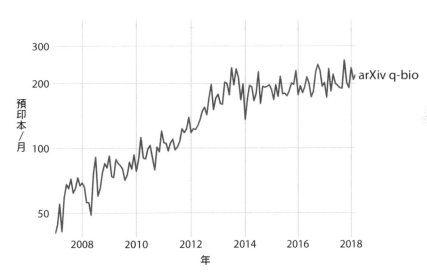

圖 29-1　預印本伺服器 arXiv.org 定量生物學（q-bio）區每月投稿量的成長。2014 年左右出現成長率的急劇轉變。雖然到 2014 年之前都有快速成長，但從 2014 年到 2018 年幾乎停滯。注意 y 軸是對數的，所以 y 的線性成長對應到預印本投稿量的指數性成長。資料來源：Jordan Anaya，*http://www.prepubmed.org/*。

我認為 2013 年末是預印本在生物學上起飛的時間點,具有諷刺意味的是,這導致 q-bio 檔案區減緩成長。2013 年 11 月,冷泉港實驗室(CSHL)出版社推出了生物學專屬的預印本伺服器 bioRxiv。CSHL Press 是一家在生物學家中備受推崇的出版商。CSHL Press 的支持,大大地幫助了一般預印本和 bioRxiv(尤其在生物學家中)被接受的程度。那些對 arXiv.org 非常懷疑的生物學家,對 bioRxiv 倍感安心。因此,bioRxiv 迅速獲得生物學家的認可,達到了 arXiv 從未做到的程度。事實上,在 bioRxiv 推出後不久,它每月投稿量開始經歷了快速、指數級的成長,而且 q-bio 投稿量的減緩,恰好與 bioRxiv 指數成長的開始是一致的(圖 29-2)。看起來許多定量生物學家原本想要將預印本投給 q-bio,但後來決定投給了 bioRxiv。

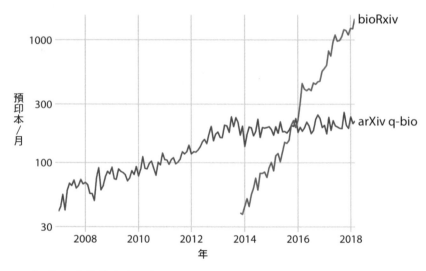

圖 29-2　q-bio 投稿量成長的停滯,與 bioRxiv 伺服器的推出相吻合。圖中顯示通用預印本伺服器 arXiv.org 的 q-bio 部分和專用生物預列印伺服器 bioRxiv 的每月投稿量的成長。bioRxiv 伺服器於 2013 年 11 月投入使用,其投稿率自此以來呈指數級成長。似乎許多原本會將預印本投稿給 q-bio 的科學家,選擇了投稿給 bioRxiv。資料來源:Jordan Anaya,*http://www.prepubmed.org/*。

以上是我要說的生物學預印本的故事。雖然第一張(圖 29-1)完全包含在第二張圖表中(圖 29-2),但我故意用兩張圖表來講述。我認為這個故事分成兩部分效果最大,這也是我在演講中呈現的方式。但是,圖 29-2 可以單獨用來講述整個故事,而單張圖表版本可能更適合觀眾注意力較短暫的媒體,例如在社交媒體的貼文中。

為將軍製作圖表

在本章的後半段，我將討論製作個別圖表和整組圖表的策略，以幫助你的觀眾與故事產生連結，並在整個故事中保持參與狀態。首先最重要的是，你需要向觀眾展示他們真正能夠理解的資料。即使遵循我在本書中提供的所有建議，你還是完全有可能做出令人混淆的圖表。當這種情況發生時，你可能已成為兩個常見誤解的受害者：第一，觀眾看到你的圖表時，必須能夠立即推斷出你想要說的重點；第二，要讓觀眾能夠快速處理複雜的視覺化，並了解圖中呈現的關鍵趨勢和關係。以上的假設都是誤解。我們需要盡一切努力幫助讀者理解視覺化的含義，並在看到我們在資料中看到的相同模式。這通常意味著「少即是多」。盡可能簡化你的圖表。刪除與你的故事不相干的所有特徵。只保留重點。我將這個概念稱為「為將軍製作圖表。」

幾年來，我一直負責由美國陸軍資助的大型研究專案。對於我們的年度進度報告，專案經理指示我不要放太多圖表，放進去的所有圖表，都應該非常清楚地表明我們的專案有多麼成功。專案經理告訴我，將軍應該要能夠看到每張圖表時，立即看出我們正在做的是如何改進或超越先前的能力。然而，當共同參與該專案的同事向我傳送年度進展報告的資料時，許多圖表都不符合這一標準。這些圖表通常過於複雜，標籤的術語太過混淆、技術性，或者完全沒有明顯的重點。大多數科學家沒有接受過訓練來為將軍製作圖表。

 永遠不要假設你的受眾可以快速處理複雜的視覺呈現。

有些人聽到這個故事可能會認為，將軍並不是很聰明，或者對科學沒有興趣。我認為這完全是錯誤的結論。將軍們非常忙碌。他們沒有 30 分鐘可以用來破譯一張神秘圖表。當他們向科學家提供數百萬美元的納稅人資金進行基礎研究時，他們期待的最少回報是一些明確的證據，證明有價值和有趣的事情已經完成。這個故事也不應該被誤解為只針對軍事資金。將軍是一個隱喻，他是你可能想要透過視覺化來觸及的任何人：你的論文或資助提案的科學評論員、報紙編輯，或你所在公司的主管或主管的老闆。如果你想要講述你的故事，你需要製作適合你的將軍的圖表。

具有諷刺意味的是，想為將軍製作一張圖表時會碰到的第一個阻礙，就是讓我們能夠輕鬆地製作複雜的資料視覺化的現代視覺化軟體。因為它們有幾乎無限的視覺化功能，會讓人忍不住想要不斷疊加更多維度的資料。事實上，我看到資料視覺化領域的一個趨勢是，盡可能製作最複雜、最多面向的視覺化。這些視覺化可能看起來非常厲害，但不太可能傳達有意義的故事。看看圖 29-3，其中呈現了 2013 年從紐約市區域起飛的所有航班的抵達延遲。我猜想你應該需要花一些時間來解讀這張圖表。

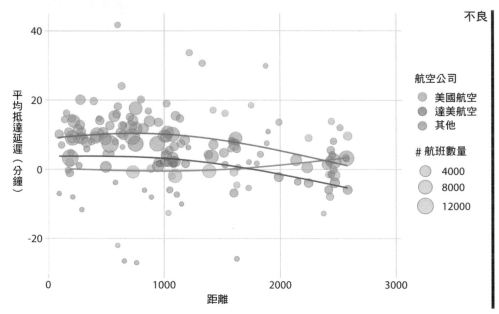

圖 29-3　平均抵達延遲 vs. 與紐約市的距離。每個點代表一個目的地，每個點的大小代表 2013 年從紐約市三個主要機場之一（紐華克、甘迺迪國際機場、拉瓜迪亞）到該目的地的航班數量。負延遲意味著航班早到。實線表示抵達延遲和距離之間的平均趨勢。無論航程距離多遠，達美航空的抵達延遲始終低於其他航空公司。平均而言，美國航空在短距離內的延遲最少，但是在長途航班上延遲最多。這張圖表被標記為「不良」，因為它過於複雜。大多數讀者會覺得它令人困惑，而且無法直覺地掌握圖中呈現的內容。資料來源：美國運輸部交通運輸統計局。

我認為圖 29-3 最重要的特徵是美國航空和達美航空的抵達延遲最少。使用簡單的長條圖可以將這種見解傳達得更好（圖 29-4）。因此，如果故事是關於航空公司的抵達延遲，呈現圖 29-4 才是正確的，即使此圖表製作起來沒有挑戰性。如果你接下來想知道，這些航空公司是否因為沒有飛離紐約市區域那麼遠所以延遲很少，那麼你可以呈現一張長條圖，凸顯美國航空和達美航空都是這一區域的主要航空公司（圖 29-5）。這兩個長條

圖都丟棄了圖 29-3 中所示的距離變數。這是可以的。即使我們擁有與故事無關的資料維度，也能製作出一張圖表來，我們並不需要將它們視覺化。簡單明瞭比複雜混亂好。當你嘗試一次呈現太多資料時，最後可能反而什麼都沒呈現。

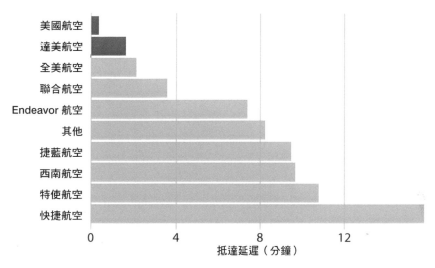

圖 29-4　各航空公司 2013 年飛離紐約市區之航班的平均抵達延遲。在所有飛離紐約市區的航空公司中，美國航空和達美航空的平均抵達延遲時數最低。資料來源：美國運輸部交通運輸統計局。

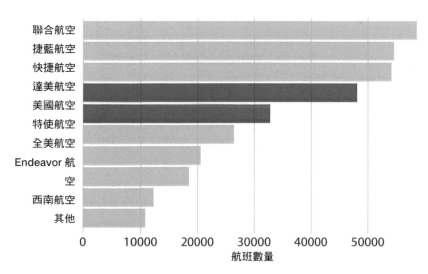

圖 29-5　各航空公司 2013 年飛離紐約市區的航班數量。達美航空和美國航空是飛離紐約市區航班數量排行第四和第五大航空公司。資料來源：美國運輸部交通運輸統計局。

構建複雜圖表

然而，有時候我們確實需要呈現包含大量資訊的複雜圖表。在這些情況下，如果我們先呈現簡化版本的圖表，接著再展示複雜的最終版本，會讓讀者輕鬆一點。對於簡報也強烈建議採用相同的方法。永遠不要直接跳到非常複雜的圖表；先呈現一個容易消化的資訊子集。

如果最終的圖表是一組多重小圖（第 21 章），將呈現出有相似結構的子圖陣列，那麼這個建議尤為重要。如果觀眾自己先看到單張子圖，整個陣列將會更容易消化。舉例來說，圖 29-6 顯示了 2013 年美國聯合航空公司飛離紐華克機場（EWR）的總航班數，依照星期日期細分。我們看到並消化了這張圖表之後，就可以更容易地同時處理 10 家航空公司和 3 個機場的相同資訊（圖 29-7）。

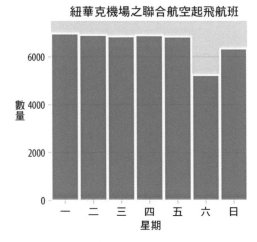

圖 29-6　2013 年聯合航空飛離紐華克機場（EWR）之航班，依星期日期。大多數日期呈現出大致相同的出發次數，但週末出發次數較少。資料來源：美國運輸部交通運輸統計局。

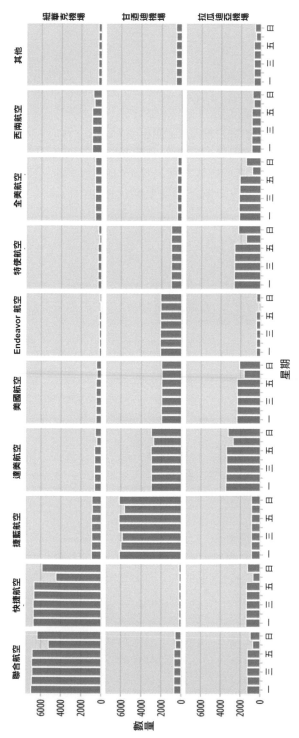

圖 29-7 2013 年從紐約市區域機場出發的航班，依照航空公司、機場和星期日期細分。聯合航空和快捷航空是紐華克機場（EWR）的大部分離場航班；捷藍航空、達美航空、美國航空和 Endeavor 航空是甘迺迪國際機場的大部分離場航班；達美航空、美國航空、特使航空和美國航空是拉瓜迪亞（LGA）的大部分離場航班。大部分（但不是全部）航空公司的週末離場航班數量少於平日。資料來源：美國運輸部交通運輸統計局。

使圖表令人印象深刻

像簡單長條圖這樣簡單乾淨的圖表，優點是可以避免分散注意力、易於閱讀，讓你的觀眾專注於你想要傳達的重點。然而，簡單也可能帶來缺點：圖表可能看起來很普通。它們沒有任何突出的特徵能讓人印象深刻。如果我快速連續地向你展示 10 張長條圖，你會很難做區分且記住你所看到的。例如，如果你快速查看圖 29-8，你會注意到它與該章前面的圖 29-5 的視覺相似性。然而，這兩張圖表除了它們都是長條圖之外，沒有任何共同之處。圖 29-5 呈現了各航空公司飛離紐約市區的航班數量，而圖 29-8 呈現了美國家庭中最受歡迎的寵物。這兩張圖都沒有任何元素可以幫助你直覺地感知圖中所涵蓋的主題，因此這兩張圖都不是特別難忘。

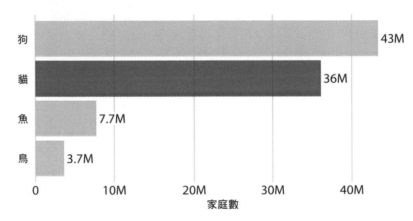

圖 29-8　飼養一種或多種最受歡迎寵物（狗、貓、魚或鳥類）的家庭數量。這張長條圖非常清晰，但不一定特別難忘。「貓」欄被特別凸顯出來，只是為了創造與圖 29-5 的視覺相似性。資料來源：2012 年美國寵物所有權和人口統計資料手冊，美國獸醫協會。

針對人類感知的研究顯示，具有視覺複雜性和獨特性的圖表更令人難忘 [Bateman et al. 2010]；[Borgo et al. 2012]。然而，視覺獨特性和複雜性不僅會影響可記憶性，也可能妨礙人類快速瀏覽資訊或區分數值的微小差異。在極端情況下，圖表可能非常令人難忘，但完全令人困惑。這樣的圖表即使能當作令人驚嘆的藝術作品，也不是好的資料視覺化。在另一個極端下，圖表可能非常清楚，但是沒有記憶點且無聊，因此可能不擁有我們期待的影響力。整體而言，我們希望在兩個極端之間取得平衡，並使圖表既令人難忘又清晰。（然而，目標讀者也很重要。如果某張圖表是為了技術性科學出版物而做的，而不是用於廣泛閱讀的新聞報紙或部落格，我們通常不用擔心記憶度的問題。）

我們可以透過加入反映出資料特徵的視覺元素（例如資料集所涉及的事物或物件之畫像或象形圖），使圖表更容易被記住。常被採用的一種方法，是以重複影像的形式呈現資料值本身，使得影像的每個副本對應到所表示的變數的定義量。例如，我們可以用狗、貓、魚和鳥的重複影像替換圖 29-8 中的長條圖，依照比例繪製，使每隻完整的動物對應 500 萬個家庭（圖 29-9）。這樣一來，在視覺上，圖 29-9 仍然可以作為長條圖，但我們現在增加了一些視覺複雜性，使圖表更加難忘，我們還使用直接反映資料含義的影像呈現資料。只需快速瀏覽一下這張圖表，你就會記得狗和貓的數量多於魚或鳥。重要的是在這樣的視覺化中，我們希望使用影像來表示資料，而不是簡單地使用影像來裝飾視覺化或註釋兩軸。在心理學實驗中，後者的選擇傾向於分散注意力而沒有實用性 [Haroz, Kosara, and Franconeri 2015]。

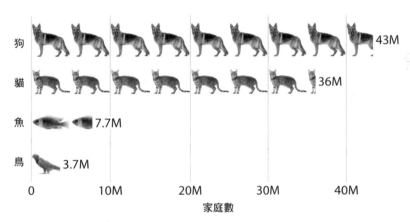

圖 29-9　飼養一種或多種最受歡迎寵物的家庭數量，以符號圖呈現。每隻完整的動物代表飼養這種寵物的 500 萬個家庭。資料來源：2012 年美國寵物所有權和人口統計資料手冊，美國獸醫協會。

像圖 29-9 這樣的視覺化通常稱為**同種型圖**（*isotype plots*）。「isotype」一詞是「國際文字圖像教育系統（International System Of Typographic Picture Education）」的首字母縮寫，嚴格來說，它指的是代表物體、動物、植物或人的標誌般的簡化象形圖 [Haroz, Kosara, and Franconeri 2015]。但是，我認為更廣泛地使用「同種型圖」術語來應用在任何使用相同影像的重複副本來指示值之大小的視覺化是合理的。畢竟，前綴「iso」表示「相同」，「type」可以表示特定種類、分類或組。

保持一致但不重複

在第 21 章討論複合圖時我提到，在大張圖表的不同部分使用一致的視覺語言是很重要的。跨圖表也是如此。如果我們製作的三張圖表都是屬於一個更大的故事，那麼我們需要設計這些圖表，使它們看起來像是一體的。但是，使用一致的視覺語言並不意味著一切看起來應該完全相同。相反的，描述不同分析的圖表在視覺上截然不同，是非常重要的，這樣你的受眾就可以輕鬆看出一個分析已結束，另一個分析正開始。最好在整體故事的不同部分，使用不同的視覺化方法。如果你已經使用了長條圖，則接下來使用散佈圖、箱形圖或線圖。否則，不同的分析會在觀眾的腦海中混在一起，而且你的觀眾很難將故事的各部分區分開來。例如，如果我們將第 257 頁圖 21-8 的「複合圖」重新設計，讓它只使用長條圖，結果會變得不獨特且會更加混亂（圖 29-10）。

 在準備簡報或報告時，為每個不同的分析使用不同類型的視覺化。

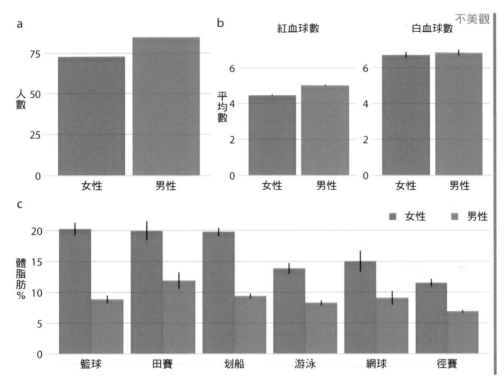

圖 29-10　男女運動員的生理和身體組成。誤差線表示平均值的標準誤差。這張圖表過於重複。它呈現與圖 21-8 相同的資料，並使用一致的視覺語言，但所有子圖都使用相同類型的視覺化（長條圖）。這使得讀者難以感知 (a)、(b) 和 (c) 是呈現完全不同的結果。資料來源：[Telford and Cunningham 1991]。

重複的圖表組通常是來自包含多個部分的故事，其中每個部分都基於相同類型的原始資料。在這些情況下，你可能會想要在每個部分使用相同類型的視覺化。但整體而言，這些圖表不會引起觀眾的注意。舉一個例子來說，讓我們來看看一個關於 Facebook 股票價格的故事，它分為兩部分：（1）Facebook 股票價格從 2012 年到 2017 年迅速成長，（2）價格漲幅超過其他大型科技公司。你可能會希望使用顯示了隨時間變化股票價格的兩張圖表來呈現這兩個句子，如圖 29-11 所示。然而，雖然圖 29-11a 有用而且應保持原樣，但圖 29-11b 也同時重複而且模糊了主要觀點。我們並不特別關心 Alphabet、Apple 或 Microsoft 股票價格的時間演變；我們只是想強調此成長低於 Facebook 的股價。

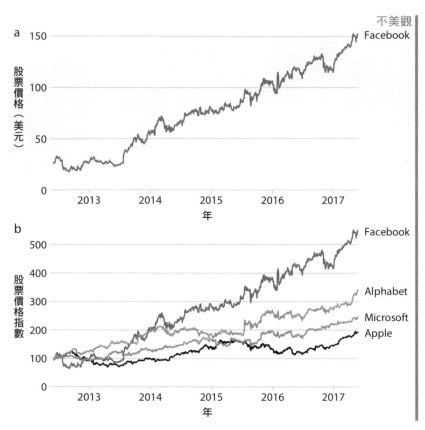

圖 29-11　Facebook 股票價格在五年區間內的成長，以及與其他科技股的比較。(a)Facebook 股票價格從 2012 年中期的每股約 25 美元上漲至 2017 年中期的每股 150 美元。(b) 其他大型科技公司的價格在同一時期內並未同時上漲。2012 年 6 月 1 日的價格已被指數化成 100，以便於進行比較。此圖標記為「不美觀」，因為 (a) 和 (b) 是重複的。資料來源：Yahoo 財經。

我建議將 (a) 部分保留原樣，但將 (b) 替換為呈現百分比增加的長條圖（圖 29-12）。現在我們有了兩個不同的圖表，各有獨特的觀點，而且結合使用效果很好。(a) 部分使讀者熟悉原始的基礎資料，(b) 部分凸顯出效應的大小，同時刪除任何無關的資訊。

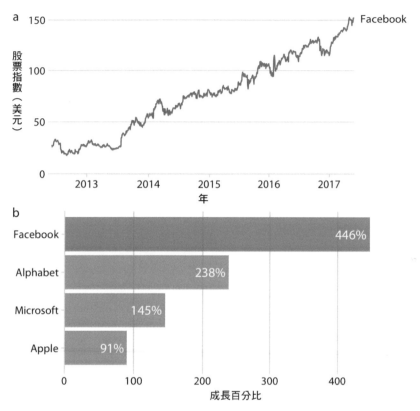

圖 29-12　Facebook 股票價格在五年區間內的成長，以及與其他科技股的比較。(a)Facebook 股價從 2012 年年中的每股約 25 美元上漲至 2017 年中期的每股 150 美元，漲幅接近 450%。(b) 其他大型科技公司的價格在同一時期內並未同時上漲。價格上漲幅度從大約 90% 到近 240% 不等。資料來源：Yahoo 財經。

圖 29-12 凸顯了我在準備一系列圖表來呈現故事時所遵循的一般原則：我從一張盡可能呈現原始資料的圖表開始，並在隨後的圖表中，呈現越來越多的衍生量。衍生量（例如增加百分比、平均值、擬合模型的係數等）可用於總結大型和複雜資料集中的關鍵趨勢。但是，因為它們是衍生的，所以它們不太直覺，如果我們在呈現原始資料之前就先呈現衍生量，受眾會覺得很難跟上。不過反面來說，如果我們試圖透過呈現原始資料來呈現所有趨勢，那麼我們最後會需要太多的圖表或變得重複。

你應該用多少圖表來講述故事呢？答案取決於出版媒介。若是一篇簡短的部落文或推文，請製作一張圖表。若是科學論文，我建議三到六張圖表。如果科學論文的圖表超過六張，那麼其中一些可能需要轉成附錄或補充材料區。記錄我們收集到的所有證據是很好的，但不要提供過多很相似的圖表來折磨觀眾。在其他情況下，更多的圖表也許是合適的。但是在這些情況下，我們通常會講述多個故事，或是一個包含次要情節的整體故事。例如，如果我被要求進行一個小時的科學簡報，我通常打算講三個不同的故事。同樣的，一本書或論文將包含不止一個故事，實際上每章或每節可能包含一個故事。在這些情境中，每條不同的故事軸線或次要情節，顯示的圖表都應該不超過三到六張。在本書中，你將發現我在章節的單元中遵循了此一原則。每個單元大致是獨立的，通常不會超過六張圖表。

註釋的參考書目

沒有一本書可以涵蓋有關某個主題的所有知識。我建議你閱讀有關資料視覺化的其他書籍，以加深你的理解並培養製作圖表的技術性技能。我在此提供個人覺得有趣、發人深省或有幫助的書單。第一部分列出的書籍與本書的範圍最相似，可能能夠對我所涵蓋的主題提供補充或替代的觀點。「程式設計書籍」（第 344 頁）中列出的書籍，介紹了使用程式設計方法和可用軟體函式庫進行視覺化的重要主題。其餘部分則列出了其他書籍，這些書籍將豐富你對資料視覺化的知識，並幫助你與視覺和資料做溝通。

思考資料和視覺化

以下書籍討論了將資料轉換為視覺化所需的思考過程和決策。它們介紹了如何選擇要製作的視覺化內容，以及需要注意的陷阱：

Alberto Cairo 的 《*The Truthful Art*》，*New Riders* 出版社，*2016* 年。

> 資料視覺化的全面介紹，尤其針對新聞記者。本書涵蓋了資料視覺化的許多重要概念，例如如何將分佈、趨勢、不確定性和地圖視覺化。在許多章節中，它也介紹了基本統計原則，解釋了母體、樣本和信賴水準等概念。

Stephen Few 的 《*Show Me the Numbers*》，*Analytics Press* 出版社，*2012* 年。

> 這是一本專為商務人士而寫的資料視覺化書籍。它與下一本書的範疇和目標讀者相似，但包含了更多材料，並更深入地涵蓋了許多主題。但是它的編寫和製作不如下面這本書用心。

Cole Nussbaumer Knaflic 的 《*Storytelling with Data*》，*John Wiley & Sons* 出版社，*2015* 年。

一本精心編寫並精心製作、關於如何將資料轉換為視覺效果的書。本書的目標讀者是製作商業圖表的人，它是此主題的絕佳參考。然而，它並未涉及許多對科學家來說重要的主題，例如分佈的視覺化、趨勢或不確定性。

程式設計書籍

以下參考資料都是教導資料視覺化之程式設計方法的書籍：

Kieran Healy 的 《*Data Visualization: A Practical Introduction*》。普林斯頓大學出版社，*2018* 年。

使用 ggplot2 來進行資料視覺化的介紹。推薦在讀完 Wickham 和 Grolemund 的《R for Data Science》（請見此列表後續）之後，接下去閱讀這本。

Scott Murray 的 《*Interactive Data Visualization for the Web: An Introduction to Designing With D3*》第 *2* 版。*O'ReillyMedia* 出版社，*2017* 年。

使用 HTML、CSS、JavaScript 和 SVG 製作 D3 互動式線上視覺化的介紹。

Jake VanderPlas 的 《*Python Data Science Handbook: Essential Tools for Working with Data*》。*O'Reilly Media* 出版社，*2016* 年。

使用 Python 程式設計語言進行資料科學的介紹。使用 Python 的 Matplotlib 和 Seaborn 進行資料視覺化的廣泛教材。

Hadley Wickham，*Garrett Grolemund* 的 《*R for Data Science*》。*O'Reilly Media* 出版社，*2017* 年。

全面性地介紹如何將程式設計語言 R 用於資料科學。包含有關使用 ggplot2 進行資料視覺化的幾個章節。

統計教材

統計學的介紹性圖書通常包含有關資料視覺化的教材，涵蓋散佈圖、直方圖、箱形圖和線圖等主題，這樣的教材有相當多。我在這裡只提出部分值得一讀的最新出版讀物：

David M. Diez，*Christopher D. Barr*，*Mine Çetinkaya-Rundel* 的《*OpenIntro Statistics*》第 3 版。*OpenIntro, Inc.* 出版社，2015。

一本開源的入門統計教科書。整本書和用於編寫此書和製作圖表的 LaTeX 檔案和 R 程式碼皆可免費取得。

Susan Holmes 和 *Wolfgang Huber* 的《*Modern Statistics for Modern Biology*》。劍橋大學出版社，2018。

一本強調現代生物學所需之計算工具的統計教科書。整本書是免費的，並提供了所有範例的 R 程式碼。

Chester Ismay 和 *Albert Y. Kim* 的《*Modern Dive—An Introduction to Statistical and Data Sciences via R*》。*https://moderndive.com*。

這是線上入門教材，講授基礎統計和資料科學，涵蓋使用 R 的理論概念和實踐方法。

過去的教材

本單元中的書籍主要是出於歷史原因而饒富興味。它們在出版時具有影響力，但現在可以在其他地方或更現代的形式找到類似的材料：

William S. Cleveland 的《*The Elements of Graphing Data*》第 2 版。*Hobart Press* 出版社，1994 年。

早期為統計學家編寫的關於資訊設計的書籍之一。本書包含許多散佈圖、線圖、直方圖和箱形圖的例子，並在資料分析和統計建模的背景下討論它們。它還推廣了克利夫蘭點圖。

William S. Cleveland 的《*Visualizing Data*》。*Hobart Press* 出版社，1993 年。

同一作者的同系列書籍。這本更具數學性，不談人類感知。

Edward R. Tufte 的《*Envisioning Information*》。*Graphics Press* 出版社，1990 年。

這本書推廣了多重小圖的概念。

Edward R. Tufte 的 《*The Visual Display of Quantitative Information*》 第 2 版。*Graphics Press* 出版社，2001 年。

　　本書於 1983 首次出版，在資料視覺化領域具有極高的影響力。它導入了圖表垃圾、資料墨水比率和 Sparkline 迷你圖等概念。這本書還展示了第一張斜率圖（但沒有將它命名）。但是，它也包含了一些未經得起時間考驗的建議。尤其是它建議過度簡約的圖表設計。

關於廣泛相關主題的書籍

以下書籍與資料視覺化和有效溝通的主題大致相關：

Joshua Schimel 的 《*Writing Science*》。牛津大學出版社，2011 年。

　　透過講述故事講授如何以引人入勝的方式撰寫科學和其他技巧主題。雖然主要不是關於資料視覺化的書，但對於需要撰寫技巧文章和／或提案的人來說，這是一本不可或缺的教科書。

Jonathan Schwabish 的 《*Better Presentations*》。哥倫比亞大學出版社，2016 年。

　　一個簡短而詳實的演講指南。對於經常使用投影片進行演講或示範的人來說，必讀。

Maureen C. Stone 的 《*A Field Guide to Digital Color*》。*AK Peters* 出版社，2003 年。

　　關於如何透過電腦捕獲、處理和重製顏色的綜合指南。

Colin Ware 的 《*Information Visualization*》 第 3 版。*Morgan Kaufmann*，2012 年。

　　一本關於視覺化原理的書，專門討論人類視覺系統如何運作，以及如何感知不同圖表模式等主題。本書涵蓋了許多不同的視覺化場景，包括使用者界面和虛擬世界，但它相對較少強調以 2D 表的形式視覺化資料。

技術說明

整本書都是用 R Markdown 編寫的，使用了 bookdown、rmarkdown 和 knitr 軟體套件。所有資料都是用 ggplot2 製作的，並有幾個附加軟體套件的幫忙，包括 cowplot、geofacet、ggforce、ggmap、ggrepel、ggridges、hexbin、patchwork、sf、statebins、tidybayes 和 treemapify。使用了 colorspace 和 colorblindr 包進行顏色處理。對於其中許多軟體套件，你需要當前的開發版本來編譯本書的所有部分。

本書的原始碼可在 *https://github.com/clauswilke/dataviz* 上找到。本書還還需要一個叫做 dviz.supp 的軟體套件，可以自 *https://github.com/clauswilke/dviz.supp* 取得。

本書最後一次是使用以下環境編寫：

```
## R version 3.5.0 (2018-04-23)
## Platform: x86_64-apple-darwin15.6.0 (64-bit)
## Running under: macOS Sierra 10.12.6
##
## Matrix products: default
## BLAS: /Library/Frameworks/ ... /libRblas.0.dylib
## LAPACK: /Library/Frameworks/ ... /libRlapack.dylib
##
## locale:
## [1] en_US.UTF-8/en_US.UTF-8/ ... /C/en_US.UTF-8/en_US.UTF-8
##
## attached base packages:
## [1] stats    graphics  grDevices utils   datasets  methods   base
##
## other attached packages:
##  [1] nycflights13_1.0.0  gapminder_0.3.0    RColorBrewer_1.1-2
##  [4] gganimate_1.0.0.9000 ungeviz_0.1.0      emmeans_1.3.1
##  [7] mgcv_1.8-24         nlme_3.1-137        broom_0.5.1
```

```
## [10] tidybayes_1.0.3      maps_3.3.0        statebins_2.0.0
## [13] sf_0.7-1             maptools_0.9-4   sp_1.3-1
## [16] rgeos_0.3-28         ggspatial_1.0.3  geofacet_0.1.9
## [19] plot3D_1.1.1         magick_1.9       hexbin_1.27.2
## [22] treemapify_2.5.0     gridExtra_2.3    ggmap_2.7.904
## [25] ggthemes_4.0.1       ggridges_0.5.1   ggrepel_0.8.0
## [28] ggforce_0.1.1        patchwork_0.0.1  lubridate_1.7.4
## [31] forcats_0.3.0        stringr_1.3.1    purrr_0.2.5
## [34] readr_1.1.1          tidyr_0.8.2      tibble_1.4.2
## [37] tidyverse_1.2.1      dviz.supp_0.1.0  dplyr_0.8.0.9000
## [40] colorblindr_0.1.0    ggplot2_3.1.0    colorspace_1.4-0
## [43] cowplot_0.9.99
##
## loaded via a namespace (and not attached):
##  [1] rjson_0.2.20         deldir_0.1-15
##  [3] class_7.3-14         rprojroot_1.3-2
##  [5] estimability_1.3     ggstance_0.3.1
##  [7] rstudioapi_0.7       farver_1.0.0.9999
##  [9] ggfittext_0.6.0      svUnit_0.7-12
## [11] mvtnorm_1.0-8        xml2_1.2.0
## [13] knitr_1.20           polyclip_1.9-1
## [15] jsonlite_1.5         png_0.1-7
## [17] compiler_3.5.0       httr_1.3.1
## [19] backports_1.1.2      assertthat_0.2.0
## [21] Matrix_1.2-14        lazyeval_0.2.1
## [23] cli_1.0.1.9000       tweenr_1.0.1
## [25] prettyunits_1.0.2    htmltools_0.3.6
## [27] tools_3.5.0          misc3d_0.8-4
## [29] coda_0.19-2          gtable_0.2.0
## [31] glue_1.3.0           Rcpp_1.0.0
## [33] cellranger_1.1.0     imguR_1.0.3
## [35] xfun_0.3             strapgod_0.0.0.9000
## [37] rvest_0.3.2          MASS_7.3-50
## [39] scales_1.0.0         hms_0.4.2
## [41] yaml_2.2.0           stringi_1.2.4
## [43] e1071_1.7-0          spData_0.2.9.4
## [45] RgoogleMaps_1.4.3    rlang_0.3.0.1
## [47] pkgconfig_2.0.2      bitops_1.0-6
## [49] geogrid_0.1.1        evaluate_0.11
## [51] lattice_0.20-35      tidyselect_0.2.5
## [53] plyr_1.8.4           magrittr_1.5
## [55] bookdown_0.7         R6_2.3.0
## [57] generics_0.0.2       DBI_1.0.0
## [59] pillar_1.3.0         haven_1.1.2
## [61] foreign_0.8-71       withr_2.1.2.9000
## [63] units_0.6-1          modelr_0.1.2
```

```
## [65] crayon_1.3.4          arrayhelpers_1.0-20160527
## [67] rmarkdown_1.10        progress_1.2.0.9000
## [69] jpeg_0.1-8            rnaturalearth_0.1.0
## [71] grid_3.5.0            readxl_1.1.0
## [73] digest_0.6.18         classInt_0.2-3
## [75] xtable_1.8-3          munsell_0.5.0
## [77] concaveman_1.0.0
```

參考書目

Bateman, S., R. Mandryk, C. Gutwin, A. Genest, D. McDine, and C. Brooks. 2010. "Useful Junk? The Effects of Visual Embellishment on Comprehension and Memorability of Charts." *ACM Conference on Human Factors in Computing Systems*, 2573–82. doi:10.1145/1753326.1753716.

Becker, R. A., W. S. Cleveland, and M.-J. Shyu. 1996. "The Visual Design and Control of Trellis Display." *Journal of Computational and Graphical Statistics* 5: 123–55.

Bergstrom, C. T., and J. West. 2016. "The Principle of Proportional Ink." *http://callingbullshit.org/tools/tools_proportional_ink.html*.

Borgo, R., A. Abdul-Rahman, F. Mohamed, P. W. Grant, I. Reppa, and L. Floridi. 2012. "An Empirical Study on Using Visual Embellishments in Visualization." *IEEE Transactions on Visualization and Computer Graphics* 18: 2759–68. doi:10.1109/TVCG.2012.197.

Brewer, Cynthia A. 2017. "ColorBrewer 2.0. Color Advice for Cartography." *http://www.ColorBrewer.org*.

Carr, D. B., R. J. Littlefield, W. L. Nicholson, and J. S. Littlefield. 1987. "Scatterplot Matrix Techniques for Large N." *Journal of the American Statistical Association* 82: 424–36.

Clauset, A., C. R. Shalizi, and M. E. J. Newman. 2009. "Power-Law Distributions in Empirical Data." *SIAM Review* 51: 661–703.

Cleveland, R. B., W. S. Cleveland, J. E. McRae, and I. Terpenning. 1990. "STL: A Seasonal-Trend Decomposition Procedure Based on Loess." *Journal of Official Statistics* 6: 3–73.

Cleveland, W. S. 1979. "Robust Locally Weighted Regression and Smoothing Scatterplots." *Journal of the American Statistical Association* 74: 829–36.

———. 1993. *Visualizing Data*. Summit, New Jersey: Hobart Press.

Dua, D., and E. Karra Taniskidou. 2017. "UCI Machine Learning Repository." University of California, Irvine, School of Information; Computer Sciences. *https://archive.ics.uci.edu/ml*

Fisher, R. A. 1936. "The Use of Multiple Measurements in Taxonomic Problems." *Annals of Eugenics* 7: 179–188. doi:10.1111/j.1469-1809.1936.tb02137.x.

Haroz, S., R. Kosara, and S. L. Franconeri. 2015. "ISOTYPE Visualization: Working Memory, Performance, and Engagement with Pictographs." *ACM Conference on Human Factors in Computing Systems*, 1191–1200. doi:10.1145/2702123.2702275.

———. 2016. "The Connected Scatterplot for Presenting Paired Time Series." *IEEE Transactions on Visualization and Computer Graphics* 22: 2174–86. doi:10.1109/TVCG.2015.2502587.

Hullman, J., P. Resnick, and E. Adar. 2015. "Hypothetical Outcome Plots Outperform Error Bars and Violin Plots for Inferences About Reliability of Variable Ordering." *PLOS ONE* 10: e0142444. doi:10.1371/journal.pone.0142444.

Kale, A., F. Nguyen, M. Kay, and J. Hullman. 2018. "Hypothetical Outcome Plots Help Untrained Observers Judge Trends in Ambiguous Data." *IEEE Transactions on Visualization and Computer Graphics* 25: 892–905. doi:10.1109/TVCG.2018.2864909.

Kay, M., T. Kola, J. Hullman, and S. Munson. 2016. "When (Ish) Is My Bus? User-Centered Visualizations of Uncertainty in Everyday, Mobile Predictive Systems." CHI Conference on Human Factors in Computing Systems, 5092–5103. doi: 10.1145/2858036.2858558.

Marcos, M. L., and J. Echave. 2015. "Too Packed to Change: Side-Chain Packing and Site-Specific Substitution Rates in Protein Evolution." *PeerJ* 3: e911.

McDonald, Ian. 2017. "DW-NOMINATE Using ggjoy." *http://rpubs.com/ianrmcdonald/293304.*

Molyneaux, L., S. K. Gilliam, and L. C. Florant. 1947. "Differences in Virginia Death Rates by Color, Sex, Age, and Rural or Urban Residence." *American Sociological Review* 12: 525–35.

Okabe, M., and K. Ito. 2008. "Color Universal Design (CUD): How to Make Figures and Presentations That Are Friendly to Colorblind People." *http://jfly.iam.utokyo.ac.jp/color/.*

Paff, M. L., B. R. Jack, B. L. Smith, J. J. Bull, and C. O. Wilke. 2018. "Combinatorial Approaches to Viral Attenuation." bioRxiv, 29918. doi:10.1101/299180.

Schimel, J. 2011. *Writing Science: How to Write Papers That Get Cited and Proposals That Get Funded*. Oxford: Oxford University Press.

Sidiropoulos, N., S. H. Sohi, T. L. Pedersen, B. T. Porse, O. Winther, N. Rapin, and F. O. Bagger. 2018. "SinaPlot: An Enhanced Chart for Simple and Truthful Representation of Single Observations over Multiple Classes." *Journal of Computational and Graphical Statistics* 27: 673–76. doi:10.1080/106186 00.2017.1366914.

Stone, M., D. Albers Szafir, and V. Setlur. 2014. "An Engineering Model for Color Difference as a Function of Size." 22nd Color and Imaging Conference, 253–258.

Telford, R. D., and R. B. Cunningham. 1991. "Sex, Sport, and Body-Size Dependency of Hematology in Highly Trained Athletes." *Medicine and Science in Sports and Exercise* 23: 788–94.

The Economist online. 2011. "Corrosive Corruption." *https://www.economist.com/graphic-detail/2011/12/02/corrosive-corruption*.

Tufte, E. R. 1990. *Envisioning Information*. Cheshire, Connecticut: Graphics Press.

———. 2001. *The Visual Display of Quantitative Information*. 2nd ed. Cheshire, Connecticut: Graphics Press.

Wehrwein, A. 2017. "It Brings Me ggjoy." *http://austinwehrwein.com/datavisualization/it-brings-me-ggjoy/*.

Wickham, H. 2016. *ggplot2: Elegant Graphics for Data Analysis*. 2nd ed. New York: Springer.

Wikipedia, User:Schutz. 2007. "File:Piecharts.svg." *https://en.wikipedia.org/wiki/File:Piecharts.svg*.

Yates, F. 1935. "Complex Experiments." *Supplement to the Journal of the Royal Statistical Society* 2: 181–247. doi:10.2307/2983638.

索引

※ 提醒您：由於翻譯書排版的關係，部分索引名詞的對應頁碼會和實際頁碼有一頁之差。

關於作者

克勞斯·威爾克（Claus O. Wilke）是德州大學奧斯汀分校的整合生物學教授。擁有德國波鴻魯爾大學（Ruhr-Univeristy Bochum）理論物理學博士學位。克勞斯是 170 多本科學出版物的作者或合著者，主題涵蓋計算生物學、數學建模、生物資訊學、演化生物學、蛋白質生物化學、病毒學和統計學等。他還撰寫了幾個用於資料視覺化的熱門 R 繪圖套件，例如 cowplot 和 ggridges；他也是 ggplot2 繪圖套件的貢獻者。

關於封面

本書封面上的生物是澳西玫瑰鸚鵡（Western Rosella Parakeet，學名 *Platycercus icterotis*），主要分布於澳大利亞西南部。icterotis 這個名字源於古希臘語，意思是「黃耳」，指的是這種鳥臉頰上的黃點。玫瑰鸚鵡鳥如其名，十分繽紛多彩，有紅色的頭頸、綠黑紅條紋的背部、藍色的翅膀和藍綠色的尾巴。平均身長約 10 英吋。

這種鸚鵡出沒於森林、農田和公園中，以草、種子和水果為食，由於在繁殖季節需要更多的蛋白質，因此在這段期間也會捕食昆蟲幼蟲。牠們在地面上覓食，在食物豐富的地方會以 20 隻左右的數量成群出現。繁殖期的鸚鵡會在樹木（通常是桉樹）的空洞中築巢，一次產 2 ～ 7 顆蛋。

澳西玫瑰鸚鵡在鳥園中很受歡迎，平均壽命達 15 年以上。

許多 O'Reilly 封面上的動物都瀕臨絕種；這些物種對這個世界很重要。若想知道如何提供幫助，請前往 *animals.oreilly.com*。

資料視覺化｜製作充滿說服力的資訊圖表

作　　者：Claus O. Wilke
譯　　者：張雅芳
企劃編輯：莊吳行世
文字編輯：詹祐甯
設計裝幀：陶相騰
發 行 人：廖文良

發 行 所：碁峰資訊股份有限公司
地　　址：台北市南港區三重路 66 號 7 樓之 6
電　　話：(02)2788-2408
傳　　真：(02)8192-4433
網　　站：www.gotop.com.tw
書　　號：A623
版　　次：2020 年 03 月初版
　　　　　2024 年 04 月初版五刷
建議售價：NT$780

國家圖書館出版品預行編目資料

資料視覺化：製作充滿說服力的資訊圖表 / Claus O. Wilke 原著；
　張雅芳譯. -- 初版. -- 臺北市：碁峰資訊, 2020.03
　　面；　公分
　譯自：Fundamentals of Data Visualization
　ISBN 978-986-502-446-8(平裝)
　1.簡報　2.圖表　3.視覺設計
494.6　　　　　　　　　　　　　　109002675